BASILEA BOTANICA

Marilise Rieder
Hans Peter Rieder
Rudolf Suter
Basilea botanica
Vom Safran bis zum Götterbaum
Herausgegeben von
der Christoph Merian Stiftung
Photos von
Johanna und Walter Kunz

Birkhäuser Verlag
Basel, Boston, Stuttgart

CIP-Kurztitelaufnahme der Deutschen Bibliothek

Rieder, Marilise:
Basilea botanica: vom Safran bis zum Götterbaum/
Marilise Rieder; Hans Peter Rieder; Rudolf
Suter. Hrsg. von d. Christoph Merian Stiftung.
Photos Johanna u. Walter Kunz. – Basel, Boston,
Stuttgart: Birkhäuser, 1979.
ISBN 3-7643-1096-0
NE: Rieder, Hans Peter; Suter, Rudolf:

Umschlag: Blumengöttin Flora im Hof der Musik-Akademie
Frontispiz: Palmlilie aus Theodor Zwingers ‹Theatrum botanicum›

© Birkhäuser Verlag Basel, 1979
Grafische Konzeption, Einband- und Umschlaggestaltung:
Albert Gomm swb/asg, Basel
Gesamtherstellung:
Birkhäuser AG, Graphisches Unternehmen, Basel
ISBN 3-7643-1096-0

Inhalt

- 7 Geleitwort der Herausgeberin
- 8 Was will dieses Buch?
- 11 Zur Benennung der Pflanzen
- 13 Die Eiszeiten
- 14 ‹Der Helvetier Einöde›
- 15 Karl der Grosse und die Hauswurz
- 20 Die Klöster
- 25 Forst- und Landwirtschaft im Mittelalter
- 27 Die ‹Wohlgerüche Arabiens›
- 32 Marco Polo und der Bambus
- 36 Montpellier und Sagres
- 39 Galeonen und Saumtiere
- 44 Die Gewürze
- 55 Ceres und Bacchus vor den Toren Basels
- 58 Vom ‹Baselwein›
- 63 Gerichtslinden und zerlegte Eichen
- 67 ‹Katzewadel›, ‹Bummedäppeli› und ‹Veegeligrut›
- 76 «Ist Gertrud sonnig, so wird's dem Gärtner wonnig.»
- 77 Gärten in Basels Mauern
- 87 Die Zünfte zu Gartnern und zu Safran
- 90 Welschnuss und Heidenkorn
- 94 Die Seefahrt und die Botanik
- 100 Spanisch Kraut und Türkisch Korn
- 106 Mais, Kartoffel und Tomate
- 109 Pulver und Wurzen als Heilmittel
- 116 Vom Krauthaus zur Apotheke
- 124 Der Göttertrank und andere verbotene Genüsse
- 135 Für Färberbottich und Gerbergrube
- 139 Von den Faserpflanzen
- 146 Refugianten und eine Basler Renaissance
- 150 Kleine Gartengeschichte
- 159 Der ‹lustbarliche› Garten
- 167 Zur Augenweide
- 177 Orangerie
- 182 Anatomie im Winter – Botanik im Sommer
- 188 Botanische Gärten in Basel
- 195 Illuminierte und getrocknete Kräuter
- 203 Botanische Forschungsreisen
- 205 ‹Lusthaine› und Anlagen im 19. Jahrhundert
- 228 Botanische Kuriositäten
- 232 Zauberpflanzen
- 236 Pflanzen als Symbol- und Gleichnisträger
- 243 Die Pflanze in der bildenden Kunst
- 245 Die Pflanze in der Heraldik
- 246 Die Kränze
- 247 Literaturverzeichnis
- 249 Namen- und Sachregister

Geleitwort

Die Christoph Merian Stiftung hat sich in starkem Masse für die Durchführung der zweiten gesamtschweizerischen Ausstellung für Garten- und Landschaftsbau in Basel, der Grün 80, eingesetzt und hofft, dass die Impulse, die von dieser bedeutenden Veranstaltung ausgehen, nach deren Ende im Oktober 1980 nicht einfach vergessen werden, sondern in die Zukunft hinein weiterwirken. Denn der Mensch muss sich bewusst werden und sich bewusst bleiben, dass nicht nur die Natur ihn als Beschützer dringend nötig hat, sondern er auch ihrer bedarf, wenn seine leibliche und seine seelische Gesundheit bewahrt werden sollen.

Das vorliegende Buch macht am Beispiel eines engumgrenzten und weitgehend städtisch geprägten Lebensraumes, des Kantons Basel-Stadt, deutlich, wie stark die Umgebung, der Alltag und das Leben des Menschen schlechthin mit den Erscheinungen der Natur verflochten sind. Besonders die Pflanzenwelt, wie sie sich in unserer Nahrung, in unserer optisch wahrnehmbaren Umwelt und schliesslich auch im kulturellen Bereich manifestiert, steht in unlösbarem Zusammenhang mit unseren Bedürfnissen.

‹Basilea botanica› greift eine Vielzahl von Aspekten auf, die zum Teil aus lauter Gewöhnung gar nicht wahrgenommen, zum Teil als selbstverständlich betrachtet, zum Teil aus begreiflicher Unkenntnis übersehen werden. Es füllt damit recht eigentlich eine Lücke im baslerischen Schrifttum, weist zudem am Beispiel Basels auf eine Fülle von Tatsachen und Zusammenhängen naturwissenschaftlicher und kulturgeschichtlicher Art hin, die über die Grenzen des Basler Stadtkantons hinaus Allgemeingültigkeit beanspruchen.

Damit wird das Werk zu einer der wesentlichen und den äusseren Anlass überdauernden flankierenden Massnahmen zur Grün 80. Wir wünschen ihm eine grosse und aufmerksame Leserschaft.

Christoph Merian Stiftung
Der Direktor:
Dr. Hans Meier

Was will dieses Buch?

Wenn von Botanik die Rede ist, so denkt man im ersten Augenblick unwillkürlich an Pflanzenbestimmungsbücher, vergilbte Herbarien oder altväterische grüne Botanisierbüchsen, wie sie heute noch gelegentlich als Antiquitäten gehandelt werden. Wird von Botanik in Basel gesprochen, so kommt dem einen der botanische Garten in den Sinn, dem andern die Botanische Gesellschaft, dem dritten – vielleicht mit der Historie vertraut – Gelehrte, wie Felix Platter, Kaspar Bauhin, Theodor Zwinger, die für die botanische Wissenschaft Beträchtliches geleistet haben.
Unser Buch ‹Basilea botanica› möchte von solch begrenzten Vorstellungen zu einer viel umfassenderen Betrachtungsweise führen. Es will nämlich die Augen dafür öffnen, dass wohl alle unsere Lebensgebiete in irgendeiner Hinsicht eine engere oder losere Beziehung zum Botanischen, das heisst zur Welt der Pflanze, haben.
Unsere Nahrung ist, direkt und indirekt, von den Pflanzen abhängig: Getreide, Gemüse, Obst, zudem Milch und Fleisch von pflanzenfressenden Tieren, auch Öle und Fette. Für einen aparten Geschmack sorgen alsdann einheimische und exotische Gewürzpflanzen. Nicht lebensnotwendig, doch beliebt sind die Genussmittel Wein, Bier und Schnaps, ebenfalls aus Pflanzen gewonnen, ausserdem die ‹Fremdlinge› Tee, Kakao, Kaffee; eher als Drogen einzustufen sind die pflanzlichen Genussmittel Tabak, Hanf und Mohn.
Unentbehrlich sodann sind Pflanzen als Werkstofflieferanten, allen Kunststoffen zum Trotz (die übrigens erdgeschichtlich auch auf pflanzliche Substanz zurückgehen): Baumwolle, Flachs, Hanf, Sisal für Textilien, Holz für schier unendlich viele Bedürfnisse.
Ferner waren Pflanzen und Pflanzenteile von alters her als Heilmittel überaus wichtig und sind es, wenn auch allfälliger magischer Wirkungen entkleidet, noch heute.
Von grösster Bedeutung aber sind die Pflanzen als sicht- und zum Teil auch riechbares Gegengewicht zu unserer künstlich geschaffenen Umwelt. Ob als Blumenschmuck auf dem Fensterbrett, ob als Alleebaum im städtischen Strassennetz, ob als Bestandteil des privaten Gartens oder der öffentlichen Anlage, immer ist die Pflanze – als Kraut, Blume, Strauch oder Baum – ein Lebewesen, das uns die unerschöpfliche, geheimnisvolle und stets sich erneuernde Kraft der Natur sinnfällig macht und damit unsere eigene Lebenskraft steigert.
Diese vielleicht wichtigste und irrationale Bedeutung der Pflanze schlägt sich, seit der Mensch nicht mehr vollständig in die Natur integriert, das heisst seit er kulturell aktiv ist, nicht

von ungefähr in der Kunst nieder, sie wird also auch Gegenstand des ästhetischen Empfindens. Dieses ist freilich, zumal in ältern Zeiten, nicht völlig zu trennen von der magischen Auffassung der Pflanze. Einzelne Pflanzen galten als wirksam gegen allerlei bösen Zauber, anderen wieder wurde die Eigenschaft zugesprochen, Liebesverlangen zu erzeugen oder zu verstärken. Eng verbunden mit der magischen Wirkung war die symbolische Bedeutung, die auch heute noch nicht ganz erloschen ist. Man denke etwa an die sehnsuchtsvoll gesuchte ‹blaue Blume› der Romantiker, an Lilie und Myrte, welche Reinheit und Unberührtheit, an die Rose, welche die Liebe, an den Lorbeer, welcher den Ruhm versinnbildlicht, auch an das Weizenkorn, welches Sterben und Auferstehen charakterisiert usw. In die magisch-religiöse Begriffswelt um die Pflanze gehört überdies die Vorstellung vom ewig grünenden und blühenden Paradiesgarten – mythische Erinnerung an ein goldenes Zeitalter und Hoffnung auf ein ewiges Leben in einem.

Dass dann endlich vom 16. Jahrhundert an die Pflanze im abendländischen Kulturkreis nach und nach wiederum Objekt der exakten naturwissenschaftlichen Beobachtung, Forschung und Beschreibung geworden ist, davon legen Herbarien (Sammlungen gepresster Pflanzen) sowie herrlich gedruckte und bebilderte Werke beredtes Zeugnis ab, desgleichen die zunächst privaten und dann öffentlichen botanischen Gärten.

All dies hat auch in Basel seinen Niederschlag gefunden, und dieses Buch macht es sich zur Aufgabe, eben am Beispiel Basels die mannigfachen Aspekte der Botanik knapp und allgemeinverständlich darzulegen, ohne dass dabei Vollständigkeit angestrebt würde. Den Basler soll es anregen, die angedeuteten Spuren in seinem Heimatkanton – vom Safran bis zum Götterbaum – weiterzuverfolgen und durch eigene Entdeckungen zu ergänzen; den Nichtbasler aber will es dazu verlocken, in seiner heimatlichen Umgebung die Bestätigung der geschilderten Sachverhalte und Erscheinungen zu suchen und zu finden. – Wenn die Lektüre und die Betrachtung des Buches einerseits Freude bereitet, anderseits zum Nachdenken über Zusammenhänge geholfen haben, dann hat es seinen Zweck vollauf erfüllt.

Die Abbildungen sollen den Text nicht ‹durchillustrieren›, sondern ergänzen und verdeutlichen, sie sind also nicht Selbstzweck. Daher wurde bewusst darauf verzichtet, beispielsweise alle erwähnten Pflanzen wiederzugeben – dies wäre die Aufgabe von botanischen Atlanten, Taschenfloren, Bestimmungs- und Gartenbüchern. Statt dessen wurde versucht, unter Vermeidung des Landläufigen vor allem unbekannte oder unbeachtete Aspekte zu zeigen – ebenfalls in der Absicht, den Leser zu eigenem Schauen und Beobachten zu ermuntern. Die Randillustrationen sind zum grösseren Teil stark verkleinerte Holzschnitte aus Theodor Zwingers ‹Theatrum botanicum› (Ausgabe von Friedrich Zwinger, Basel 1744), zum kleineren Teil Zeichnungen von Marilise Rieder.

Am Ende des Bandes finden sich ein Verzeichnis der benützten Literatur sowie eine Liste mit weiteren Publikationen, die den behandelten Themenkreis berühren. – Das knappe Namen- und Sachregister soll das Nachschlagen von Einzelheiten erleichtern. Zum Schluss bleibt uns die angenehme Pflicht, allen herzlich zu danken, die zum Gelingen und Erscheinen des Werks beigetragen haben: dem Birkhäuser Verlag für die verlegerische, graphische und drucktechnische Betreuung, den Photographen Johanna und Walter Kunz für die ausgezeichneten Aufnahmen ‹im Feld›, dem Photographen der Universitätsbibliothek Marcel Jenni für die hervorragenden Reproduktionen aus alten Handschriften, Büchern und graphischen Blättern, ferner der Christoph Merian Stiftung als Herausgeberin für einen namhaften Beitrag zur Senkung des Verkaufspreises, schliesslich den stets hilfsbereiten Beamtinnen und Beamten der Universitätsbibliothek, des Staatsarchivs, des Historischen Museums und des Kupferstichkabinetts sowie dem Dendrologen der Stadtgärtnerei, Theo Laubscher, und alt Stadtgärtner Richard Arioli für mannigfache Auskünfte.

Marilise Rieder
Hans Peter Rieder
Rudolf Suter

Literatur zur Pflanzenbenennung

D. Vogellehner: Botanische Terminologie und Nomenklatur. Gustav Fischer, Stuttgart 1972.
A. Mitchell (übersetzt und bearbeitet von G. Krüssmann): Die Wald- und Parkbäume Europas. Paul Parey, Hamburg, Berlin 1975.
F. Ehrendorfer: Liste der Gefässpflanzen Mitteleuropas. Gustav Fischer, Stuttgart 1973.
O. Polunin (übersetzt und bearbeitet von T. Schauer): Pflanzen Europas. BLV, München 1971.
H. Brücher: Tropische Nutzpflanzen; Ursprung, Evolution und Domestikation. Springer, Berlin, Heidelberg, New York 1977.
Zander (Encke/Buchheim/Seybold): Handwörterbuch der Pflanzennamen. Ulmer, Stuttgart 1979.
Index Kewensis. Vol. I bis Supplementum XV. Clarendon Press, Oxford 1895–1974.

Zur Benennung der Pflanzen

Die korrekte wissenschaftliche Benennung einer Pflanze setzt sich aus drei Teilen zusammen: einem Gattungsnamen, einem Artnamen und schliesslich einer Bezeichnung für den Autor, der diese Namen erstmals gegeben hat (bei Linné wird die Abkürzung L. verwendet), und manchmal zusätzlich für den Zweitautor, der eine spätere Umteilung vorgenommen hat. So müsste beispielsweise einer unserer Lerchensporne vollständig folgendermassen bezeichnet werden: ‹Corydalis cava (L.) Schweigg. & Koerte›.
Da sich aber unser Buch nicht in erster Linie an Wissenschafter wendet, verzichten wir bewusst auf derart schwerfällige und für Laien mühsame Bezeichnungen. Wir beschränken uns auf den Gattungs- und Artnamen – also: Corydalis cava – und halten uns dabei lediglich an die neuen internationalen Nomenklaturregeln, wonach u.a. der Gattungsname immer gross, der Artname immer klein geschrieben wird. Ferner bleiben weitergehende Unterteilungen in Subspecies und Varietas im allgemeinen unberücksichtigt oder werden höchstens bei gut erkennbaren, gärtnerischen Kulturformen in einfachen Anführungszeichen beigegeben, zum Beispiel ‹Glauca›. Wo es sich bei der Erwähnung im Text um mehrere Arten handelt, geben wir nur den Gattungsnamen an. Wenn die Art nicht bestimmbar ist, pflegt man den Gattungsnamen mit dem Nachwort ‹spec.› zu versehen, wobei ‹species› bedeutet: Art unbestimmbar. Neue Kulturpflanzen, welche durch absichtliche oder zufällige Kreuzung zweier bekannter Arten entstanden sind, sogenannte Hybriden, werden in der modernen Nomenklatur mit einem Kreuz (×) vor dem Artnamen gekennzeichnet.
Soweit Pflanzen aus unserem mitteleuropäischen Bereich erwähnt werden, halten wir uns an die neue Nomenklatur von Ehrendorfer und Mitchell/Krüssmann, für mediterrane und exotische Gewächse an Polunin, Brücher, Zander und den Index Kewensis. Im Sachregister wird zum Zweck der genaueren Information die volle Pflanzenbezeichnung gegeben.
«Warum lateinische Namen?» wird mancher fragen. Wenn man bedenkt, dass viele Pflanzen in der Muttersprache je nach Gegend anders heissen, dass zum Beispiel unser bekannter Wundklee (Anthyllis vulneraria) allein in den drei deutschsprachigen Alpenländern nicht weniger als siebzehn verschiedene Namen trägt, so ist leicht einzusehen, dass man mit der muttersprachlichen Nomenklatur zu keiner Verständigung käme. Überdies existieren für viele fremdländische Pflanzen gar keine deutschen Namen. Man behilft sich dann mit oft gekünstelten Übersetzungen oder benutzt eben auch in der Umgangssprache den lateinischen Namen.

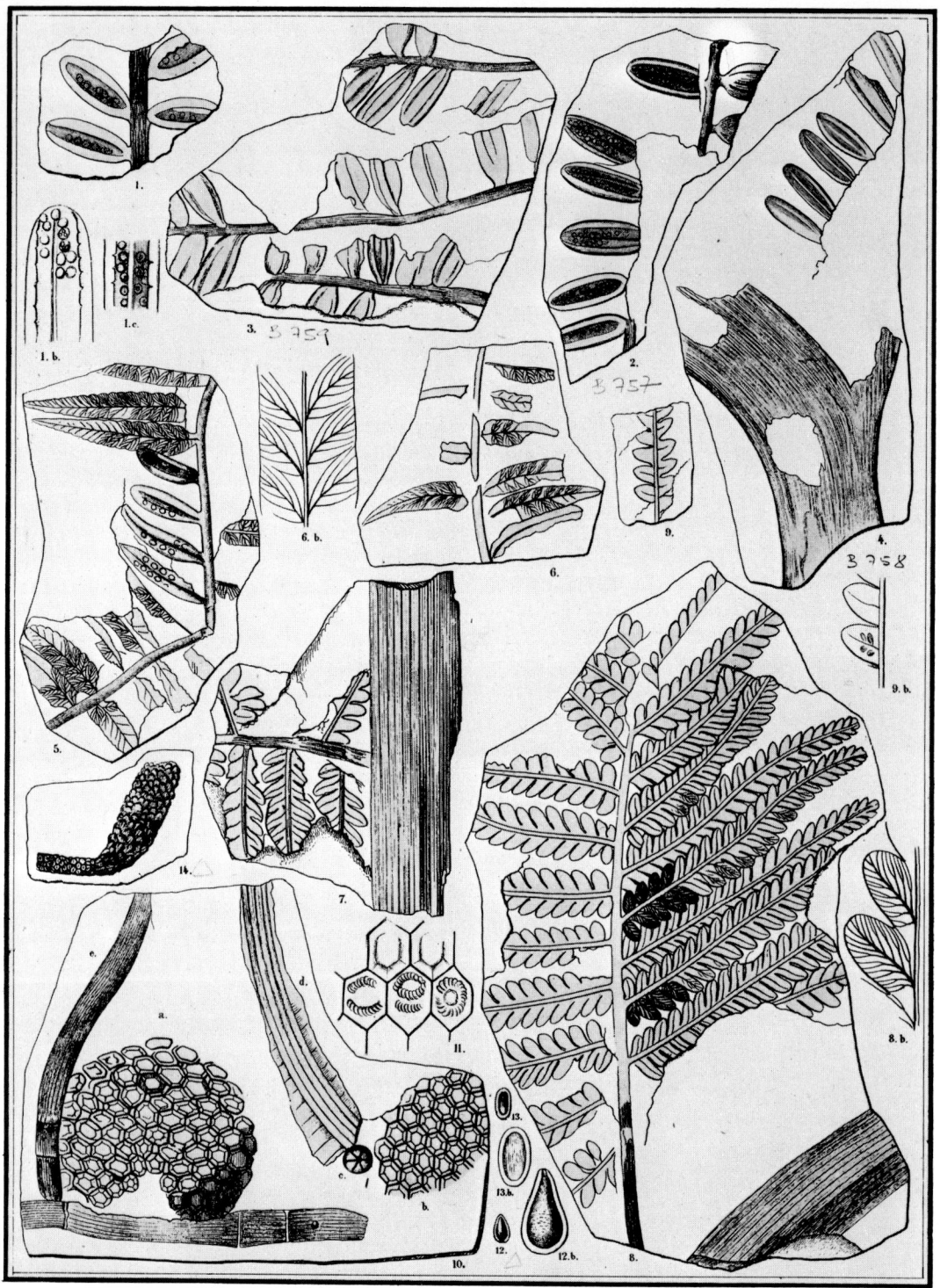

Die Eiszeiten

Tafel ‹Trias› mit *Bernoullia helvetica* und *Merianopteris angusta* u.a. aus Oswald Heer: Die vorweltliche Flora der Schweiz. J. Wurster, Zürich 1877.
1–6 Bernoullia helvetica
7/8 Merianopteris augusta
9 Pecopteris gracilis
10/11 Equisetum arenaceum
12 Carpolithos greppini

Vor den Eiszeiten wuchsen auch in der Gegend von Basel in subtropischem Klima Pflanzen, wie man sie noch heute in Südostasien und Amerika antrifft. Das war vor etwa fünfzig bis zwanzig Millionen Jahren. In Amerika, Europa und Asien waren zu jener Zeit die gleichen Arten heimisch, wie Sumpfzypressen, Hickories, Magnolien, Küstensequoien, Kampfer- und Amberbaum, Ginkgo- und Ficusarten[1].

Mit dem Vordringen der arktischen Kälte nach Süden starben vor etwa einer Million Jahren bei uns die meisten Arten aus. In Ländern wie Amerika, wo die Pflanzen gewaltige Landmassen zum Ausweichen südwärts vor sich hatten, blieben viel mehr Arten erhalten. In Europa aber verhinderten die vergletscherten Alpen und Pyrenäen sowie das Mittelmeer ein Ausweichen nach Süden, so dass man heute nur noch von etwa 36 Gattungen mit jeweils wenigen Arten sprechen kann, welche die Eiszeiten an geschützten, apern Stellen überdauern konnten[2,3]. Viele der bei uns einst heimischen Bäume haben wir als ‹Fremdlinge› wieder aus Asien und Amerika eingeführt.

Vor vierzehntausend Jahren hat sich das Eis der letzten Eiszeit zurückgezogen, und relativ geringe Klimaschwankungen erlaubten seither der Vegetation ein Aufkommen. Durch Evolution und natürliche Ausbreitung bildete sich so die nacheiszeitliche Pflanzendecke in Europa langsam aus.

Sobald der Mensch begann, Pflanzen anzubauen, griff er in den natürlichen Bestand ein und bewirkte damit eine Neuverteilung. Heute ist es äusserst kompliziert, die eigentliche Herkunft der vielen bei uns heimisch gewordenen Pflanzen festzustellen.

Basel war während der Eiszeiten eisfrei. Die Gletscherströme drangen im Jura bis zum Weissenstein und zum Raimeux, im Mittelland bis in die Gegend von Olten und vom Bodenseegebiet her bis in den Schwarzwald vor. Während der Würmeiszeit, der letzten der drei grossen Kälteperioden, herrschte in der Gegend von Basel ein wüstenartiges, kaltes und trockenes Klima, und die Sturmwinde fegten ungehindert grosse Massen von Staubpartikeln herbei, welche wir heute in Form der meterdicken Lössdecken noch an vielen Stellen der Oberrheinischen Tiefebene abgelagert finden. Damit entstand ein fruchtbarer Untergrund, auf welchem sich allmählich eine reichhaltige Pflanzenwelt ansiedeln und mit der zunehmenden klimatischen Erwärmung weiter ausbreiten konnte. Mit der Zeit entstanden so die Nadelwälder und dann die ausgedehnten, für unser Gebiet typischen Buchenwälder, welche bis zur Besiedlung durch den Menschen ganz Mitteleuropa überzogen haben.

‹Der Helvetier Einöde›

‹Urkohlpflanze›, deren heutiger Name *Brassica oleracea* lautet. Unten: Kornel-Kirsche *(Cornus mas)* mit ihren gelben Blüten und roten Früchten.

Glatt oder schlechter Kohl.
Brassica laevis.

Thierlein-Baum.   Cornus.

In seiner vierten Tabelle Europas nennt Ptolemäus (2. Jahrhundert) die Landschaft zwischen Bodensee, Rhein und Alpen ‹der Helvetier Einöde›. Im 8. Jahrhundert v. Chr. waren von Osten her die Kelten in unser Land gekommen. Sie brachten eine Kultur mit und pflügten die Äcker bereits mit eiserner Pflugschar. Sie säten Hafer, Roggen und Gerste. Der Stamm der Helvetier blieb in unserer Gegend, bearbeitete die Einöde, baute Hütten mit Bäumen aus den riesigen Wäldern. Den Tieren wurde das Laub von Birken, Ulmen und Eichen verfüttert, was man heute mittels Pollenanalysen und radiochemischen Altersbestimmungen feststellen kann.

Als die Römer über die Alpen nordwärts zogen, erschraken sie beim Anblick der gewaltigen dunkeln Wälder. Sie drangen aber dennoch ein und brachten viele ihrer Nutzpflanzen mit: Weizen, Wein, Edelkastanie und Walnuss (wal = walch = welsch, also die Nuss aus welschen Landen). Es lag in ihrem Interesse, die Ernährung ihrer Soldaten und Kolonisatoren sicherzustellen.

Im 4. und 5. Jahrhundert überrannten die Alemannen die römischen Grenzen und siedelten sich in unserer Gegend an. Sie übernahmen von den vertriebenen Römern die eingeführten Nutzpflanzen wie *Zwiebel* (Allium cepa), *Rettich* (Raphanus sativus), *Kohl* (Brassica oleracea), aus welchem seither alle Kohlvarianten (Weiss- und Rotkraut, Blumenkohl, Rosenkohl) herausgezüchtet worden sind, die *Futterwicke* (Vicia sativa) und etliche Obstarten. Die *Mispel* (Mespilus germanica) war ursprünglich nur in Südeuropa bis zum Kaukasus heimisch. Auch Buchs und Pappel sind uns als Fremdlinge von den Römern hinterlassen worden.

Wo die Römer nicht mit ihrem verlockenden Segen hinkamen, gab es nur Haselnüsse, Eicheln, Bucheckern, Holzäpfel und Holzbirnen, Schlehen, *Kornelkirschen* (Cornus mas, Dirlitzen, ‹Tierli›), ferner als Beerenfrüchte Walderdbeeren, Brombeeren und Himbeeren. Die Heidelbeeren und ihre Verwandten, nämlich Moor- oder Rauschbeere, Preiselbeere, Moosbeere, fanden sich in der früher viel ausgedehnteren Moor- und Heidelandschaft und wurden als Nahrungsmittel gesammelt.

Karl der Grosse und die Hauswurz

Capitulare de villis

Wer sich mit der Historie der Botanik befasst, stösst unweigerlich auf das ‹Capitulare de villis›, eine Verordnung Karls des Grossen († 814) aus der Zeit ums Jahr 795, die vorschreibt, was auf den Landgütern seines Riesenreiches anzupflanzen war. Heute noch finden sich solche karolingische Pflanzen in den Bauerngärten. Die pflichtbewussten Bauernfrauen ahnen wohl kaum, dass ihre Tradition bis auf Karl den Grossen zurückreicht. Diese Liste des ‹Capitulare de villis› beinhaltet alles, was zur Selbstversorgung nötig war: Gemüse, Obst, Würz- und Heilkräuter sowie Färberpflanzen.

Ursprünglich bezog sich das Capitulare auf das alte Aquitanien, das seit 752 im Besitz der Karolinger war. Bei der Teilung des Reiches durch seinen Vater Pippin war Aquitanien Karl zugefallen, der es neun Grafen zur Verwaltung übergab. Noch lange nach seinem Tode blieb der Name ‹Charlemagne› lebendig in dieser Landschaft zwischen den Flüssen Sèvre und Gironde[5]. So ist es verständlich, dass in diesem Capitulare eine Reihe von Pflanzen aufgezählt werden, welche in unseren nördlichen Breiten im Freiland gar nicht gedeihen, wie zum Beispiel Lorbeer, Pinie, Melone und Kichererbse.

Viele der im Capitulare angeführten Pflanzen sind noch heute im Gebrauch, und es besteht meist kein Zweifel darüber, welche Pflanzenarten mit den einzelnen Namen gemeint waren, nur bei einigen wenigen ist die Zuordnung schwierig. So dürfte es sich wohl beim Begriff ‹Eberesche› um die *Elsbeere* (Sorbus torminalis) handeln, deren Früchte einst eingemacht wurden. Interessant ist auch der nachdrückliche Befehl: «Über sein Haus soll der Gärtner *Hauswurz* ziehen» («et ille hortulanus habeat super domum suam iovis barbam») – den ‹Bart Jupiters›, den schon die Griechen und die Römer auf ihren Dächern pflegten zur Abwehr gegen den Blitz (Sempervivum tectorum).

Pflanzen gegen Pest

Noch eine weitere Pflanze steht in enger Beziehung zu Karl dem Grossen und hat auch seinen Namen erhalten: unsere *Silberdistel* (Carlina acaulis). Karl der Grosse hatte während der Pestzeit, in schweren Sorgen, eines Nachts einen Traum: Ein Engel erschien ihm und gab ihm den Rat, einen Pfeil in die Luft zu schiessen; das Kraut, auf welches der Pfeil fallen werde, könne Hilfe bringen. Als der Kaiser anderntags seinen Pfeil abgeschossen hatte, fiel dieser in eine Silberdistel, auch Eberwurz genannt. Man gab nun den Kranken die Wurzel zu essen, und die Seuche soll daraufhin abgeklungen sein.

Die bekannteren Mittel gegen Pest waren Angelikawurz, Bibernellwurz und die Gartenraute. Die Wurzeln wurden roh gegessen und sollen tatsächlich geholfen haben.

In Basel wurde zur Pestzeit eine Stimme gehört:

◁ Eicheln fressende Schweine – eine Form der mittelalterlichen Waldnutzung. Holzschnitt aus Hieronymus Bocks Kräuterbuch, Strassburg 1565.

Grosse Hauswurz *(Sempervivum tectorum)*, Blüten rosa.

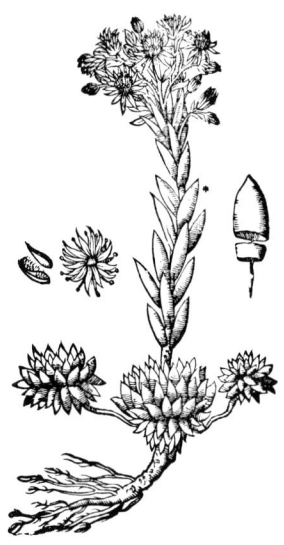

Grosse Hauß-Wurtz.
Sedum majus, vulgare.

«Iss Pimpernell und gebahts Brod,
so hört uff der gähe Tod.»
Diese rettende Stimme muss allenthalben erklungen sein, denn man trifft sie in der Literatur immer wieder an; so zum Beispiel im Toggenburg 1629:
«Esset die Bibernelle,
so sterbt ihr nicht so schnelle.»
Neben der üblichen *Brustwurz* oder *Engelwurz* (Angelica silvestris) wurde häufig auch die *Erzengelwurz* (Angelica archangelica) in den Heilgärten gehalten, welche mehr im Norden bis Island und Russland wild vorkommt. Auch diese Pflanze soll von Engeln als pestheilend verkündet worden sein.
Im badischen Wiesental hörten die Menschen, als die Pest wütete, einen Vogel singen:
«Ässt Durmedill und Bibernell,
sterbt nüt so schnell.»
(*Durmedill* = Potentilla erecta.)
Nachstehend die im ‹Capitulare de villis› aufgeführten Pflanzen; die mit einem Stern bezeichneten kamen um 800 aus klimatischen Gründen in unserer Gegend (noch) nicht vor.

Lilien und *Rosen*
Hornklee*
(Trigonella foenum graecum)
Frauenminze
(Tanacetum balsamita)
Salbei
(Salvia officinalis)
Raute
(Ruta graveolens)
Stabwurz
(Artemisia abrotanum)
Gurken*
(Cucumis sativa)
Melonen*
(Cucumis melo)
Kürbisse*
(Citrullus lanatus)
Vitzbohnen
(Vicia faba)
Gartenkümmel
(Carum carvi)
Rosmarin*
(Rosmarinus officinalis)

Feldkümmel
(Nigella arvensis)
Kichererbsen*
(Cicer arietinum)
Meerzwiebel*
(Urginea maritima)
Siegwurz
(Allium victorialis)
Schlangenwurz
(Arum maculatum,
Arum italicum)
Anis*
(Pimpinella anisum)
Heliotrop
(Heliotropum europaeum)
Bärenwurzel
(Meum athamanticum)
Sesel
(Seseli hippomarathrum)
Salat
(Lactuca sativa)
Weisser Gartensenf
(Sinapis alba)

Große Bibernelle.
Pimpinella faxifraga, major.

Grosse Bibernelle *(Pimpinella major)*,
Blüten weiss-rosa.

Kresse
(Lepidium sativum)
Klette
(Arctium lappa)
Poleiminze
(Mentha pulegium)
Rosseppich (?)
Petersilie
(Petroselinum crispum)
Sellerie
(Apium graveolens)
Liebstöckel
(Levisticum officinale)
Sadebaum*
(Juniperus sabina)
Dill
(Anethum graveolens)
Fenchel
(Foeniculum vulgare)
Endivie
(Cichorium endivia)
Weisswurz
(Polygonatum odoratum)
Senf
(Sinapis arvensis)
Bohnenkraut
(Satureja hortensis)
Brunnenkresse
(Nasturtium officinale)
Minze
(Mentha × piperita)
Krauseminze
(Mentha crispa)
Rainfarn
(Tanacetum vulgare)
Katzenminze
(Nepeta cataria)
Kleintausendguldenkraut
(Centaurium pulchellum)
Mohn*
(Papaver somniferum)
Runkelrüben
(Beta vulgaris)
Haselwurz
(Asarum europaeum)

Eibisch
(Althaea officinalis)
Malven
(Malva silvestris, Malva neglecta)
Karotte
(Daucus carota)
Pastinak
(Pastinaca sativa)
Melde
(Atriplex hortensis)
Spinat
(Spinacia oleracea)
Kohlrabi
(Brassica rapa)
Kohl
(Brassica oleracea)
Zwiebeln
(Allium cepa)
Schnittlauch
(Allium schoenoprasum)
Porree
(Allium oleraceum)
Rettich
(Raphanus sativus)
Schalotten
(Allium ascalonicum)
Lauch
(Allium porrum)
Knoblauch
(Allium sativum)
Krapp
(Rubia tinctorum)
Kardendistel
(Dipsacus sativus)
Saubohnen
(Vicia faba),
dasselbe wie *Vitzbohnen*
Maurische Erbsen,
vermutlich *Kichererbsen* (Cicer)
Koriander*
(Coriandrum sativum)
Kerbel
(Anthriscus cerefolium)
Springwurz
(Euphorbia lathyris)

Angelica sativa.
Zam Angelick.

Engelwurz *(Angelica silvestris)*, Blüten weiss (Leonhard Fuchs).

Muskateller- oder *Scharlachsalbei**
(Salvia sclarea)
Hauswurz
(Sempervivum tectorum)
Eberesche
(Sorbus torminalis), *Elsbeere*
Mispel
(Mespilus germanica)
Kastanie
(Castanea sativa)
*Pfirsich**
(Prunus persica)
Quitte
(Cydonia oblonga)
Haselnuss
(Corylus avellana)

*Mandel**
(Prunus amygdalus)
*Maulbeerbaum**
(Morus alba)
*Lorbeer**
(Laurus nobilis)
*Pinie**
(Pinus pinea)
*Feigen**
(Ficus carica)
Walnuss
(Juglans regia)
Verschiedene *Kirsch-* und *Apfelbäume*
(Prunus und Malus)

Die Klöster

Von den Römern übernahmen zuerst die Benediktiner, später auch andere Orden die Agrarkultur. Sie übten durch ihr praktisches Wissen im Forstwesen, Garten- und Weinbau sowie in der Fischzucht wegweisenden Einfluss auf ihre Umgebung aus. Walafried Strabo schrieb um 838 in Versform seinen berühmt gewordenen ‹Hortulus› über Gartenbau im Kloster Reichenau. Wiederum waren es die Benediktiner, welche im 8. und im 9. Jahrhundert südliche Pflanzen für den Gartenbau bis nach Nordeuropa brachten, von denen allerdings nicht alle überleben konnten.

Die Klostergärten waren wie die arabischen Hausgärten angelegt: ein Kreuzgang im Geviert, in seiner Mitte ein Wasserbecken, um welches die Beete gruppiert waren. Zur Ordensregel gehörten die ‹Werke der Barmherzigkeit›, worunter man Bau und Unterhalt von Herbergen, Kranken- und Armenhäusern verstand. Diese Verpflichtungen bedingten den Bau mehrerer Häuser und die Anlegung von Gärten innerhalb der Klostermauern.

Kräutergarten — Der Kräutergarten versorgte die Apotheke, der Obst- und der Gemüsegarten die Klosterbrüder, die Gäste der Herberge und die Insassen des Hospitals.

Der mittelalterliche Mensch beschäftigte sich stark mit der Vorstellung des Paradiesgartens. Nach dieser Vorstellung stammten die Blumen aus dem Paradies, dem ‹absolut lauteren Garten›. In diesem Sinne wurden auch im Klostergarten Blumen gepflegt: Rosen, Lilien, Nelken, Iris, Veilchen, Akelei, Maiglöckchen, Pfingstrose und Goldlack. Alle diese Blumen hatten symbolische Bedeutung, galten aber zugleich als Heilpflanzen und dienten nicht zuletzt auch kultischen Zwecken. Der Klosterfriedhof wurde häufig als Obstgarten benutzt, und manche züchterischen Fortschritte in der Obstkultur verdanken wir den Mönchen.

Blumen- und Obstgarten — Zu den Kräuter- und Obstgärten kam der Ziergarten in den Klöstern hinzu als Ort der Meditation und nicht zuletzt als Blumenlieferant für die Altäre. Bei manchen Klöstern war auch die Vorhalle der Kirche, das sogenannte Paradies, als kleiner Ziergarten gestaltet – das Paradiesgärtlein als irdischer Vertreter des Gartens Eden.

Bibliotheken — In den Klosterbibliotheken standen die klassischen Werke über Heilpflanzen und Gartenbau aus der vorderasiatischen Tradition. Das Veredeln der Obstbäume durch Pfropfen, das Herauszüchten von Gartenblumen und Gemüsen durch Kreuzungen übernahmen die Mönche von den Phöniziern, Griechen, Persern, Syrern und Mauren. Sie benannten die einheimischen Pflanzen nach den Heiligen, die auch bei entsprechenden

Gemeines Seyffen-Kraut.
Saponaria vulgaris.

Seifenkraut *(Saponaria officinalis)*, Blüten weiss-rosa.

Ein letzter Hauch von Klostergartenstimmung: romanischer Kreuzgang des St. Alban-Klosters, um 1100. Heute St. Alban-Stift, Mühlenberg 18–22.

Heilpflanzen

Krankheiten angerufen wurden. Wenige dieser Namen sind bis heute geblieben, zum Beispiel Johanniskraut, Veronika, Barbarakraut.

Während des Mittelalters fand man in den meisten Klostergärten die sechzehn klassischen Heilpflanzen: *Salbei* (Salvia officinalis), *Fenchel* (Foeniculum vulgare), *Wermut* (Artemisia absinthium), *Malve* (Althaea officinalis), *Lilie* (Lilium candidum), *Liebstöckel* (Levisticum officinale), *Mondviole* (Silberling = Lunaria annua), *Melone* (Cucumis melo), *Rossminze* (Mentha longifolia), *Poleiminze* (Mentha pulegium), *Raute* (Ruta graveolens), *Bohnenkraut* (Satureja hortensis), *Rainfarn* (Tanacetum vulgare), *Majoran* (Majorana hortensis), *Rosmarin* (Rosmarinus officinalis), *Ysop* (Hyssopus officinalis). Dazu konnten je nach Gegend gewisse lokale Spezialitäten kommen. Das *Seifenkraut* (Saponaria officinalis) wurde vermutlich von den Mönchen aus dem südlichen Europa bei uns eingeführt. Im Absud der Wurzeln wusch man Seide und Wolle, so diente er auch den Mönchen zum Waschen ihrer wollenen Kutten. Die berühmte Mystikerin und ‹erste Ärztin› Hildegard von Bingen (1098–1179), von 1148 bis zu ihrem Tode Äbtissin des Klosters Rupertsberg bei Bingen im Rheinland, schrieb in ihrem Werk ‹Physica› über das Vorkommen und die Anwendung von Heil- und Nutzpflanzen und erwähnt

Durch den Mutterkornpilz infizierter Roggen.

dabei zusätzlich noch *Lupinen* (Lupinus luteus) als Bohnengericht und die *Melde* (Atriplex hortensis) als Gemüse (Vorläufer des Spinats). An Heilpflanzen nennt sie nebst dem schon erwähnten Ysop und Wermut den *Lavendel* (Lavandula angustifolia), *Melisse* (Melissa officinalis), *Königskerze* (Verbascum thapsus), *Bilsenkraut* (Hyoscyamus niger), *Osterluzei* (Aristolochia clematitis), ‹Dictampnus› = *Diptam* (Dictamnus albus).

Man muss ganz allgemein beachten, dass die Klöster des Abendlandes während vieler Jahrhunderte fast die einzigen Stätten waren, die schriftlich festgehaltenes Wissen besassen. Deshalb nahm die Lehrtätigkeit ihren Anfang in den Klosterschulen. Die Mönche, besonders die Dominikaner, hatten eine grosse Lese- und Abschreibearbeit zu leisten. Ausser den theologischen wurden auch die medizinischen Schriften zum praktischen Gebrauch im Klosterspital studiert und immer wieder kopiert. So blieben alle wichtigen Werke der griechischen und arabischen Ärzte der Nachwelt erhalten, wenn auch mit einigen Veränderungen durch Missverständnis oder Übersetzungsfehler. Die Universitätsbibliothek von Basel bewahrt wertvolle naturwissenschaftliche Handschriften aus dem Predigerkloster, die 1559 bei dessen Auflösung an die Stadt fielen. Die Bibliothek der Kartause war noch reicher als die der Dominikaner des Predigerklosters, weil die Ordensregel den Kartäusern die Pflicht des Abschreibens von Manuskripten ausdrücklich auferlegte. Griechische Werke wurden in das Lateinische übersetzt und die Illustrationen, etwa von Pflanzen, kopiert. Da nun viele Heilkräuter, die in den Manuskripten figurierten, in unseren Breitengraden nicht vorkommen konnten, wurden sie sogar für die Klosterapotheke aus den Gärten von Klöstern des östlichen Mittelmeerraumes bezogen.

Einheimische Ersatzpflanzen

Die Klöster des Westens und des Ostens standen so lange miteinander in Verbindung, bis die Ausbreitung des Islams im 8. Jahrhundert die Beziehungen erschwerte und schliesslich ganz verhinderte. Die westlichen Mönche waren nun gezwungen, Ersatz zu finden, was sie veranlasste, die einheimischen Pflanzen auf ihre therapeutischen Eigenschaften hin zu untersuchen. Damit begann in verstärktem Masse der Anbau einheimischer Arten. Sehr oft spezialisierten sich dabei Klostergärtner auf bestimmte Pflanzen, die dann ausgetauscht werden konnten. So waren die Kartäuser in Freiburg im Breisgau Spezialisten für Engelwurz (Radix angelica).

In Basel wird 1304 und 1462 der Antoniterorden erwähnt. Die Antoniter bereiteten das weit herum gefragte sogenannte Antoniuswasser zur Behandlung des ‹Antoniusfeuers›: Der Roggen wird zeitweilig von einem Pilz, dem *Mutterkorn* (Claviceps

Feigwartzen-Kraut. Chelidonium minus.

Scharbockskraut *(Ranunculus ficaria).*
Blüte gelb.

purpurea), befallen. Der Genuss des verseuchten Mehls hatte bei der Bevölkerung Vergiftungserscheinungen – schreckliche Krämpfe, Halluzinationen, Gliederbrand, oft mit tödlichem Ausgang – zur Folge. Seit Ende des 11. Jahrhunderts spezialisierten sich die Antonitermönche auf die Pflege der solcherart Heimgesuchten. Die Heilkräuter gegen das Antoniusfeuer (Ignis sacer) sind von Mathias Grünewald (um 1470–1528) auf dem berühmten Isenheimer Altar in Colmar dargestellt worden. Beim Einsiedler, dem heiligen Antonius, wachsen im Gras: *Eisenkraut* (Verbena officinalis), *Mohn* (Papaver rhoeas), *Nachtschatten* (Solanum dulcamara), *Knöterich* (Polygonum aviculare und Fallopia convolvulus), *Spitzwegerich* (Plantago lanceolata), *Breitwegerich* (Plantago major), *Weissklee* (Trifolium repens), *Weisse Taubnessel* (Lamium album), *Gamanderehrenpreis* (Veronica chamaedrys), *Spelz* (Triticum spelta), *Kreuzenzian* (Gentiana cruciata) und der *Knollige Hahnenfuss* (Ranunculus bulbosus).

Somit können wir auch heute noch aus den Altarbildern herauslesen, welche Heilpflanzen in den betreffenden Klöstern verwendet wurden. Den Märtyrern wurden symbolisch die Pflanzen beigesellt, welche die Wunden des Martyriums behandelt hätten: blutstillende Kräuter zum Auflegen auf Brandwunden, manchmal auch magische Pflanzen, die vor Stichwunden bewahren sollten, und auch schmerzstillende Pflanzen. Die Heiligen konnten ausserdem dargestellt sein mit den Kräutern, die sie selbst zur Pflege ihrer Mitmenschen verwendet hatten. Es kamen zur Anwendung:

als Wundheilmittel:
Gundelrebe
(Glechoma hederacea)
Scharbockskraut
(Ranunculus ficaria)
Odermennig
(Agrimonia eupatoria)
Wegerich
(Plantago spec.)
Tormentill, Fingerkraut
(Potentilla erecta);

gegen das ‹Fallende Weh›
(= Epilepsie):
Ehrenpreis
(Veronica officinalis)

Eisenkraut
(Verbena officinalis)
Pfingstrose
(Paeonia officinalis)
Salbei
(Salvia officinalis);

gegen Aussatz (Lepra):
Eisenhut
(Aconitum napellus)

gegen Tollwut:
Hahnenfuss
(Ranunculus bulbosus)

gegen Melancholie:
Thymian
(Thymus vulgaris)

Völlig naturalistische Darstellung des Storchschnabels *(Geranium robertianum)* am Kapitell des Mittelpfostens am Westportal des Münsters, um 1270. Storchschnabel half gegen Melancholie.

Storchschnabel
(Geranium robertianum)

beim ‹Schwarzen Tod›
Pestilenz, Pest:
Enzian
(Gentiana lutea und
Bettonie
(Betonica officinalis)

Bibernelle
(Pimpinella major und
P. saxifraga)
Wermut
(Artemisia absinthium)
Tormentill
(Potentilla erecta)

Forst- und Landwirtschaft im Mittelalter

Wald

Basel war bis zur zweiten Hälfte des 13. Jahrhunderts von dichten Wäldern umgeben. Die Elsässer Hard reichte bis nahe vor das Spalentor und das St. Johanns-Tor. Der Leonhardshügel war mit Wald bestanden. Beim Bau des Leonhardstifts, das noch ausserhalb der Stadt lag, waren die Chorherren gezwungen, zuerst den Wald zu roden. Eine Rieseneiche auf dem Petersplatz überlebte bis 1632 als letzter Zeuge dieses einstigen Waldes. Das Bruderholz, Ausläufer des gefürchteten ‹Desertum jorense› (Jura), reichte bis in die Gundeldinger Gegend. Die Wolfsschlucht ist eine letzte Erinnerung an diese einstige Wildnis, in welcher Einsiedler, Klosterbrüder, die sich als Eremiten von der Welt zurückzogen, und Wölfe nebst anderem Getier hausten und Anlass zu diesen Namen gaben. Im Osten vor der Stadt breitete sich das ‹Hardaicum›, die Hard, aus. Auch hier rodeten die Mönche, um das St. Alban-Kloster zu bauen. Die Hardstrasse erinnert an diesen Wald. Die Gegend zwischen Klosterberg und Birsig hiess ‹Au›, weil der Birsig oft über die Ufer trat und die Bildung von ‹Auen›, zeitweilig nassen, aber doch nutzbaren Wiesen und Gehölzen verursachte; deshalb der Name Auberg. Der Kohlenberg hat seinen Namen von der Tätigkeit der Köhler, die im dortigen Wald Holzkohle brannten und ihre dürftigen Hütten bewohnten.

Die Langen Erlen auf der Kleinbasler Seite waren so benannt, weil die Wiese, einst die recht unbändige Tochter des Feldbergs, weite Gebiete überschwemmte und viele Wasserläufe, Weiherchen und Inseln bildete. In diesem Schwemmland gediehen am besten Weiden und Erlen. An den weniger nassen Lagen stand dichter Eichwald, von dem noch heute einige stattliche Exemplare übriggeblieben sind.

Auch die Birs schuf einst solches Schwemmland, das den dichten Wald unterbrach. Nach mittelalterlicher Sitte trieben die Hirten aus den Vorstädten, in welchen das Halten von Vieh und Schweinen erlaubt war, ihre Tiere zur ‹Ackrig› in die nahen Wälder und Auen. Die Eichen als wertvollste Bäume waren sehr geachtet. Es durften keine Eicheln zu Heilzwecken gesammelt werden, sie blieben ausschliesslich den Schweinen als Futter vorbehalten.

Rodung

Ausser dem Eichen-Hagebuchen-Wald waren auf dem Bruderholz und im Holee bei Binningen ‹Forren› und Fichten, also Föhren- und Rottannenwälder, vorhanden.

Weil der Holztransport im Mittelalter noch recht mühsam zu bewerkstelligen war, deckte man den Bedarf an Brenn- und Bauholz aus den nächstumliegenden Waldungen. So kam es während des 12. und des 13. Jahrhunderts in der Umgebung Basels zu gewaltigen Rodungen. Auf dem Rhein wurde nachweislich seit 1206 geflösst. Der entlegenere Jura blieb noch bis ins 15. Jahrhundert ein undurchdringliches und gefürchtetes Waldgebirge, eben das ‹Desertum jorense[4]›.

Mit zunehmender Bevölkerung musste man in Basel für eine bessere Holzversorgung sorgen. So beschloss die Regierung Waldkäufe und stellte auch Holzordnungen auf. Ausserdem kam es zu Köhlereiverboten. Im 14. und im 15. Jahrhundert stellte die Obrigkeit einzelne Wälder zudem unter Bann, um sie zu schonen.

Schon Albertus Magnus (1193–1280), der grosse Gelehrte und Theologe, hatte beobachtet, dass auf Feuerrodung von Eichen- und Buchenwald vielfach Birken, Erlen, Espen und Föhren folgen, deren Holz weniger wertvoll ist.

Raubbau
Die Basler Wälder wurden viel zu lang als Waldweiden genutzt. Nicht nur die Schweine, auch Kühe trieb man in den Wald. Buchennüsse, Eicheln und was an Wildobst herunterfiel, das Unterholz und die jungen Sprosse der Bäume und Sträucher wurden vom Vieh gefressen. Die Schweine machten sich auch an die Wurzeltriebe und Pilze (Trüffel), die Würmer und Schnecken. Erst spät erkannte man die Folgen dieser Übernutzung. – In den Jahren 1667 und 1697 gab die Stadt Basel hochobrigkeitliche Verordnungen über das Forstwesen heraus. Darin bestimmte sie, dass nach jedem Holzschlag für Jungwuchs gesorgt werden musste; in die Lichtungen mit Jungwuchs durfte kein Vieh getrieben werden. Leider waren diese Bestimmungen unzulänglich. Ausserdem wurde zu wenig kontrolliert, ob sie auch eingehalten wurden. So schwanden die schönen Wälder durch verschwenderischen Verbrauch oder durch brutales Abholzen in Kriegszeiten dahin.

Feldbau
Im Wald lebten die Schweine als wichtigste Fett- und Fleischproduzenten. Das Brachland diente als Weide für die Schafe, die unschätzbare Nutztiere waren. Ihr Dung verbesserte den Boden, ihre Milch gab Käse, die Haut lieferte Pergament und das Haar Wolle – im ganzen also eine beneidenswert übersichtliche Wirtschaft.

Aus dem 12. Jahrhundert wissen wir, dass in unserer Gegend zuerst die Zweifelderwirtschaft betrieben wurde. Auf einen ‹Getreideschlag› folgte ein ‹Schlag› Klee, Rüben oder Raps oder auch ungepflügte beweidete Brache, die dem Boden eine Erholung erlaubte. Die spätere Dreifelderwirtschaft bestand in einer dreijährigen Aufeinanderfolge von Wintersaat, Sommersaat und Brache, woraus ein Überwiegen des Getreideanbaus entstand, während zuvor die primitivere Wald- und Weidewirtschaft vorgeherrscht hatte.

Der Wald war Besitztum des Königs oder seines Adels, in Basel des Bischofs. Er hatte hier das Jagdrecht, das er auch weidlich nutzte und dabei nicht selten angrenzende Felder verwüstete, sofern dies nicht vor ihm Wildsau, Reh und Hirsch bereits besorgt hatten. Nicht nur der Klerus, auch die Bauern waren jagdbesessen. Das Wildern war ein aufregender Sport.

Die ‹Wohlgerüche Arabiens›

Bis zu den Kreuzzügen sass man in Basel vor einem säuerlichen Wein, löffelte ein fades Habermus und nagte an Holzäpfeln, Holzbirnen und Haselnüssen. Im Gärtlein blühten einfache Hagrosen, Veilchen, Vergissmeinnicht, Gänseblümchen, Primeln und Goldlack. Ein Holderbusch beschützte das Gartenbänklein, und die Hauswurz auf dem Dach bewahrte das Haus vor Ungeist und Blitz. Im Haus standen Bänke und Tröge (Truhen) aus Eichenholz. Man schlief in Linnlaken aus selbstgesponnenem Flachs und vertrieb mit Waldmeister die Motten aus der Wolle, nachdem man diese mit Hilfe von Färberwaid blau gefärbt hatte.

Öffnung nach Osten

Durch die Kreuzzüge (Ende 11. bis Ende 13. Jahrhundert) geriet der nördlich der Alpen lebende Mensch plötzlich in eine neue Welt. Schon am Alpensüdhang entdeckte er die andersartige Vegetation. Neben dem religiösen Ziel eines christlichen Jerusalems keimte bald auch der Sinn für Handelsmöglichkeiten. Die Kreuzritter waren auf ihren Zügen in die Nähe der eigentlichen Gewürzländer gekommen und sahen leibhaftig Südfrüchte wachsen. Nach den Eroberungen entstand zeitweise ein friedliches Nebeneinanderleben von Arabern, Christen und Juden. Die Christen waren höchst erstaunt, eine raffinierte Kultur vorzufinden: Herrlichkeiten an Blumen und Früchten, kunstvoll verarbeitete Edelhölzer, Elfenbein, Gläser und Seide sowie betäubende Wohlgerüche. Viele Kreuzfahrer blieben deshalb im Heiligen Land und waren der arabischen Lebensweise, nicht zuletzt aber auch dem arabischen Wissen zugänglich.

Als grosse Liebhaber von Wohlgerüchen, so schreibt Marthe de Fels[6], berauschten sich die Araber am Duft des Zimts; der Genuss von Minzentee versetzte sie in selige Zustände, in welchen sie das Paradies Allahs erblickten.

Bis zur Zeit Heinrichs des Seefahrers von Portugal (15. Jahrhundert) beherrschten die Araber den Seeverkehr im Indischen Ozean zwischen den Küsten Afrikas, Persiens, Indiens und Ceylons. Die chinesischen Dschunken verkehrten ihrerseits zwischen Java, Ceylon und Indien, während die Inder nach China, Persien, Arabien und Afrika segelten. In Alexandrien, das im 9. Jahrhundert der wichtigste Handelshafen des riesigen arabischen Reiches am Mittelmeer war, holten die Venezianer die ‹arabischen Schätze› und verkauften sie wieder mit enormem Gewinn an die Handelsleute, welche sie ihrerseits unter grossen Strapazen über die Alpenpässe an den Rhein brachten.

Levantehandel

In Basel können wir noch heute in Erinnerung an den Levantehandel das schöne Haus ‹Zum Venedig› (Schlüsselberg 3) und den prächtigen Markuslöwen bewundern, der als Hauszeichen

Markuslöwe und Aufstiegsstein am Haus ‹Zum Venedig›, Schlüsselberg 3, um 1460, Erinnerung an den frühen Basler Levantehandel.

die Front dieser ehemaligen Handelsniederlassung ziert. Den grossen Zweitrittstein benutzten einst die Handelsleute, um bequemer auf die Pferderücken zu gelangen.

Die Publikation von W. Raunig[7] ‹Orienthandel im Altertum›, zur gleichnamigen Sonderausstellung im Basler Völkerkundemuseum 1967 herausgegeben, bietet ein anschauliches Bild der faszinierenden Geschichte der damaligen Handelsrouten. So wollen wir nur ganz kurz erwähnen, dass die ‹Seidenstrasse› (diese Bezeichnung erhielt sie erst in der Neuzeit) vom Mittelmeerhafen Antiochia durch Syrien und Mesopotamien führte, dann durch Persien und das nördliche Afghanistan, entlang dem Pamirgebirge ins Tarim-Becken (chinesische Provinz Sinkiang) nach Yümen-kuang, dem ‹Jadetor› nahe der chinesischen Mauer. Die Karawanen bestanden aus fünfzig bis gelegentlich tausend Kamelen, weil die Kaufleute sich zusammenta-

‹Seidenstrasse›

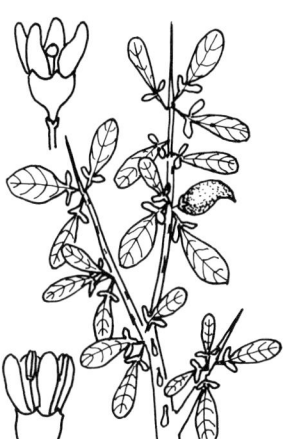

Myrrhenzweig mit Frucht und zwei Blüten.

ten und von Leibwachen gegen mögliche Überfälle begleiten liessen. Die Chinesen kamen ihnen bis zum Lop-nor-See entgegen[8].

Die ‹Weihrauchstrasse›, auch erst neuerdings so benannt, führte entlang der Westseite der arabischen Halbinsel nach Südarabien, den heutigen Jemen und Hadramaut. Aus jener Gegend brachten die Heiligen Drei Könige dem Neugeborenen Weihrauch, Gold und Myrrhe in den Stall zu Bethlehem. Nach persischer Legende stehen diese Gaben für dreifache Macht: Weihrauch für göttliche Macht, Gold für irdische und Myrrhe für die Macht, Krankheiten zu heilen[8].

Die ‹Spezereien›, wie die Gewürze einst genannt wurden, waren in ihrer originalen Verwendung Spender von Wohlgerüchen. Erst allmählich gelangten sie in die Speisen und wandelten sich vom Heilmittel zum Gewürz. Denjenigen, welche heil durch die Wüste, über schwindlige Pässe, durch sturmgepeitschte Meere kamen und Piraten oder Wegelagerern entgingen, brachte der Handel mit Spezereien trotz aller Mühsal und allen Gefahren grossen Reichtum. Die geschäftstüchtigen Araber waren deshalb sehr darauf bedacht, die Herkunft ihrer Güter zu verheimlichen. Fast alle Kostbarkeiten gaben sie als ihre eigenen Landesprodukte aus, um das Monopol in ihren Händen zu behalten.

Gewürze wie Parfüme wurden in Glasfläschchen aus syrischen Werkstätten verschlossen und so in den Handel gebracht, sehr zur Freude der heutigen Archäologen, die bei ihren Grabungen immer wieder auf solche Fläschchen und auf Münzen verschiedenster Währung stossen, welche über den weltweiten Handel Auskunft geben. Nachstehend eine Zusammenstellung der wichtigsten ‹Wohlgerüche Arabiens›.

Die einzelnen Spezereien

Der *Weihrauchstrauch* (Boswellia carteri), der das Weihrauchharz Olibanum liefert, stammt aus Nordostafrika (Kap Guardafui) und vor allem aus Hadramaut. Er wurde von John Boswell 1735 in Edinburg erstmals beschrieben.

Der *Myrrhenbaum* (Commiphora myrrha) erzeugt ein wohlriechendes Harz; er kommt in Nordostafrika und Südarabien vor. Die schönsten Abbildungen des Myrrhenbaums finden sich auf den ägyptischen Flachreliefs in Deir-el-Bahri, auf welchen die Expeditionsschiffe der Königin Hatshepsut dargestellt sind. Im sagenhaften Lande ‹Punt› – vermutlich Somaliland oder die Gegend bei Sansibar – liess sie ganze Bäume holen, um ihre Tempelterrassen zu bepflanzen. Als billigere Myrrhe wurde auch *Bdellium* (Commiphora africana) verkauft.

Das *Sandelholz* (Pterocarpus santalinus). Santalbäume und -sträucher stammen von Ostindien und den Sundainseln, sie

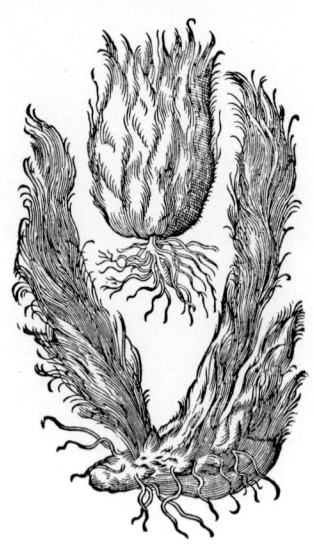

Indianischer Narden. Nardus Indica.

Eine der Narden, wahrscheinlich
Nardus jatamansi.

liefern gelbes oder weisses ölhaltiges, wohlriechendes Holz, einerseits für kunsthandwerkliche Arbeiten, anderseits als Räucherholz verwendet. Das Sandelöl, leicht rosenartig riechend, wird in der Parfümerie benutzt.

Das *Aloeholz,* auch Paradiesholz oder Adlerholz genannt, stammt von ostasiatischen Arten des Adlerbaumes (Aquilaria) aus der Familie der Seidelbastgewächse (Thymelaeazeen). Anstelle des Adlerholzes wurden häufig auch harzreiche Stücke von Sandelholz unter der Bezeichnung ‹Aloeholz› verkauft.

Die *Zimt-Kassia* (Cinnamomum cassia). Ihre ölreiche Rinde kam zuerst nur als Räuchermittel in den Handel. Sie wächst in Burma und Südchina. Schon vor viertausend Jahren wurde ihr Öl von den alten Ägyptern zum Einbalsamieren der Toten verwendet, im Altertum und im Mittelalter war es auch Bestandteil vieler Salben der damaligen Ärzte.

Der *Zimtbaum* (Cinnamomum zeylanicum) ist in Südindien und Ceylon beheimatet. Seine Rinde kommt erst viel später in den Handel als diejenige der Zimt-Kassia, auch er wurde zuerst zum Räuchern verwendet; seine ätherischen Öle brauchte man ebenfalls zur Herstellung von Balsamen und Parfümen. Viel später erst kam das Zimtpulver als Gewürz in Gebrauch.

Der *Kampferbaum* (Cinnamomum camphora) ist ein naher Verwandter des Zimtbaumes, gedeiht im subtropischen Japan sowie auf Formosa und liefert das heute noch in der Medizin benutzte Kampferöl. Ausserdem dient er als Mittel zum Schutz vor Insekten.

Die *Gewürznelke* (Syzygium aromaticum, früher Eugenia caryophyllus genannt). Die ungeöffnete Knospe des Gewürznelkenbaumes, der nur auf den Molukken zu Hause ist, war eines der Handelsprodukte, deren Herkunft die Araber streng geheimhielten, bis die Portugiesen auf dem Seewege ums Kap der Guten Hoffnung die Inseln fanden und in Beschlag nahmen. Essenzen aus Gewürznelken und Muskatnuss wurden ursprünglich als Parfüme und Antiseptika verwendet, bevor sie dann auch als Speisegewürze beliebt wurden.

In der Bibel stösst man auf den Ausdruck *Narden,* worunter man die wohlriechenden Wurzelstöcke verschiedener Gräser und die daraus hergestellten kostbaren Salben zu verstehen hat. Die besten stammen aus Indien (Nardostachys jatamansi) und Nepal (Nardostachys grandiflora). Gehandelt wurde auch eine arabische Narde (Andropogon nardus). In Italien stellte man eine bescheidenere Narde aus Valeriana italica, einer Baldrianart, her.

Weitere klassische Karawanengüter waren die *Kostwurz* (Costus speciosus, im Gewächshaus des botanischen Universitätsgartens

Styrax.

Zweig vom harzliefernden Storaxbaum.

vorhanden), ein Ingwergewächs, aus dessen Wurzeln duftende Salben für Schönheitsmittel bereitet wurden. Dann auch *Malabathrum,* das ‹Zimtblatt›, von welchem nur die Blätter nach Europa kamen; sie lieferten ebenfalls ätherische Öle für Salben. Über die botanische Zugehörigkeit dieser Blätter besteht Unklarheit, möglicherweise handelt es sich um Piper betle. Schliesslich muss das *Benzoeharz* erwähnt werden, welches von zwei tropischen Bäumen geliefert wird: dem *Storaxbaum* (Styrax benzoin) und vom *Fieberstrauch* (Lindera benzoin), deren Heimat die südasiatische Inselwelt ist. Durch Einschnitte in den Stamm wird das Benzoeharz gewonnen, das auch unter dem Namen ‹wohlriechender Asand› in der Medizin und Parfümerie Verwendung fand. Daneben waren zudem die Storaxharze als Räuchermittel im Gebrauch.

Die geheimnisvolle Herkunft der Spezereien und die riesigen Distanzen, die zu überwinden waren, der Wechsel von Transportart und Händlern erhöhten ihren Handelswert ganz wesentlich. Es ist nur zu begreiflich, dass mancher Kaufmann auf die Idee kam, billigeren Ersatz zu finden und feilzubieten. Die Echtheit der Ware musste daher überprüft werden; für Qualitätsunterschiede wurden verschiedene Benennungen eingeführt, wonach sich dann auch die Zolltaxen richteten. Betrüger wurden sehr hart bestraft.

Marco Polo und der Bambus

Als erster Europäer des Mittelalters, welcher die wunderbaren Reiche des Ostens bereiste und ausführlichen Bericht darüber hinterliess, muss der venezianische Kaufmann Marco Polo (1254–1324) erwähnt werden. 1271 reisten er, sein Vater und sein Onkel über Konstantinopel auf Karawanenstrassen immer weiter nach Asien hinein, bis sie schliesslich nach Peking gelangten. Dort herrschte zu jener Zeit der mongolische Grosskhan Kubilai. Der sprachbegabte junge Marco blieb im Dienste des Grosskhans. Es ist unklar, wo sein Vater und sein Onkel überall herumreisten und Handel trieben. Marco selbst reiste im Auftrag des Khans und besuchte grosse Gebiete der Mongolei, des südlichen Chinas und sogar die Inseln Sumatra, Java, die Malaiische Halbinsel und Ceylon. 1295 kamen die Polos über Madagaskar und Arabien nach vierundzwanzigjähriger Abwesenheit nach Venedig zurück.

Bei einem Seekampf um die Vorherrschaft im Mittelmeer gegen Genua kämpfte Marco Polo auf einer von ihm finanzierten Galeere, geriet in Gefangenschaft, landete im Gefängnis von Genua und wurde dort drei Jahre festgehalten. In dieser Zeit erzählte und diktierte er seinem Mitgefangenen Rusta aus Pisa seine Reiseerlebnisse, die dieser in der Langue d'oil niederschreibt. So entstand das ‹Devisement du Monde›, auf italienisch ‹Delle Maravegliose del mondo› und lateinisch ‹De mirabilibus mundi› – ein Werk, das auf grösstes Interesse stiess und ungeheure Verbreitung fand.

Reisebeschreibung

1299 kam Marco Polo wieder in seine Heimatstadt und fand noch seinen Vater vor. Er blieb nun bei seiner Familie und lebte als angesehener Bürger bis zu seinem Tode in Venedig. Das ‹Devisement du Monde› fesselt noch heute wegen der guten Beobachtungen an Tieren, Pflanzen und Mineralien und besonders wegen seiner Beschreibungen von Menschen, ihren Sitten und Tätigkeiten.

Botanische Notizen

So heisst es etwa in seinem Reisebericht: «Nehmet zur Kenntnis, dass der Grosskhan befohlen hat, es sollen an allen Strassen, welche seine Sendboten und andere Leute benutzen, grosse Bäume gepflanzt werden, einer um den anderen, immer zwei bis drei Schritte entfernt, in der Weise, dass die Strassen von weitem sichtbar sind und die Reisenden weder bei Tag noch bei Nacht von ihnen abkommen können.»

In China machte Marco Polo zum erstenmal mit dem Rhabarber Bekanntschaft und gab eine exakte Beschreibung davon. Den Ingwer fand er in ganz China und auf den Malaiischen Inseln in Gebrauch. In Java stiess er auf die Muskatnuss und die Gewürznelken sowie auf die Sagopalme und war beeindruckt vom reichhaltigen Gewürzhandel. Ebenholzwälder sah er im

Zahlreiche Häuser waren im Mittelalter nach Pflanzen benannt und zeigten entsprechende Hauszeichen, so das Haus ‹Zum hohen Dolder›, St. Alban-Vorstadt 35, einen Tannenwipfel. (Dolder = Baumwipfel.)

Eiche *(Quercus robur)* in den Langen Erlen.

Der heilige Urban, Patron der Wein- und Rebleute, Brunnenfigur (Kopie) von 1448 neben Haus Blumenrain 24.

Aus dem 16. Jahrhundert stammender Stock des Rebhausbrunnens, vor Haus Riehentorstrasse 11, mit dem Emblem (Rebmesser) der Kleinbasler Ehren-Gesellschaft zum Rebhaus und Pflanzenmotiven.

34

Mekongdelta, ‹Ibenus›, wie er sie nennt. «Man macht aus ihm die Schachbretter und kunstvolle Holzkästchen.»

Auf Ceylon begegnete er sodann dem Zimtbaum, an der Malabarküste traf er wiederum auf Ingwer, dann auf Pfeffer und Indigo, und auf Sumatra beeindruckte ihn die Weinpalme: «Vernehmt von den Bewohnern der Insel, dass sie nur von Reis leben und keinen Wein haben, doch werde ich euch sagen, wie sie es anstellen. Sie haben einen Baum, dem schneiden sie einen Ast ab und binden einen grossen Topf darunter, wo der Ast geschnitten wurde. Einen Tag und eine Nacht lang füllt sich der Topf. Der Wein ist sehr gut zu trinken. Diese Bäume sind den Dattelpalmen ähnlich. Die Menschen auf Sumatra haben auch den besten Kampfer und etwas ganz Wunderbares: eine Art Baum, der Mehl gibt, das sehr gut zu essen ist.» Beim erstgenannten ‹Baum› muss es sich um die *Zuckerpalme* (Arenga oder Borassus) handeln, beim zweitgenannten um die *Sagopalme* (Metroxylon sagu). Auf seiner Rückreise brachte Marco Polo u. a. erste Proben von Sago nach Venedig.

Vom Lande ‹Thebet› im Himalaja erzählt er: «Man findet dort viel Bambushölzer, und ich sage euch, dass die Kaufleute, die des Nachts durch diese Gegend reisen, solche Bambusrohre nehmen und ein Feuer anfachen. Wenn die Bambusstengel brennen, fangen sie an zu knallen und ein solches Geknatter zu machen, dass die Löwen, Bären und anderen wilden Tiere davon solche Furcht bekommen und flüchten, so weit sie können; um nichts in dieser Welt mehr kommen sie dem Feuer zu nahe. Wenn diese Bambusstengel beim Verbrennen nicht so knallten, könnte niemand durch diese Gegend voll wilder Tiere ziehen[14].»

Montpellier und Sagres

Der Indienfeldzug Alexanders des Grossen (327–325 v.Chr.) bedeutete für das klassische Altertum, was die Entdeckung der Neuen Welt durch Kolumbus für das ausgehende Mittelalter bedeutete: eine ungeahnte Erweiterung der bisherigen Kenntnisse, einen Einblick in andere, fremde Kulturen und eine gewaltige Vermehrung der wirtschaftlichen Möglichkeiten.

Der Eroberungszug nach Indien war also eher eine Art Entdeckungsreise und vielleicht auch der Versuch eines Menschen, «als erster mit seinem Heer bis an die äussersten Enden der Welt zu gelangen[10, 11]». Alexander war von Aristoteles erzogen worden. So hatte er nicht von ungefähr in seinem Heer Geographen, die das Neuland aufzeichnen sollten, und Naturwissenschafter, die alle ihre Beobachtungen festhielten. Als talentierter Diplomat hatte er seine besiegten Gegner für sich gewonnen, die Handelsbeziehungen entwickelt und die Routen nach Indien geöffnet. Wir wissen, dass seine Stadtgründung Alexandrien in Ägypten von grösster Wichtigkeit war, und zwar nicht nur als Handelshafen, sondern vor allem auch als Zentrum der Wissenschaft.

Östliche Fabelwelt

Nach dem plötzlichen Tod Alexanders gewannen die indischen Fürsten ihr Land wieder zurück. Der Austausch von Gesandten schuf jedoch Beziehungen zwischen Indien und den Mittelmeervölkern. Bald zirkulierten im Abendland märchenhafte Berichte aus dem Fernen Osten. Auf den neuentstehenden Weltkarten der Europäer sind viele sagenhafte Vorstellungen von den fremden Tieren und Menschen, der irdische Garten des Paradieses, aus welchem die vier Ströme Indus, Tigris, Euphrat und Nil entspringen, der sonnen- und mondtragende Baum und der Garten der Hesperiden als heidnischer Gegensatz zum Paradiesgarten abgebildet.

Noch jahrhundertelang geisterten diese Vorstellungen in den Köpfen der mittelalterlichen Menschen herum und fanden ihren Niederschlag auf den Kapitellen und Kirchenportalen der romanischen Kunstepoche. Am Basler Münster amten Elefanten als Säulenträger an Chorfenstern, an einem darüberliegenden Kapitell finden wir den Skiapoden, welcher seinen einzigen Fuss als Sonnenschirm über sich hält. Im Münster sehen wir Alexander den Grossen selbst auf einem Kapitell im Chor beim Versuch, mit Greifen himmelwärts zu fliegen – Symbol menschlicher Hybris und Selbstüberhebung.

Kaufleute als Pioniere

Neben allem zauberhaften Unbekannten und Gefürchteten richtete sich das Interesse doch stets auch zielstrebig auf den Handel aus. Mit ganz wenigen Ausnahmen waren es Kaufleute, die sich zu Land und noch häufiger zur See ins Unbekannte hinaus wagten.

Alexanders Himmelfahrt als Hinweis auf menschliche Selbstüberhebung. Kapitell im Chorumgang des Münsters, Ende 12. Jahrhundert.

Skiapode = Schattenfüssler aus der Fabelwelt des Mittelalters am Kapitell eines Münsterchorfensters (Aussenseite), Ende 12. Jahrhundert.

Bisher war vor allem von den Handelsbeziehungen die Rede, die sich – für Westeuropa grösstenteils angeregt durch die Kreuzzüge – zwischen Europa und Asien, hauptsächlich auf dem Landwege, herausgebildet haben. Nun müssen wir auch einen Blick auf die wissenschaftlichen Beziehungen werfen.

1349 konnte Philipp VI., König von Frankreich, dem König von Mallorca die Stadt Montpellier abkaufen. Zu jener Zeit war Montpellier bereits eine Stadt mit ehrwürdiger Universitätstradition. Sie besass seit 1141 die erste Medizinische Fakultät Europas. In Montpellier kam arabisches, jüdisches, griechisches und römisches Wissen zusammen. Das Studium der Heilpflanzen war ein wichtiger Bestandteil der Medizin. Bald war der Ruf dieser Fakultät so gross, dass Schüler aus ganz Europa nach Montpellier kamen, um ihre Kenntnisse in der Pflanzenkunde zu erweitern.

Botanik als Wissenschaft

In Europa lag dieses Wissen sonst noch ganz im argen, während die Griechen, Römer und Araber bereits Pflanzenbücher geschrieben und gezeichnet hatten: Hippokrates (um 450 v.Chr.), Aristoteles (380–321 v.Chr.), Theophrastus (372–297 v.Chr.), Plinius d.Ä. (23–79), Dioskorides (um 60), Galenus (129–199), Avicenna (980–1037). Neben dem Studium ihrer Schriften wurde es für die Studenten bald unerlässlich, die Pflanzen in der Natur zu suchen und zu sammeln. Dabei wurde die Regionalität der Pflanzen entdeckt. Man begann Bestandesaufnahmen mittels Herbarien zu erstellen, die neuen Pflanzen zu beschreiben und zu benennen. Langsam wuchs diese immense Aufgabe zu einer eigenen Wissenschaft heran. Die Wander- und Entdeckungslust erwachte in den Herboristen.

Meereskunde

In Sagres an der äussersten Südspitze Portugals sass 1419 der Infant, Heinrich der Seefahrer, so benannt, weil er sein ganzes Interesse der Entwicklung der Seefahrt Portugals zuwandte. In Sagres hatte er eine Art Marineschule gegründet. Alles, was das

Meer betraf, wurde dort studiert: die Gezeiten, die Strömungen, die Winde, die Orientierung, die Messinstrumente und natürlich der Schiffsbau. Alle Nachrichten über fremde Länder, Küsten und Inseln wurden gesammelt. Mit verbesserten Schiffstypen, den Karavellen, stiessen die portugiesischen Seefahrer der afrikanischen Küste entlang immer weiter südwärts. Als Heinrich der Seefahrer 1460 starb, waren seine Schiffe schon bis zur Goldküste vorgedrungen, die Azoren und Madeira waren entdeckt und dienten als Stützpunkte. Vasco da Gama fand bald den Weg um das Kap der Guten Hoffnung nach Indien und eröffnete so die Gewürzroute auf dem Seeweg.

Galeonen und Saumtiere

Portugiesische Seefahrer

Schwer bewaffnete, drei oder vier Masten tragende Handelsschiffe, Karracken und Galeonen, segelten nun auf dem gleichen Weg, den die kleinen Karavellen entdeckt hatten. Kaum war der Winter jeweilen vorbei, steuerten die Portugiesen eine Flotte von vier bis fünf Schiffen der Westküste Afrikas entlang und vom Kap der Guten Hoffnung aus südöstlich, bis sie die Monsunwinde trafen. (Die Engländer nannten sie später ‹trade winds›, Handelswinde.) Mit diesen gelangten sie zur Westküste Indiens in ihre Handelsniederlassung Goa und weiter bis Malakka. Einige kehrten vollbeladen im September mit dem Nordmonsun wieder heim; die anderen segelten nach Java oder China weiter und kamen mit ihren Waren erst nach drei Jahren wieder nach Lissabon zurück. Diesen Handel beherrschten die Portugiesen von 1490 bis 1650, als sie von den Holländern weitgehend verdrängt wurden.

In Lissabon im Indiahaus des Königs, holten auch Basler Kaufleute die begehrten Waren.

Spanische Seefahrer

Die Spanier segelten mit ihren Karracken und Galeonen, der berühmten ‹Silberflotte›, über die Kanarischen Inseln und dann mit den Passatwinden zum Golf von Mexiko. Havanna war ihr Haupthafen in der Neuen Welt. Von dort segelten Schiffe nach Porto Belo nahe dem heutigen Colón. Maultierzüge besorgten den Warentransport über die Landenge von Panama. Seit 1540 unterhielten die Spanier eine Pazifikflotte für den Küstenverkehr mit Peru und Chile. Die Spanier wollten aber auch zu den Gewürzen und liessen sich keineswegs von ihrem ursprünglichen Vorhaben abhalten, westwärts die Gewürze zu holen. So segelte jedes Jahr die ‹Nao de China›, eine Galeone, von Acapulco (Mexiko) nach Manila auf den Philippinen. Dorthin brachten chinesische Dschunken die Gewürze, Parfüme, Seiden, Porzellan, Elfenbein und Edelsteine. Die ‹Nao de China› zahlte mit gleissendem Silber aus den berühmt-berüchtigten Potosi-Minen in Bolivien und kehrte wieder nach Acapulco zurück. Ein Maultierzug besorgte dann den Warentransport über Land nach Veracruz am Golf von Mexiko. Die Atlantikflotte sammelte in Cartagena, Porto Belo und Veracruz ein, was von See- und Landräubern unbehelligt dort ankam. In Havanna bildete sich der Konvoi zur Heimfahrt über die Bahamas und Bermudas; er steuerte in die Westwinde und in den Golfstrom und mit diesem via Azoren nach Cadiz. Von dort gelangten die Waren entweder auf dem Landweg in die innerspanischen Städte oder mittels Küstenschiffahrt in die spanischen Mittelmeerhäfen bis Barcelona. Auch in Barcelona verkehrten die Basler Handelsleute. Neben den üblichen Landesprodukten hatten sie dort die Wahl zwischen Gold, Silber,

Portugiesische Galeonen vor Moçambique. Detail eines Kupferstichs aus Theodor de Bry: Kleine Reisen nach morgenländisch Indien. Frankfurt 1605.

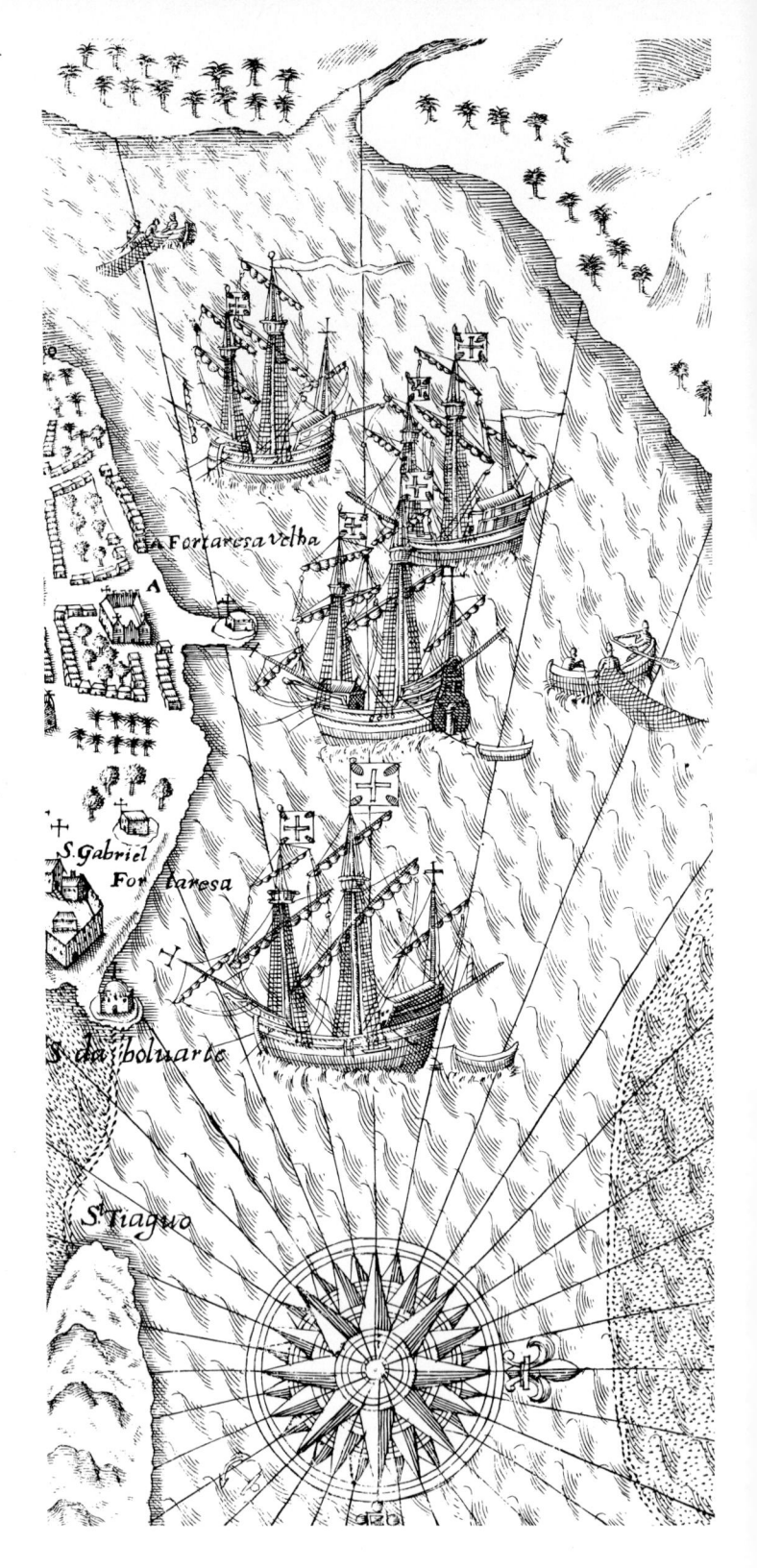

Smaragden, Perlen, Affen, Papageien und Truthähnen, Edelhölzern, Bananen und Ananasfrüchten. Kolumbus soll die erste Ananas nach Europa gebracht haben. Später (1520) kamen Kakaobohnen, Vanilleschoten und seit 1560 auch Tabak hinzu.

Europäischer Landtransport

Im Netz der Handelswege, die sich damals in Europa entwickelten, spielten der Grosse St. Bernhard, der Gotthard und der Simplon eine wichtige Rolle. Die Kaufleute ritten auf der alten Römerstrasse über den ‹Mons Iovis›, den Berg des Jupiter, wie die Römer den Grossen St. Bernhard wegen der häufigen Unwetter genannt hatten. Basel hatte mit Bischof Heinrich von Thun (1216–1238) einen energischen Herrn, der mit dem Bau der festen Rheinbrücke, damals der einzigen zwischen Bodensee und Meer ausser Konstanz, den Grundstein zur bedeutenden Stellung Basels im mitteleuropäischen Nord-Süd-Handel gelegt hatte. Während Jahrhunderten bildete unsere Stadt eine Art Drehscheibe in den Handelsbeziehungen zwischen dem gesamten Rheinland und Flandern einerseits und Südfrankreich und Italien anderseits. Neben dem Eigenbedarf kamen flandrische Waren im Transithandel über Basel nach Italien, während die Güter des Orients und italienische Produkte wieder über Basel nach dem Norden gelangten (speziell Südfrüchte, Reis und die Spezereien); aus Spanien und Frankreich kamen Safran, Wein und Indigo – wenn wir besonders die pflanzlichen Produkte hervorheben.

Entlang diesen Routen unterhielten geistliche Orden Hospize zur Aufnahme nicht nur der Händler, sondern auch der vielen Pilger, welche dieselben Wege benutzten. In Basel steht immer noch ein hübsches gotisches Haus mit dem Namen ‹Mons Yop› (Leonhardskirchplatz), das einst von den Chorherren vom Grossen St. Bernhard (‹Mons Iovis›) unterhalten wurde. Die Jahreszahl 1365 datiert einen späteren Umbau, als das Haus schon nicht mehr Hospiz der Bernhardiner war.

Folgen des Basler Konzils

Das grosse Kirchenkonzil (1431–1448), der Buchdruck und die Papiermühlen brachten viele Fremde nach Basel, damit auch fremde Sitten und grössere Ansprüche. Die Basler Kaufleute konnten ihre teuersten ‹botanischen› Waren an den Mann bringen.

Die ‹Neuheiten› aus aller Herren Ländern mussten nun Namen erhalten; sie wurden teils nach den Exporthäfen oder -ländern, häufig auch nach den Importeuren benannt. Drogen und Spezereien nannte man so auch ‹Venedigergut›. Sultaninen und Korinthen, welche die Basler liebevoll ‹Meerdrybeli› tauften, besagen, dass sie aus Ländern, wo Sultane herrschen, übers Meer und über die Handelsstadt Korinth zu uns gekommen waren. Das ‹Meerröhrlein›, nur noch älteren Baslern bekannt, als es in der Schule noch ‹Datze› gab, ist dasselbe wie spanisches Rohr oder Malakkarohr und stammt von der *Rotangpalme* (Calamus scipionum), einer kletternden, mit Widerhaken versehenen Palme aus Südostasien. ‹Teufelstau› oder ‹daemono rops› nannten sie die ersten Europäer, die sich mühsam den

Haus ‹Mons Yop›, Leonhardskirchplatz 2, einst Niederlassung der Mönche vom St. Bernhard. – Im Hintergrund Scheunengebäude, das an den ehemals ländlichen Charakter des Heubergs erinnert (Heuberg 31).

Weg durch den tropischen Urwald bahnen mussten. *Manilahanf,* die Faser aus einer Bananenart (Musa textilis), die auf den Philippineninseln Mindanao und Luzon wächst, wurde im Exporthafen Manila eingekauft. ‹Indigo› heisst auf spanisch nichts anderes als ‹indisch› und bezeichnet das Produkt der aus Indien stammenden Färberpflanze. Gummiarabikum, welches in der Pharmazie und im Druckereigewerbe benötigt wird, lieferten die Araber; es ist der Pflanzensaft bestimmter afrikanischer *Akazien*gewächse (Acacia nilotica, Acacia senegal). Im Basler ‹Pfeersig› für *Pfirsich* steckt das Herkunftsland Persien. 1588 taucht der Ausdruck ‹Kanari-Zucker› auf, womit man den *Rohrzucker* der Kanarischen Inseln meinte. Zucker war anfänglich eine Kostbarkeit und begann seine Laufbahn, um nicht zu sagen seinen Siegeszug, in der Apotheke. Der aus Mittel- und Südamerika stammende *Mais* (Zea mays) wurde bei uns irrtümlicherweise ‹Türkischkorn› genannt in der Annahme, es handle sich um eine aus dem Türkenreich stammende Pflanze. Im Unterschied zum indischen *Pfeffer* (Piper nigrum) erhielt der neu eingeführte Schotenpfeffer aus Amerika den Namen ‹Spanischer Pfeffer›, später auch ‹Cayennepfeffer› oder ‹Chili›. Heute heisst er bei uns ‹Paprika›, wie er in Ungarn, einem der wichtigsten Produktionsländer, bezeichnet wird. Einst brachten ihn die

Sitzung am Basler Konzil (1431 bis 1448). Aus Hartmann Schedel: Weltchronik. Nürnberg 1493.

Spanier aus ihren amerikanischen Kolonien, jedoch weder aus Chile noch aus Cayenne (Guayana), sondern aus dem Inkareich.

Die fremd klingenden Namen märchenhafter Inseln und Hafenstädte halfen mit, die Produkte noch geheimnisvoller und kostbarer zu machen und die Lust der Käufer anzuregen.

Die Gewürze

Fruchttraube des schwarzen Pfeffers (*Piper nigrum*) und Fruchtkölbchen des später erwähnten langen Pfeffers (*Piper longum*).

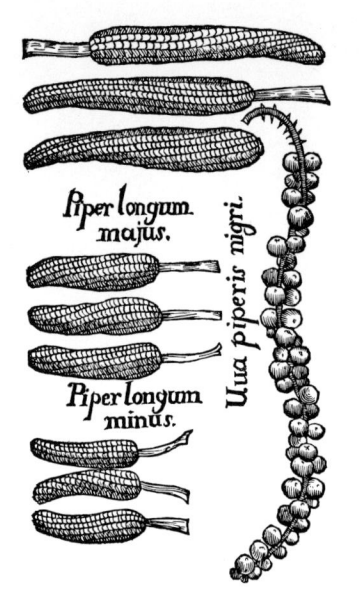

1532 ist in Basel eine der frühen Weltkarten gedruckt worden, welche die realen Verhältnisse der Kontinente und ihre Lage in den Ozeanen einigermassen anschaulich darstellt. Ihr Urheber ist Sebastian Münster (1489–1552), der auch die Herausgabe der ptolemäischen Karten bei Henric Petri von 1540 bis zu seinem Tode betreute. Die Karte von 1532 erschien unter der Bezeichnung ‹Typus cosmographicus universalis›, war mit einem Vorwort von Simon Grynaeus versehen (deshalb meist nach ihm benannt) und bei Hervagius gedruckt worden. Auf dieser Karte sollen die Eckfelder die vier Kontinente versinnbildlichen: Afrika durch einen Elefanten und geflügelte Schlangen, Asien durch Jäger und Gewürzbäume, Amerika durch menschenschlachtende Kannibalen und Europa durch eine biblische Szene. Botanisch interessiert uns vor allem die rechte obere Ecke, nämlich wegen der seltenen Darstellung des rankenden Pfeffers, des Muskat- und des Gewürznelkenbaumes.

Heute können wir die Wichtigkeit der Gewürze im Mittelalter kaum mehr begreifen. Vor allem fällt es uns Überflussmenschen schwer, nachzuempfinden, wie stark in jener Zeit das Bedürfnis nach exotischen Gewürzen und Genussmitteln war. Besser verständlich ist uns die Silberflotte der Spanier. Wir müssen uns aber den Gegensatz des damals reichen, hochkultivierten Orients zu den eher rohen und kargen Verhältnissen in Europa vor Augen halten wie auch der bunten Üppigkeit des Südens zu der düstern, eintönigen Welt des Nordens. Die Menschen lebten nicht lang. Viele hatten wenig bis nichts zu verlieren; dies steigerte die Lebenslust und den echten Abenteuergeist. Das Glücksrad, das den Menschen rasch in die Höhe trägt, aber ebenso rasch in Tiefen stürzen lässt, wie es über der Galluspforte des Münsters dargestellt ist, veranschaulicht die Macht des unerbittlichen Schicksals. Die recht brutale Begehrlichkeit und die Geringschätzung des Menschenlebens führten zu den harten und verbissenen Eroberungskämpfen um die Gewürzinseln zwischen Portugiesen, Holländern, Franzosen und Engländern.

Aus den anfänglich nur kleinen Handelsniederlassungen, welche die ersten Europäer an fremden Küsten unterhielten, zogen sie besitzergreifend ins Landesinnere. Bald waren die Inseln in ihren Händen, neue Städte wurden gegründet, neues Land entdeckt. Unter ungeheurem Aufwand an Schiffen und Menschenleben entstand das Kolonialreich der Weissen.

Die tropischen und subtropischen Nutzpflanzen wurden in grossem Ausmass kultiviert und in neue Gebiete umgesiedelt. Schon früh hatte der Sultan der Inseln Sansibar und Pemba die Eingebung, auf seinem Boden an der afrikanischen Küste Pfeffer, Muskatnuss, Gewürznelken, Zimt und Ingwer anzu-

Zweig der Muskatnuss (*Myristica fragrans*). (Kaspar Bauhin).

Pfeffer

Muskat

pflanzen. Dass er Erfolg hatte, bezeugt 1299 Marco Polo, der den duftenden Markt von Sansibar sehr bewunderte. Es scheint auch heutigentags dort noch in gleicher Weise zu duften, wie man bei Laurens van der Poost[12] lesen kann.

Nun zu den einzelnen Gewürzpflanzen:

Der *Pfeffer* (Piper nigrum) stammt aus den regenreichen indischen Bergwäldern, den Vorbergen des Himalaja in Assam und Burma. Er wurde von den Indern domestiziert und in Südindien überall in den Regenwäldern verbreitet. Die Pflanze rankt sich an Büschen oder Bäumen hoch. Zwei Arten, Piper nigrum und Piper longum, waren schon im Altertum den Griechen, Römern und Arabern bekannt. Sie galten als Gewürz- und Heilpflanzen, und der Handel mit Pfefferkörnern wie auch mit vielen anderen Gewürzen bedeutete im Mittelalter für die Araber, Genuesen und Venezianer ein einträgliches Geschäft. Im Geiste sehen wir unsere Basler Kaufleute mit ihrem Pferdetross über die Alpen zurückkehren und überall Weg-, Brücken- oder Städtezoll entrichten. So wird das von halbnackten Indern zusammengelesene Pfefferkorn am Ende seiner langen Reise buchstäblich mit Gold aufgewogen. Tatsächlich war ein Pfefferkorn einst sein Gewicht in Gold wert. Der Pfeffer war neben dem Salz ein so wichtiges Würzmittel, dass er auch als Tauschmittel anstelle von Geld verwendet werden konnte. Ein Pfund Pfeffer, ein Quantum Pfeffer, ein Pfeffersack waren feste Wertbegriffe, auch die Zollgebühr konnte mit Pfeffer beglichen werden. Ausserdem war er ein beliebtes Neujahrs- und Fasnachtsgeschenk.

Der Pfeffer wurde in ganzen Körnern verkauft und erst bei Gebrauch zerstossen. Als beste Sorte galt einst der ‹Pfeffer von Alexandria›. – Der Ausdruck ‹Pfeffer› war lange Zeit auch der Sammelname für alle morgenländischen Gewürze.

Die *Muskatnuss* (Myristica fragrans) stammt ausschliesslich von den Molukken. Der Muskatbaum ähnelt dem Aprikosenbaum, seine Früchte sind gelblich und von Walnussgrösse. Von der Muskatfrucht werden die fleischigen Samenhüllen (‹Mace›, ‹macis› oder ‹Muskatblüte›) und die eigentliche Nuss (‹nutmeg›) als Gewürz benutzt.

Wie alle indischen Spezereien ist die Muskatnuss von den Arabern etwa ums Jahr 600 in den Westen gebracht worden – ihre Herkunft wurde geflissentlich verschwiegen. Der Genuss von Muskat wirkte stimulierend und galt als Aphrodisiakum, was sie besonders beliebt machte.

1512 hatten die Portugiesen durch Bestechung eines arabischen Steuermanns die Inseln Banda, Amboina und Ternate – die Gewürzinseln – entdeckt und einfach in Besitz genommen. Etwa

GARIOFILI

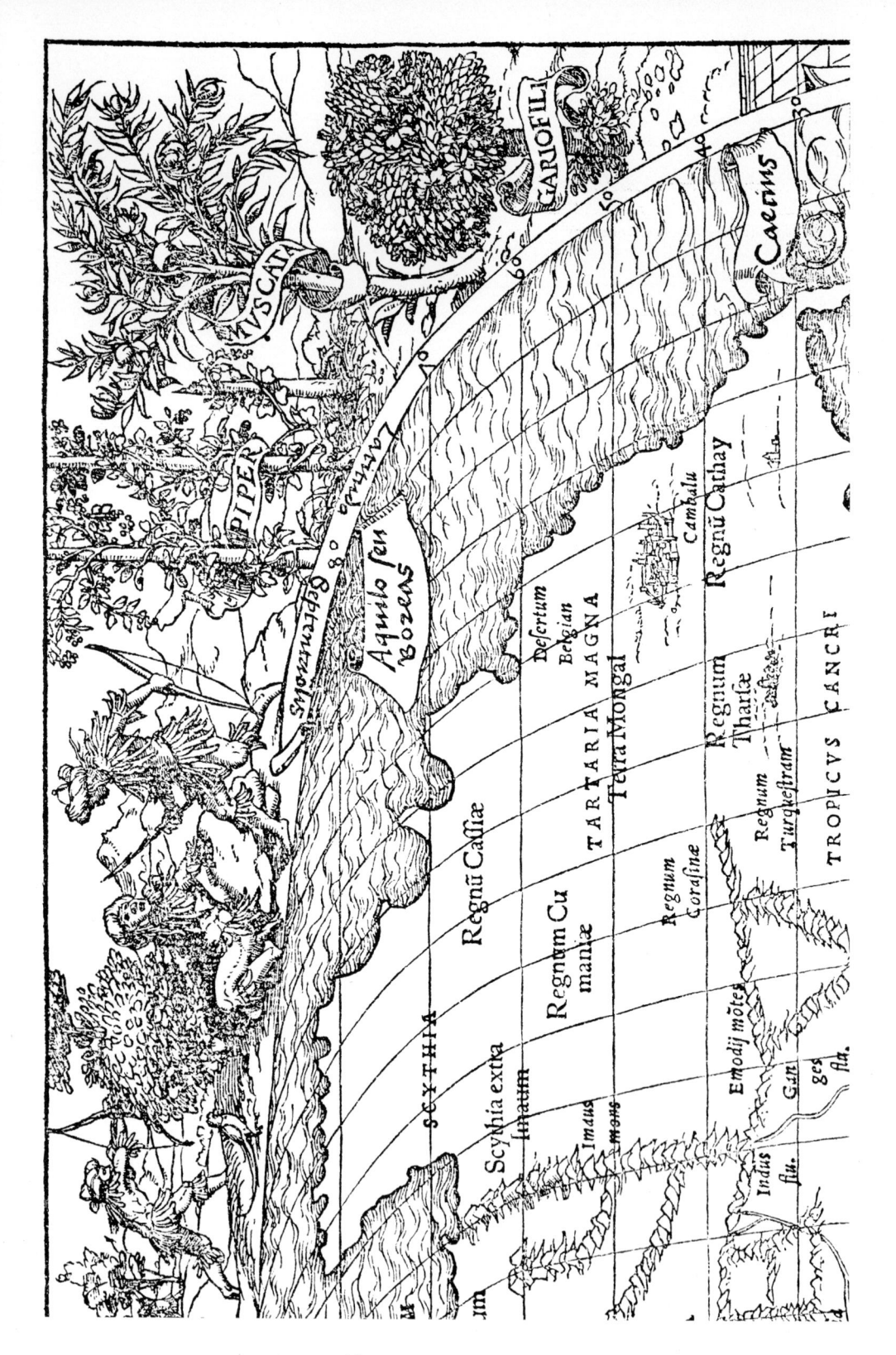

CACTVS

MVSCAT

PIPER

Septentrio

Aquilo seu Boreas

SCYTHIA

Scythia extra Imaum

Regnū Casiæ

Regnum Cumaniæ

TARTARIA MAGNA
Terra Mongal

Desertum Belgian

Cambalu

Regnum Tharsæ

Regnū Cathay

Regnum Corasine

Regnum Turqueſtram

Emodij mōtes

Imaus mons

Indus flu.

Ganges flu.

TROPICVS CANCRI

Rankender Pfeffer, Muskat- und Gewürznelkenbaum. Ausschnitt aus der Weltkarte Sebastian Münsters, von Simon Grynaeus 1532 bei Hervagius in Basel herausgegeben.

Blätter und Blüten der Gewürznelke *(Syzygium aromaticum).*

Krämer Nelcken. Caryophyllum.

Zimt

hundert Jahre später kreuzten die Holländer auf und eroberten ihrerseits diese begehrten Inseln. Auch damals schon wurden die Preise durch teilweises Verbrennen der Ernte in die Höhe getrieben. Trotz strengster Herrschaft der Holländer gelang es Franzosen und Engländern, Muskatpflanzen zu ergattern und auf anderen Inseln anzupflanzen.

Die *Gewürznelke* (Syzygium aromaticum), ‹girofle› der Franzosen oder ‹clove› der Engländer, ist ebenfalls auf den Molukken beheimatet; sie gehört in die Familie der Myrtengewächse. Im 8. Jahrhundert gelangte sie durch die Vermittlung der arabischen Händler erstmals nach Europa. Wie die meisten kostbaren Gewürze diente sie zuerst in der Heilkunde. Die ungeöffnete Blüte wird gepflückt und getrocknet und als solche gehandelt. Das durch Destillation gewonnene Nelkenöl ist eine andere Handelsform, welche in Medizin und Parfümerie noch heute zur Anwendung gelangt. Das Aussehen der getrockneten Knospen erinnert an kleine Nägel, daher die Bezeichnung ‹Nägeli›, im Mittelhochdeutsch ‹Negelken›, woraus der hochdeutsche Name ‹Nelke› entstanden ist. Dieser Name wurde auf unsere heutigen Gartennelken übertragen, die im 16. Jahrhundert aus dem Orient eingeführt wurden und ganz ähnlich duften.

Die ‹Nägeli› bewahren ihr Aroma über Jahre, und ihr Öl wirkt konservierend. Spickt man eine Orange vollständig mit ihnen, so schrumpft sie, ohne zu faulen, langsam zu einem jahrelang duftenden, kompakten Igel zusammen.

In die gleiche Familie der Myrtengewächse gehört auch der *Nelkenpfeffer* (Pimenta dioica). Dieser kleine Baum ist in der Neuen Welt zu Hause (Südmexiko, Kuba, Haiti, Jamaika). Der Geschmack des ‹Piment› soll an Zimt, Muskat und Nägeli zugleich erinnern, weshalb ihn die Engländer ‹all-spice› benannten. Dieses Gewürz wurde erst im 17. Jahrhundert in Europa bekannt und vor allem aus Jamaika bezogen.

Der *Zimt* (Cinnamomum zeylanicum) gehört in die Familie der Lorbeergewächse. Die Engländer bezeichnen ihn mit ‹cinnamon›, die Franzosen mit ‹canelle›. Der Zimtbaum ist ein Bewohner der tropischen Regenwälder von Südindien und Ceylon. Nicht nur die Rinde, der ganze Baum duftet. Man schneidet ihn ähnlich wie die Korbweiden, um Jungschosse zu erzeugen, deren Rinde dann sorgfältig abgelöst und getrocknet den bekannten Zimtstengel ergibt. – Kultur und Verarbeitung des Zimts sind sehr arbeitsintensiv; allen Versuchen zum Trotz liessen sie sich deshalb nicht in der Neuen Welt einführen; das Verständnis dafür fehlte den Eingeborenen. Ceylon ist auch heute noch Hauptexporteur vor Indonesien, den Seychellen, Mauritius, Madagaskar und Sansibar.

Landung von Holländern an einer Küste Ostindiens im 16. Jahrhundert. Aus Theodor de Bry: Kleine Reisen nach morgenländisch Indien, Frankfurt 1605.

Stengel des Zimtbaums mit teilweise abgeschälter Rinde.

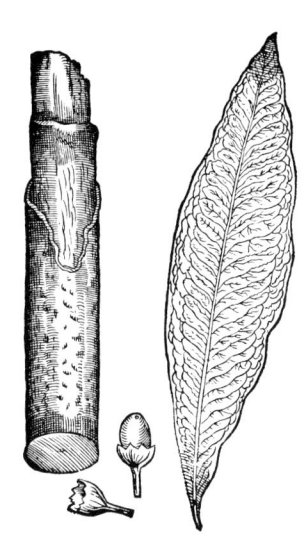

Zimmet-Rinde. Cinnamomum.

Der *Safran* (Crocus sativus) ist in Kleinasien und Griechenland heimisch. Die hellvioletten Blüten treten gleichzeitig mit den Blättern hervor und verströmen einen starken Duft. Im Gegensatz zum Frühlingskrokus oder *Frühlingssafran* (Crocus albiflorus) blüht der echte Safran im Herbst. Sein Name entstand aus dem persisch-arabischen ‹safara›. Einst war er neben Pfeffer und Ingwer das am meisten gefragte Gewürz. Wie diesen Gewürzen schrieb man auch dem Safran Heilkräfte zu; so sollte er Halsweh, Tuberkulose, Leberabszesse, Blutaustritt im Auge und Gelbsucht heilen (dies nach der Signaturlehre im Zusammenhang mit seiner gelben Farbe). Sehr geschätzt war der Safran wegen seiner intensiv gelben Farbe, die sich zum Färben von Stoffen und feinem Leder eignete. In seiner Blütezeit pflückten Frauen und Kinder die zarten, orangeroten Narben aus den Blumenkelchen und brachten sie noch am gleichen Tag zum Dörren, das über leichten Kohlefeuern vollzogen wurde. Etwa 150 Narben ergeben ein Gramm Farbstoff! Lange Zeit gehörte der Safran zu den kostspieligen Produkten des Orienthandels. Die Kreuzfahrer sollen nicht nur Schalotten-, sondern auch Safranzwiebeln im 11. Jahrhundert nach Italien und Südfrankreich gebracht haben. In Spanien waren es die Araber, welche die Safrankultur im 10. Jahrhundert begründeten, wo sie dann grosse Bedeutung gewinnen sollte. Heute noch existieren in Spanien und Südfrankreich solche Kulturen. Die Basler Kaufleute reisten seit 1420 nach Barcelona, Venedig oder auch nur bis Lyon, um Safran zusammen mit anderen Gewürzen einzukaufen. Der spanische war sehr gefragt, aber auch der toskanische ‹Tuschgau› oder der ‹Safran vom Adler›, wie die Sorte aus Aquila in den Abruzzen genannt wurde. In Buchsfässchen verpackt, auf den Rücken der Saumpferde reiste er nach Basel, wo er auf Rheinschiffe umgeladen nach Norden weiter verteilt wurde. Den Basler Bedarf füllten die Händler zum Verkauf in Leinensäcklein ab.

Nach diesem edlen Gewürz nannten sich viele Krämerzünfte, so auch die Basler, nachdem sie zuerst ‹Zum Pfeffer› und ‹Zum Imber› geheissen hatten. Das neue, grössere Zunfthaus, das ihnen seit 1423 diente, bekam den Namen ‹Zum Safran›. Die stilisierte dreiteilige Narbe ergab in Anlehnung an die heraldische Florentiner Lilie das Zunftwappen. Das historische Museum bewahrt sehr schön geschliffene Trinkgläser aus dem Besitz der Safranzunft, welche einerseits die Lilie in einem Blätterkränzchen, anderseits die Safranblume auf langem Stiel mit schlanken Blättern zeigen.

Safrankulturen in Basel

Dank einer wärmeren Periode Ende des 13. Jahrhunderts waren Versuche, den Safran in der Rheingegend anzubauen, von

Safranblüten mit herausragenden Narben *(Crocus sativus)*.

Safran mit der Blüthe. Crocus florens.

Erfolg gekrönt. Vor Strassburg und Basel entstanden ‹Safranäcker›. So zitiert Peter Ochs in seiner Geschichte der Stadt und Landschaft Basel (Band 3, Seite 189) aus einer Verordnung von 1420: «... wie jetzt hier bey uns ein Louff uferstanden, der, ob Gott will, nütz wird seyn, dass viel Leute, Edel und Unedel, zu unsrer Stadt angefangen haben, Saffrant zu setzen.» Tatsächlich brach in Basel ein Safranfieber aus: Wer nur ein sonniges Stücklein Erde besass, steckte Krokuszwiebeln hinein. Die Äcker waren Rüben- oder Getreidefelder an sonnigen Lagen, wobei sich die Südlage vor dem Aeschentor als besonders günstig erwies. Auf den Äckern setzte man den Safran zwischen die Frucht. Sobald das Getreide im Herbst geschnitten war, stiessen die Safranblätter hervor, und die Blüten entwickelten sich im Oktober. In dieser Weise wird die Safrankultur seit 1561 (K. Gessner) und auch heute noch in der letzten Safrangemeinde der Schweiz, dem Walliser Dorf Mund, praktiziert. Es waren wohl die Baslerinnen, die ihn im 14. Jahrhundert auch in den Gärten zogen. «Item die Wiber tragen gel Schleyer, alle Wochen so müessen sie die Schleyer weschen und widerumb gel ferwen. Darumb so ist der Saffrant so thür», schrieb voller Gram ein Basler Prediger (Paul Koelner: Anno Dazumal. Basel 1929).

Im tropisch heissen Sommer von 1420 war die Safranernte so bedeutend, dass der Rat im Kaufhaus eine offizielle Safranwaage aufstellte und Safranbeschauer ernannte, um den Handel zu überwachen. Es wurden strenge Vorschriften erlassen; wir zitieren wiederum aus jener von Peter Ochs angeführten Verordnung, mit der der Rat gebietet, «dass alle die, so Saffran in und vor der Stadt bauen, besorgen sollen, dass der Saffran uss den Blumen sufer genommen, und dann von Niemanden mit Baumöhl oder anderm getränkt werde, damit er schwerer oder anders gemacht sey, als er wirklich an sich selbst ist. Auch soll ihn Niemand in gesalbten oder geschmierten, sondern trocknen und dürren Säcken thun, um dass Niemand betrogen werde.» – Der Fettglanz war ein Zeichen von vorzüglicher Qualität; ihn mit unlautern Mitteln zu imitieren, lag nahe.

Ingwer

Der *Ingwer* (Zingiber officinale) stammt ursprünglich von den pazifischen Inseln und hat sich dann als beliebte Gewürzpflanze nach allen tropischen Ländern ausgedehnt, besonders nach Südchina und Malaia, aber auch nach Westindien (Jamaika). Es sind die Wurzeln, die getrocknet oder kandiert gehandelt werden. Auch der Ingwer gilt als Heilmittel und figuriert seit alters in der Pharmazie. Er war eine der begehrtesten Spezereien des Levantehandels und wurde von den Arabern unter dem Namen ‹Galgant› gehandelt. Im 9. Jahrhundert kam er nach

Chinesische Darstellung, des Tee-
verpackens, auf Reispapier, 19. Jahrhundert (Photo H. P. Rieder).

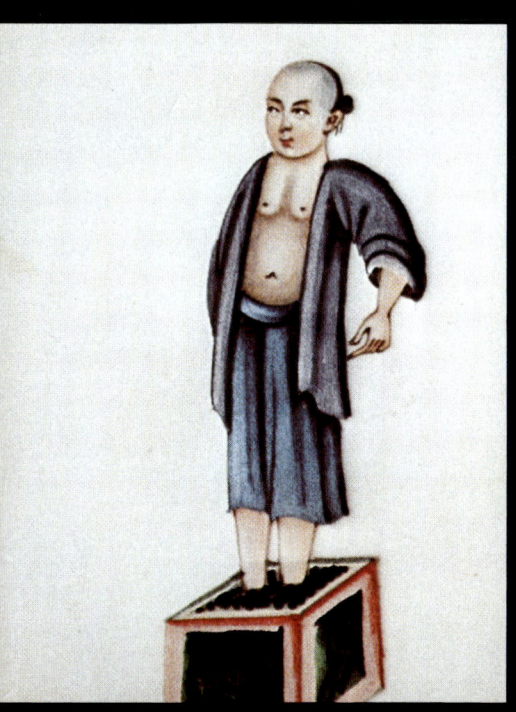

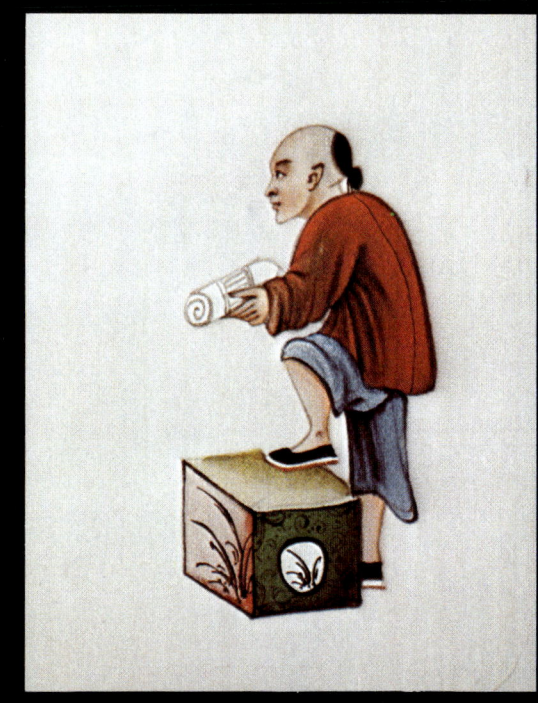

Links: Papiermaulbeerbaum *(Brussonetia papyrifera)*.

Rechts: Mächtiger Ginkgobaum mit Herbstfärbung (Wettsteinbrücke).

Unten: Früchte und Blätter des Ginkgobaumes.

Ingwerpflanze.

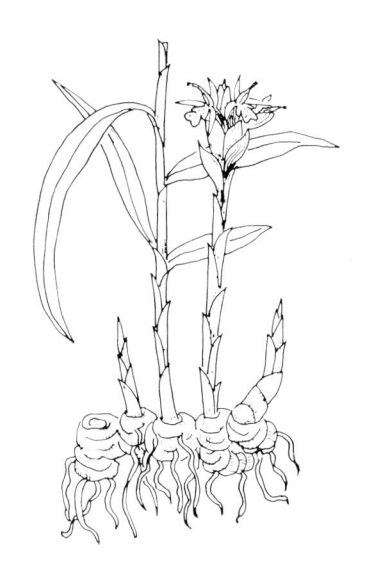

Mitteleuropa, im 10. nach England; Anklänge an das lateinische Wort Zingiber finden sich im französischen ‹gingembre›, im englischen ‹ginger› und nicht zuletzt in unserem altbaslerischen Wort ‹Imber›.

Sein Ansehen war so gross, dass er wie der Safran von den Gewürzkrämern als Zunftname gewählt wurde. In Basel hiess das älteste Zunfthaus der Pulver- und Würzkrämer ‹Zum Imber›; es stand am Andreasplatz, der mit unserem heutigen Imbergässlein das Quartier der Krämer bildete. Das Haus Nadelberg 13 hiess später ebenfalls so und wurde von dem berühmten Mathematiker Johann I. Bernoulli bewohnt.

Kardamom

Weitere Ingwergewächse sind *Kardamom* (Elettaria cardamomum) und *Kurkumawurzel* (Curcuma longa). Nepal ist die Heimat des Kardamoms, seine Samen sind in ganz Ostasien ein beliebtes Gewürz. Auch die alten Lebkuchen- und Läckerlirezepte in Basel enthalten stets Kardamom als Ingredienz. Die Kurkumawurzel ist der wichtigste Bestandteil des ‹Curry›, ausserdem wird sie in Asien als Farbstoff für die gelben Sakralgewänder verwendet. Auch diese fälschlicherweise ‹Safranwurzel› benannte Pflanze ist in Asien beheimatet, hat sich aber über weite Teile der Tropen ausgebreitet.

Vanille

Die *Vanille* (Vanilla aromatica) gehört zur vornehmen Familie der Orchideen und ist in Mexiko, also in der Neuen Welt, beheimatet. Der Name stammt aus dem altspanischen ‹vaynilla› oder ‹vainilla›, was Schötchen, Scheide, bedeutet. Die Fruchtschoten werden kurz vor ihrer Reife gesammelt, im Schatten getrocknet und in ein Öl getaucht. Sie sind offizinell: ein stark reizendes, erhitzendes und belebendes Mittel.

In den Gewächshäusern wird die flachblättrige Vanille (Vanilla planifolia) mit Erfolg gezogen; man kann sie auch im Gewächshaus des botanischen Gartens der Basler Universität sehen.

1510 brachten die Spanier die ersten Vanilleschoten nach Europa. William Dampier (1652–1715), der berühmte englische Korsar, Seeräuber und zugleich Naturforscher, schrieb 1697: «Der vinello ist eine kleine Schote voll kleiner schwarzer Sämchen, ungefähr einen Finger lang und von der Dicke eines Tabakblattstieles. In getrocknetem Zustand gleichen sie tatsächlich solchen Stielen so stark, dass unsere Korsaren sich immer wieder wunderten, weshalb sie solche Mengen von ‹Tabakblattstielen›, auf den erbeuteten spanischen Schiffen vorfanden und diese kurzerhand ins Meer warfen.» Dampier erzählt auch, wie er auf den Inseln Bocas del Toro (vor dem Isthmus von Panama gelegen) Vanilleschoten gesammelt und versucht hat, diese zu trocknen, was ihm aber jedesmal misslang. Offenbar wurde das Geheimnis der Präparierung gut gehütet[13].

Die Azteken hatten die Vanille schon benützt, um ihre Schokolade zu parfümieren. Diese Verwendungsweise wurde von den Spaniern übernommen. 1819 führten die Holländer Vanillepflanzen auf Java ein. Seit 1860 sind sie von den Franzosen auf ihre Inseln Réunion und Maurice, 1868 auf die Seychellen gebracht und dort kultiviert worden.

Ceres und Bacchus
vor den Toren Basels

Steinerne Figur der Fruchtbarkeitsgöttin Ceres auf dem Brunnenstock im vorderen Hof des Zerkindenhofs, Nadelberg 10. 17. Jahrhundert.

Zur Zeit des Basler Konzils (1431–1448) schreibt Aeneas Silvius: «Übrigens liegt Basel in einem fruchtbaren und ergiebigen Lande mit üppigem Wein- und Getreidewuchs, so dass die Gaben der Ceres und des Bacchus sehr wohlfeil zu haben sind. Obst gibt es in Mengen, doch weder Feigen noch Kastanien. Um die Stadt herum liegen anmutige Hügel und schattige Haine. Die Gegend wird von Erde und Himmel reichlich mit Wasser versorgt, ist aber kalt wegen des Nordwinds, so dass über einen grossen Teil des Winters alles weiss voll Schnee liegt[15].»

Auf den Feldern vor Basels Mauern wuchsen zu jener Zeit die ‹groben Gemüse›, wie Linsen, Erbsen, Bohnen und Rüben, die schon zur Römerzeit zu uns gelangt waren und im allgemeinen nicht in den Gärten gezogen wurden. Für das Getreide wurde in Basel der Sammelname ‹Kernen› benutzt; man versteht darunter: *Gerste* (Hordeum vulgare), die Kornart *Dinkel* (Triticum spelta, daher auch Spelz genannt), *Hafer* (Avena sativa) und *Roggen* (Secale cereale).

Stösst man in der Geschichte Basels auf Namen wie Emmer und Eicher, so handelt es sich um einstige Getreidesorten. *Emmer* (Triticum dicoccon) ist eine Weizenart, die von Kaspar Bauhin (1560–1624) einst Zeapyrum amylaeum benannt wurde. Aus diesem ‹amylaeum› ist der Ausdruck Emmer entstanden. Die andere Art ist *Eicher* oder Einkorn, Triticum monococcum. Eicher ist die verschliffene Form von Einkorn. Er überdauerte den Winter; so wurde er als Wintersaat und Emmer als Sommersaat angebaut. Beide waren sehr beliebt, weil sie guten Griess gaben. Ihre Kultur reicht bis in die Bronzezeit zurück; doch sind sie heute rare botanische Museumsstücke geworden, um die sich die botanischen Gärten bemühen.

Die *Linse* (Lens nigricans) gehört mit der Hirse ebenfalls zu den ältesten Nahrungspflanzen der Menschheit. Die in Europa gepflanzten *Hirsen* sind Setaria italica (diese stammt aus den Tälern des Hindukusch) und Panicum miliaceum, der französische ‹millet› (stammt aus Vorderasien). Weil die Hirse rasch wächst, in einer kurzen, trockenen Sommerzeit, war sie sehr günstig für Halbnomaden, die bald ernten und wieder weiterziehen wollten.

Bauhin sah auf den Äckern von Riehen und Ötlingen 1622 noch *Buchweizen* (Fagopyrum esculentum) wachsen. Buchweizen und Hirse verschwanden aber bald von den Äckern um Basel, hingegen blieb der Dinkel neben Roggen und Hafer das wichtigste Getreide. Davon kündet noch der Dinkelberg, dessen Namen jedes Basler Kind in der Heimatkunde auswendiglernt.

Mit den veränderten Anbaumethoden unseres Jahrhunderts verschwanden leider auch die hübschen Getreideunkräuter, wie

Hirse *(Panicum miliaceum)*.

Hirſe.   Milium.

Kornblume (Centaurea cyanus), *Rittersporn* (Consolida regalis), *Kornrade* (Agrostemma githago), *Venusspiegel* (Legusia speculum-veneris), *Zottige Wicke* (Vicia villosa) und der *Mohn* (Papaver rhoeas). Wir müssen schon ins ‹Ausland› (Elsass oder Wallis) wandern und aufmerksam suchen, wollen wir diese Blumen, die uns aus den alten Kinderbüchern so vertraut sind, wiederfinden. Vor Basels Toren erstreckten sich auch Hopfenfelder. Die Fruchtzäpfchen des *Hopfens* (Humulus lupulus) enthalten den körnigen, gelben Staub Lupulin, der zum Bierbrauen benötigt wird. Leonhard Fuchs (1501–1565) sagt so schön und einfach in seinem Kräuterbuch (1543): «Der zam Hopfen wird im Teutschenland an orten, da nit Wein wächst, in den Gärten und Aeckern gepflanzt zu dem bier.» Die Basler waren demnach schon recht verwöhnt, sie hatten Bier und Wein.

Dass Klee in unseren Wiesen wuchs, erfährt man bereits bei den Minnesängern, die sich mit Vorliebe zu den ‹holden frouwen uff den anger in bluomen unde klê› setzten. Systematisch angebaut haben ihn im 16. Jahrhundert geflüchtete spanische Protestanten in Flandern und Deutschland, so schreibt Alphonse de Candolle, ein Genfer Botaniker. Gepflanzt wurde *Weissklee* (Trifolium repens), bei welchem der vierblättrige Glücksklee zu finden ist, und *Rotklee* (Trifolium pratense); beide enthalten Giftstoffe und wurden offenbar eher zur Gründüngung denn als Viehfutter verwendet.

Der Anbau von *Esparsette* (Onobrychis viciifolia) aus Südosteuropa und der *Luzerne* (Medicago sativa) aus Asien begann erst gegen Ende des 18. Jahrhunderts. Der deutsche Arzt, Mathematiker und Botaniker Adam Lonitzer aus Frankfurt am Main beschreibt die Luzerne schon 1557 in seinem Kräuterbuch: «Burgundisch oder Medisch Heu ist ein löblich Viehfütter, dann wo es hinkommt, soll es zehen Jahr weren, dass mans alle Jahr vier bis sechs mal mähen mag.» Man versteht nicht, weshalb die Bauern bei uns noch zwei Jahrhunderte lang zauderten, dieses wüchsige Kraut zu säen.

Im 17. Jahrhundert pflanzten sie den ‹*Mangold*› (Beta vulgaris), wie die *Runkelrübe* oder *Rahne* hiess. Der Mangold war ein beliebtes Gemüse auf dem Mittagstisch, da zu jener Zeit die Kartoffel den meisten Leuten noch unvertraut war.

Die gütige Ceres liess auch in die stehenden Wasser in Basels Umgebung eine Pflanze fallen, die von den Landleuten gerne gesammelt und verspeist wurde, die *Wassernuss* (Trapa natans). Sie schwimmt auf dem Wasser und bildet vierzipflige, sehr harte und stechende Kapseln, in welchen Kerne eingeschlossen sind, in Geschmack und Aussehen ähnlich den Kastanien, weshalb sie auch ‹Wasserkastanie› genannt wird. Schon die Stein- und

Rahne, eine Kulturform der *Beta vulgaris*.

Bronzezeitmenschen haben sie gesammelt und gegessen. Wie die Tümpel und Hinterwasser unserer Flüsse, so verschwand auch die Wassernuss aus Basels Umgebung. Heute ist sie nur noch vereinzelt im Tessin anzutreffen.

Rother Mangolt.
Beta rubra.

Vom ‹Baselwein›

«Welcher hätte viel Weinräben
und gsäch gern dass s'ihm viel Wein gäben,
der muss Sanct Urban in guter Freundschaft han
derselb lieb Heilig wird viel Wein wachsen lan.»
(P. Koelner: ‹Anno Dazumal›)

Am 25. Mai, dem Tag des Traubenheiligen Urban, bekränzten die Rebleute seinen Brunnen, denn sie nahmen den oben zitierten Spruch ernst.

Ausgediente jüngere römische Legionäre von Augusta Raurica, die aus der Landbevölkerung rekrutiert worden waren, blieben in der Gegend von Riehen und führten wieder ihr Bauernleben. Sie sollen die Weinrebe und das Haushuhn mitgebracht haben. Urkunden aus dem 8. Jahrhundert nennen Basel als erste Weingegend in deutschen Gauen nebst den Rebbergen des unteren Elsass und des Breisgaus[16].

Nicht nur die Mönche des St. Alban-Klosters, auch die Chorherren von St. Leonhard mussten Wald roden, um Land für Äcker und Rebgärten zu gewinnen. Die Chorherren zogen ihre Reben an Eibenholzstecken auf. Der Wein gehörte im Mittelalter so gut wie Brot, Fleisch oder Fisch täglich auf den Tisch.

Weinklima — Alle Chronisten rühmen das milde Klima Basels und seinen fruchtbaren Boden. Aeneas Silvius, der schon erwähnte berühmte Konzilschronist, bemerkte, dass um Basel viel Wein, Korn und auch viel Äpfel reiften. Daniel Bruckner lobt in seinen ‹Merkwürdigkeiten der Landschaft Basel› (1748–1763) besonders die Gegend von Riehen als «eine der angenehmsten, sowohl wegen allerhand Feld- und Gartenfrüchten, niedlichem Obst und trefflichem Weinwachs, als auch wegen vieler Kräuter». Das hatten die erfahrenen Römerlegionäre beizeiten sehr richtig erkannt.

In unserer Stadt treffen wir allenthalben auf Spuren des Interesses an Wein. Schon der Umstand, dass sich zwei Zünfte mit dem Wein befassten, die Rebleute, die eigentlichen Weinbauern, und die Weinleute, die alles, was handelsmässig zum Wein gehörte, betrieben, zeigt die Wichtigkeit des Rebensafts für die Stadt.

Etliche Flur- und Strassennamen erinnern an den ehemaligen Weinbau: Mostackerstrasse (‹Most› hiess in der Mundart der neue Wein), Neusatzweg (neugesetzt, eine neue Anpflanzung von Reben), In den Klosterreben (ehemaliges Rebland des St. Alban-Klosters), Rebgasse (sie führte hinaus zu den Rebgärten Kleinbasels) samt dem in der Nähe gelegenen ‹Rebhaus›.

Die vielfältigen Arbeiten des Rebbauern das Jahr hindurch werden im Urbar (Grundbuch) von 1370 des St. Alban-Klosters in Klosterlatein kurz und bündig wie folgt genannt: «Plantare, scindere et abscindere et fulcire. – Dicendo Theutonice (zu deutsch gesagt): Schniden, Inlegen, Stigken, Hagken, Rueren und Binden.»

Rebland in der Stadt — Auf alten Stadtansichten sind rings um die Stadt, ausser auf dem Schwemmland der Wiese, Reben eingezeichnet, vor den Mauern und in den Vorstädten, ausserdem auch am Wenken- und am Tüllinger Hügel. In der ‹Basler Heimatkunde› von Gustav Burckhardt (1927) steht: «Der grösste Teil der neuen Stadt ausserhalb der innersten Stadtmauer ist noch ein halbes Jahrtausend hindurch Garten-, Reb- und Ackerland geblieben. Vor den Mauern stand kein Haus mit Ausnahme der Klostersiedlungen und Mühlen. Der Rebbau bürgerte sich in dieser Zone ein, weil er andringende Feinde behinderte und den Blick ins Vorgelände frei liess.»

In diesem Rebgelände der Vorstädte entstanden im 15. Jahrhundert in den Gärten kleine Rebhäuslein, viereckig mit einem Obergeschoss. An diesen Grundtypus erinnert das sogenannte Wettsteinhäuslein (Claragraben 38, Ecke Riehenstrasse). Man nannte sie ‹hohe Häuslein›, verwahrte unten die Hacken, Stecken und Körbe und benutzte die Stube im oberen Stock zu geselligem Essen und Trinken. Solche Gärten und ihre Rebhäuslein waren oft die Vorstufe zu Landhäusern. Die Gegend der Aeschenvorstadt und das Land vor dem Tor war besonders mild und deshalb sehr beliebt. Dort lagen ja auch die berühmten Safranäcker. Vor dem St. Alban-Tor lagen Rebgärten ‹im Gellhard› (Gellert).

Weinsorten — Rhagor schreibt 1639 in seinem ‹Pflanzgart›: «Viel fürnemme Herren in loblicher Statt Basel hätten den kleinen roten Clevener für ihren Trinkwein zu pflanzen sich mächtig beflissen.» Im Baselbiet erwähnt er den ‹Most› (rote Traubenbeeren) und den ‹Elbelen› (grosse, sehr dichtbeerige weisse Traube). Ein hellrötlicher Wein, der durch Mischen der beiden entstand, hiess ‹Schieler› (von schielen, nicht schillern). Bei Riehen wurden ‹Lamparten› (mit länglichen Beeren), bei Bettingen ‹alte Burger› (mit kleinen Beeren) gehalten. 1857 wurden im Baselbiet eine Abart der ‹Elbele›, der ‹Hintsch› (weissgrüne, weiche Beeren) und der ‹blaue Clevener› (rotblaue Beeren) oder ‹Krachmost› (Gutedel) gezogen. Alle diese Sorten stammen von der europäischen *Weinrebe* (Vitis vinifera) ab.

Der Basler Rat besass ‹Muttenzer›, ‹Kilchgründler›, ‹Schlipfer› und ‹roten Benkener›. Neben dem Kilchgrund in Riehen liegt ‹der Essig› (heutige Strassen sind danach benannt), was darauf hinweisen mag, dass der dort wachsende Tropfen nicht gerade einer der süssesten war. Begüterte Stadtbasler bauten ihre Riehemer Rebgärten oft zu Landsitzen aus.

Der fleissige Lexiko- und Historiograph Pfarrer Markus Lutz weiss in seinen ‹Neuen Merkwürdigkeiten der Landschaft Basel› (1805) zu berichten: «Die Gegend von St. Jakob ist fruchtbar und wird hier der Acker- und Weinbau betrieben. Bey dem

Zollhaus, welches mit dem Weinschenkrechte privilegiert ist, wird alle Frühjahr, zur Zeit des Nasenfangs, der vortreffliche rote Scheerkesselwein ausgeschenkt, der auf der Stelle gebaut wird, wo 1444 die bekannte Schlacht bey St. Jakob vorfiel.»

Im 16. Jahrhundert wurde der ‹Baselwein› immer stärker konkurrenziert durch importierte Edelweine, wie Burgunder, Veltliner, Malvasier und Roussillon. Dieser letztere wurde von den Baslern zur Herstellung des Neujahrsweins, *Hypokras* genannt, auserkoren. Dessen Zubereitung war ursprünglich eine reine Angelegenheit der Apotheker, galt doch der Gewürzwein als Mittel zur Kräftigung. Die Bezeichnung Hypokras leitet sich nach volkstümlicher Auffassung vom griechischen Arzt Hippokrates her, in Wirklichkeit aber wohl vom griechischen Verb ‹hypokerannymi› (= durcheinandermischen). Der Hypokras wurde in Basel bereits im 12. Jahrhundert getrunken. Heute wird er in der Regel zubereitet aus Rot- und Weisswein mit Zugabe von Zucker, Zimt, Muskatnussblüten, Gewürznelken und Kardamom. – Das Mittelalter kannte eine grosse Anzahl von Gewürzweinen, die warm oder kalt getrunken werden konnten. Man verhalf den meist recht sauren Weinen der deutschen und der schweizerischen Reben auf mannigfache Weise zu ‹Bouquet und Feuer›. Die Kräutergärten wurden daher ebensogut gepflegt wie die Reben; es wurden dem Wein Wermut, Ysop, Stabwurz, Thymian, Fenchel, Poleiminze, Myrte, Rosmarin, Salbei, Alant, Lavendel, Pimpernell, Pfeffer und Frauenminze in verschiedenen Kombinationen beigemischt. Der *Claret* (= Klarwein) war ein Weisswein mit Pfeffer, Zimt, Nelken, Kardamom, Ingwer, durch Honig gesüsst und mit Safran gefärbt. *Sinopel* (von Zinnober) hiess ein anderer, roter Gewürzwein.

In den Jahren 1762, 1774, 1780 erliess die Obrigkeit Verbote gegen die Einfuhr ausländischer Weine, um den hiesigen Weinanbau zu unterstützen.

Fassweisen Weinverkauf nannte man sehr bildhaft ‹Wein, der zwei Böden hat›.

Typische Begleiter der Weinrebe sind die hübschen, vom Städter sehr geliebten ‹Unkräuter›: die *Weinbergtulpe* (Tulipa silvestris), die *Traubenhyazinthe* (Muscari racemosum) und der *Winterling* (Eranthis hiemalis). Sie wurden aus dem Süden eingeschleppt. Der Winterling soll nach F. K. Hagenbach aus vernachlässigten Gärten in die Weinberge des Schlipfs gewandert sein. Dort blüht er auch heute noch in Freiheit.

Wie wichtig die Weinkultur schon immer war, zeigt eine kleine Auswahl aus den vielen Bauernregeln:

«Liechtmess
Spinne vergess
s Rädel hinder d Dier
s Räbmässer evier.»
(Elsass)

Letzter Zeuge der Basler Weinbauherrlichkeit: Rebhäuslein von 1571, Claragraben 38.

«Wenn's räit am Barnebass
Riest der Drywel bis ins Fass.»

(Die Traube riest, wenn sie Beeren verliert)
(Elsass)

«Fabian Sebaschtian loss den Saft in d Bäume gan,
Schwindt vor Johanni der Rhy, so git's e suure Wy.»

«Z Johanni us den Reben gon
und die Truben blühen lon.»

«Einer Reben und einer Geiss
wird's nicht leicht zu heiss.»

«Früh kluben, gitt schöne Truben.»

«Micheli-Wy = Herre-Wy (26. September)
Judith-Wy = Buure-Wy (7. Oktober)
Galli-Wy = Suure Wy» (16. Oktober)
(Baselland)

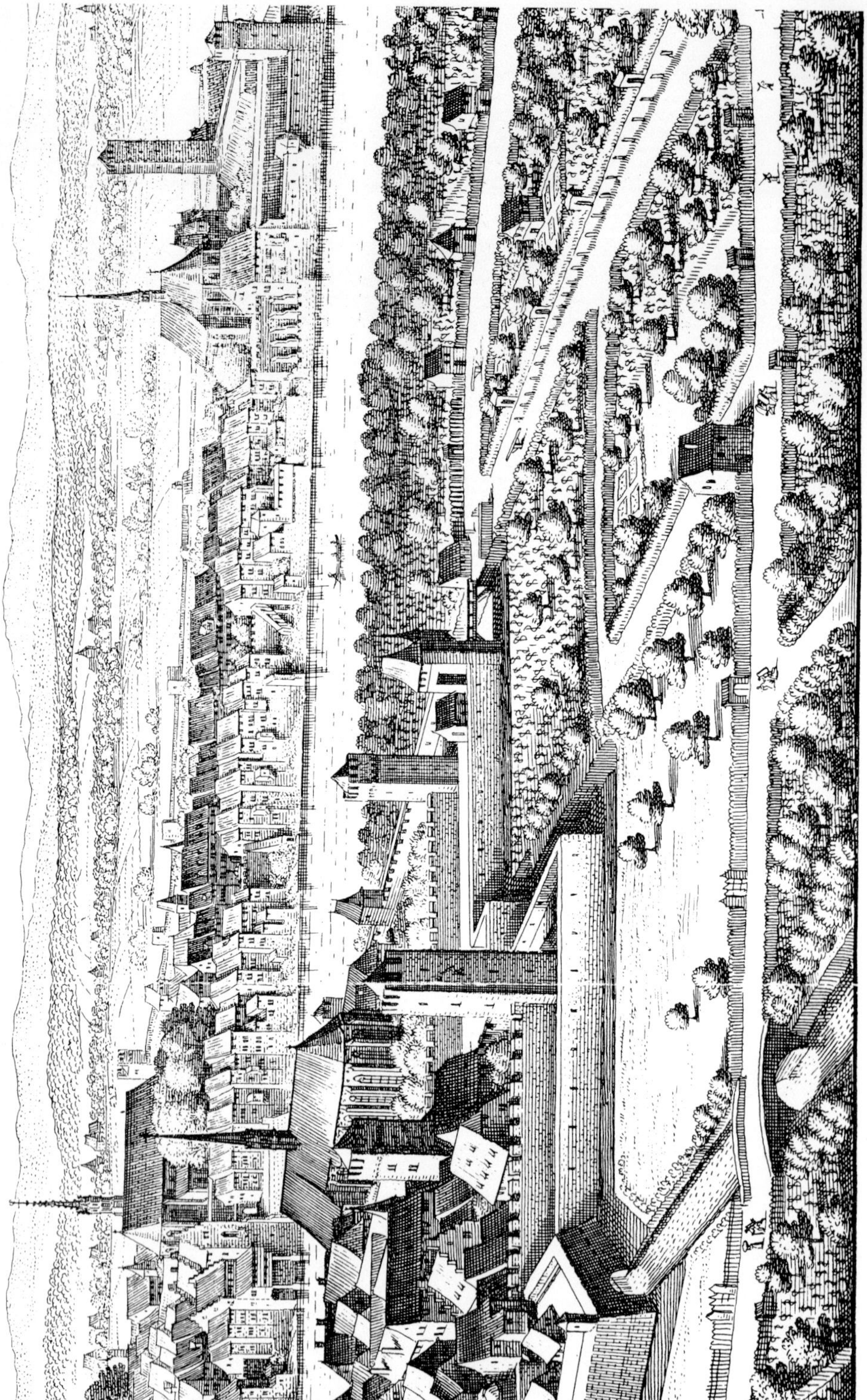

Gerichtslinden und zerlegte Eichen

◁
Rebgelände und Rebhäuschen ausserhalb der Kleinbasler Mauern. Ausschnitt aus einem Kupferstich von Matthäus Merian d. Ä., 1642.

Auf dem Münsterplatz, ‹auf Burg›, wie der Münsterhügel genannt wurde, stand die grosse Gerichtslinde, wie eine Urkunde aus dem Jahr 1259 berichtet. Ihren Stamm umschloss eine Steinbank, auf welcher das bischöfliche Gericht der Stadt Basel tagte. (Im 14. Jahrhundert war der ganze Münsterplatz mit Linden bepflanzt.) Die Gerichtslinde überlebte erstaunlicherweise das Erdbeben von 1356 und brach erst in einer schweren Sturmnacht des Septembers 1561 auseinander. Sie war demnach gut dreihundert Jahre alt geworden. An ihrer Stelle wurden drei neue Linden gepflanzt.

Pfalz

Auf der Pfalz wuchs von 1467 bis 1734 eine nicht minder gewaltige Linde mit, wie der Fachausdruck lautet, ‹zerlegtem›, das heisst laubenartig ausgebreitetem Astwerk, ebenfalls von einer steinernen Rundbank umgeben. Auf alten Stichen von Basel kann man diese Linde abgebildet sehen. Sie gab zwei Jahrhunderte lang den Besuchern der Pfalz Schatten, dann war ihr Stamm so angefault, dass man sie aufgeben musste. Dafür kam etwas Besonderes als Ersatz, nämlich zehn junge Rosskastanien; damals waren diese Bäume in Mitteleuropa noch eine Rarität. Die ersten Rosskastanien hatte Samuel Burckhardt, der Besitzer des Bäumlihofs, 1732 daselbst pflanzen lassen. Als seine Bäume gut gediehen, regte er an, es mit solchen wunderschön blühenden Bäumen auf der Pfalz zu versuchen.

Gerbergasslinde

Eine andere berühmte Linde stand jahrhundertelang auf einem beliebten grünen Plätzlein beim Zunfthaus der Gerber an der Gerbergasse. In ihrem Schatten sprudelte der Gerberbrunnen, der heute noch verschämt im Winkel zwischen Gerbergässlein und Gerbergasse existiert. Eine Inschrift erzählt dem Wissbegierigen, dass einst ein Drache (es soll ein Basilisk gewesen sein) im Brunnen sein Unwesen trieb. Auch diese Linde war eine Gerichtslinde; auf ihrer Steinbank hielt der Propst zu St. Leonhard sein Gericht ab. Zur Sommerszeit war dieses Plätzlein ein beliebter Ort für Spiel und Tanz.

Kohlenberglinde

Oben am Kohlenberg stand wiederum eine Gerichtslinde, die bis Ende des 16. Jahrhunderts das ‹Kohlenberg-Recht› markierte. Auf dem Kohlenberg wohnten nicht nur die schon erwähnten Köhler, auch der Henker hatte hier sein Häuslein. Es war eine Gegend, die man lieber mied, wenn man nicht zum ‹freien, unehrlichen› (gemeint ist nicht ehrbar, gering) Volk der Gehilfen des Henkers, der Totengräber, Kloakenreiniger, Bettler und Leute ohne Bürgerrecht gehörte.

Im Kleinbasel erinnert der Name ‹Lindenberg› ebenfalls an eine Gerichtslinde und das Kleinbasler Gericht, das an dieser Stelle abgehalten wurde.

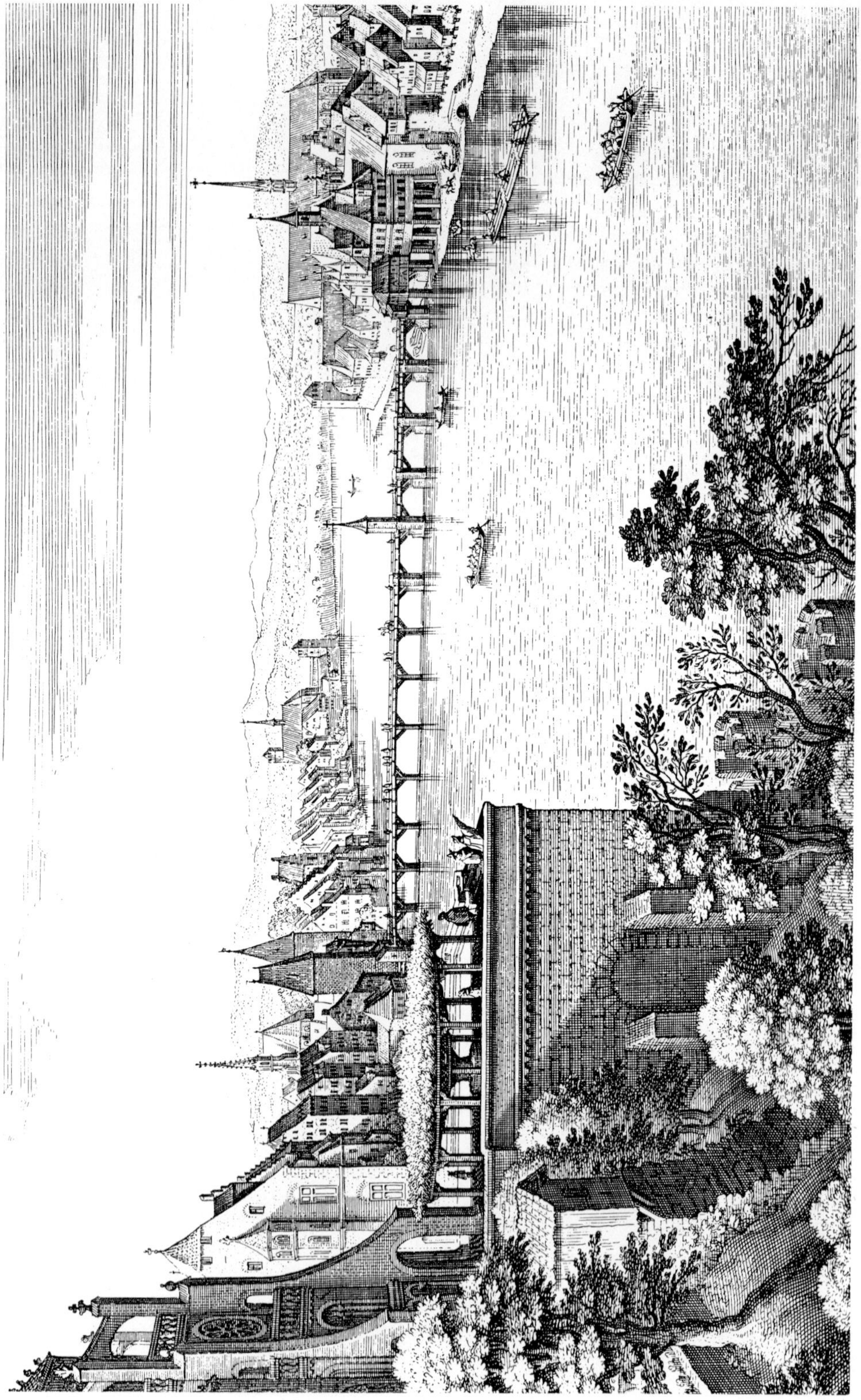

◁ ‹Zerlegte› Linde auf der Pfalz. Ausschnitt aus ‹Prospect des Münsters und der Rheinbrücken zu Basel› in Matthäus Merian d. Ä.: Topographia Germaniae, um 1652.

Eine letzte Gerichtslinde stand ausserhalb des Kirchhofes zu St. Alban für das Gericht des Klosterpropstes.

Das ‹Bäumli› der Bäumligasse, nach welchem unser heutiges Gericht populär benannt wird, war hingegen kein Gerichtsbaum. Einst gab es auch dort einen kleinen grünen Platz, der ‹by dem Mulboum› genannt wurde nach dem Maulbeerbaum, der dort im 15. Jahrhundert gestanden hatte. Das Haus Bäumleingasse 12 nennt sich noch heute ‹Zum Maulbeerbaum›. Leider wissen wir nicht, wieso ein so ausgefallener Baum gepflanzt worden war; heute steht dort eine Platane.

Grünflächen

Die öffentlichen Grünplätze inmitten der Altstadt waren im Mittelalter recht bescheiden. Es waren der Münsterplatz, der Petersplatz und alle ehemaligen Friedhöfe, die noch um die Kirchen lagen. Als die schrecklichen Seuchen die Stadt immer wieder heimsuchten, wurden die kleinen Friedhöfe in der Stadt untragbar und ein Verlegen vor die Stadtmauer ein Gebot der Hygiene. So entstanden der Elisabethenfriedhof (jetzige Elisabethenanlage), der Spalenfriedhof (jetziger botanischer Garten der Universität), später der Kannenfeldfriedhof (heutiger Kannenfeldpark), im Kleinbasel der Rosentalfriedhof (heutige Anlage bei der Mustermesse) und der Horburgfriedhof (heutiger Horburgpark). Die Kirchplätze von St. Leonhard, St. Theodor, der Totentanz, die Allee zur St. Alban-Kirche und der Andreasplatz, auf dem einst die Andreaskapelle der Krämer gestanden hatte, sind solche Plätze. Der älteste Grünplatz im Kleinbasel ist die Claramatte, einstiger Besitz des St. Clara-Klosters[18].

‹Palmen›

Alte grosse *Stechpalmbäume* in der Nähe von Kirchen weisen auf die Sitte hin, am Palmsonntag sogenannte Palmen zu weihen und als Schutz des Heims nach Hause zu bringen. Die immergrüne Ilex aquifolium wurde schon in vorchristlichen Zeiten als Schutz gegen bösartige Geister und Blitzschlag angesehen. Das europäische Christentum übernahm sie als Palmersatz; sie wurde deshalb in den Klostergärten gehalten. Zudem ist sie auch offizinell; die jungen Blätter ergeben einen fiebersenkenden, harntreibenden Tee. Die Beeren jedoch sind giftig. Auch die grossen *Buchsbäume* bei den Kirchenanlagen hatten oft demselben Zweck gedient, Palmwedel zu ersetzen. Der Buchs wird im Kräuterbuch von Hieronymus Bock dargestellt mit einem krähenden Hahn, einer Kröte auf seinen Wurzeln und einem fliehenden Teufel, um seine schützenden Eigenschaften zu kennzeichnen. Diese immergrünen Bäume, zu welchen sich bei uns auch stets die *Eibe* gesellt, waren und sind heute noch die Symbole des ewigen Lebens, des Triumphs über den Tod auf dem Gottesacker.

Petersplatz

Der Friedhof der Peterskirche lag an der Stelle des jetzigen Petersschulhauses. Vor der Kirche, jenseits des Grabens, besassen die Chorherren von St. Peter einen grossen Garten. Aus ihren Schriften geht hervor, dass sie 1277 darin Bäume pflanzten und ihn später dem Volke zugänglich machten. Im 15. Jahrhundert übernahm der Rat die Pflege und liess den Platz mit beträchtlichen Kosten und Mühen zu einem ‹Lusthain› umgestalten. Auch da gab es ‹zerlegte› Linden, die Laubengänge bildeten. Die jungen Bäume wurden zum Schutz vor Beschädigung mit Dornen umgeben, den Hühnern und anderen Haustieren (sic!) das Zirkulieren auf dem Petersplatz verboten, ein unachtsamer Gärtner sogar streng bestraft, weil er den Setzlingen zu wenig Pflege hatte angedeihen lassen. Mit den Jahren entstand der schöne Platz mit einem Wald von gegen hundertfünfzig Linden und Ulmen, der zum Lieblingsspazierort der Gelehrten und zu einem Festplatz für das Volk wurde. Der schöne Stich von Matthäus Merian aus der ‹Topographia Germaniae› (1642) gibt eine gute Vorstellung von diesem ältesten Basler Lusthain: die Gelehrten in eifrigem Gespräch, angetan mit dem berühmten hohen, kegelförmigen Basler Hut, eine Gruppe junger Leute bei einem Spiel, eine Magd, die am Brunnen Wasser holt, spielende Hunde, die offensichtlich als edlere Tiere Erlaubnis hatten, sich auf dem Platz zu tummeln.

Begehbare Eiche

Der Petersplatz hatte eine weitere Merkwürdigkeit aufzuweisen, die allen vornehmen Besuchern der Stadt bekannt war, nämlich eine Rieseneiche zwischen dem oberen Brunnen und dem Schützenhaus der Stachelschützen (Armbrustschützen). Diese war nicht nur ‹zerlegt›, sie trug sogar eine Plattform mit Sitzbänken und einem Tisch. Eine Stiege führte in diese erhöhte Laube, in welcher der Basler Rat im Sommer besondere Gäste zu bewirten pflegte. Sehr zum Kummer der Bevölkerung musste diese Eiche 1632 einer Verstärkung der Stadtmauern weichen, die wegen des Dreissigjährigen Krieges zu einer dringenden Notwendigkeit wurde[15]. Im Jahre 1778 widerfuhr dem Petersplatz eine neuerliche Umgestaltung, die Pfarrer Markus Lutz in seinen ‹Hauptmomenten der Baslerischen Geschichte› (1809) schildert: «Diesen Platz hat man nach Regeln angelegt, wobey freylich ein grosser Theil der ehrwürdigen Bäume niedergehauen wurde.» Wir erfahren leider keine Gründe für dieses Tun. Die quadratische Anlage mit Kreuzwegen und beidseitigen Alleen, wie sie heute noch besteht, mit ‹anständiger Einzäunung und weiteren schicklichen Bäumen bepflanzt›, war dann das Resultat der Erneuerung. Die säuberlichen Wege über den Petersplatz waren wohl die Endphase der Anno 1387 begonnenen Pflästerung der Strassen der Stadt. Bis dahin hatten die Schweine in allen Vorstädten freudig im Unrat gewühlt, der einfach auf die Strassen geworfen wurde. Hühner und Gänse hatten sich im Verein mit den Schweinen frei herumgetrieben, was damals so schön bezeichnet wurde mit ‹an der Welt spazieren lassen›.

‹Katzewadel›, ‹Bummedäppeli› und ‹Veegeligrut›

Kaiser Heinrich I. ‹der Finkler› (876–936) gebot, Märkte und Wirtschaften, öffentliche Versammlungen und Feierlichkeiten sollten nur innerhalb der Städte abgehalten werden. So verlangte er auch, dass ein Drittel der Früchte aus der Umgebung der Stadt in derselben verwahrt bleiben müsse. Durch diese Verfügung trennte er den Stadtbürger vom Feldbauern, das Handwerk vom Ackerbau.

Seit 1260 hatte Basel das Recht, an zwei Tagen der Woche, Montag und Freitag, öffentlichen Markt abzuhalten. Kleinbasel besass vor der Vereinigung mit Grossbasel das Marktrecht für einen Wochentag, welches ihm von Rudolf von Habsburg 1285 verliehen worden war.

Marktplätze

Der älteste Basler Markt fand auf dem Münsterplatz statt, der damals noch ein ‹Anger› war, also ein öffentlicher, mit Bäumen bestandener Grasplatz. Zu Füssen des Münsters, zwischen den Pfeilern, wurden Buden mit eisernen Haken befestigt, in welchen bescheidene, aber währschafte Ware, wie Holz, Heu, Stroh, Käse, Federvieh und Obst, gehandelt wurde. Das Münster stand mitten im Leben der Stadt, und die steinernen Heiligen blickten auf ein buntes Getümmel von Menschen und Tieren herab. Heute wird der Münsterplatz, dem man später eine hehre Vornehmheit zugedacht hatte, als Autoparkplatz missbraucht. So ändern sich die Ansichten über eine geziemende Umgebung von Gotteshäusern.

Während des Konzils wurde der Markt vom Münsterplatz auf den Barfüsserplatz verlegt, und auf dem heutigen Marktplatz entstand in der Folge der Kornmarkt. Im Kaufhaus an der Freien Strasse, von welchem als letzter Rest der gotische Eingang (Hofeinfahrt der heutigen Hauptpost) übriggeblieben ist, hielten die Krämer die Spezereien feil. Auf den Markt kamen die Bauern aus der Umgebung der Stadt, die Marktfahrer.

Den Kornmarkt verdankt Basel seinem rührigen Bischof Heinrich von Thun. Dank der Birs- und der Rheinbrücke konnte aus dem Kornmarkt ein stark besuchter Handelsplatz für die Weinhändler aus dem Badischen und die Kornbauern aus dem Sundgau entstehen.

Vorratshäuser

Die Teuerung, die nach dem Konzil einsetzte, gab den Anstoss zum Ausbau des Kornhauses am Petersplatz, das als Lagerhaus für den Getreideimport dienen sollte. Nicht weit davon entfernt entstand das ‹Mueshus› (Spalenvorstadt 14), in welchem die Hülsenfrüchte und die Haferkerne gelagert wurden. Durch die häufigen Überfälle, welche die Kaufleute von den Adligen auf den Burgen rings um die Stadt zu erleiden hatten, und die ständigen Zollstreitigkeiten mit den Nachbarn war die Verpflegung der Stadt häufig gefährdet. Auch die Rheinschiffe waren

Räubereien ausgesetzt. So hoffte der Rat, durch das Anlegen von Vorräten diesen Unsicherheiten begegnen zu können.

Nach zwölfjährigen Bemühungen erwirkte 1471 Hans von Bärenfels für Basel bei Kaiser Friedrich III. auf dem Reichstag zu Regensburg eine kaiserliche Erlaubnis für zwei Jahresmärkte: eine Pfingstmesse und eine Martinimesse. Die Pfingstmesse hielt sich nicht lange, hingegen lebt die Martinimesse heute noch als unsere beliebte Basler Herbstmesse ungeschmälert weiter.

Nochmals gibt uns der Bericht von Aeneas Silvius Einblick in das damalige Stadtleben: «In der Stadt befinden sich einige nicht unansehnliche Plätze, wo die Bürger zusammenkommen, wo alles Mögliche gekauft und verkauft, getauscht und gehandelt wird. Es gibt daselbst auch schöne Brunnen, denen süsses, klares Wasser entsprudelt[15].»

Marktangebot

Was damals auf dem Markt angeboten wurde, lässt sich noch immer an den steinernen Brunnen ablesen, so vor allem am Weberbrunnen (Steinenvorstadt), Am Caritasbrunnen (Waisenhaushof), am Rebhausbrunnen (Riehentorstrasse), am Spalenbrunnen (Spalenvorstadt) und am Affenbrunnen (Andreasplatz). Die bunten Obst- und Gemüsegirlanden, -gebinde und -körbchen hat uns die üppige Renaissance beschert. Ausser ‹Epfel, Biire, Nuss› gibt es da Trauben, Melonen, Quitten, Granatäpfel, Mispeln, Pflaumen, Artischocken, Gurken, Rettiche und Erbsenschoten. (Siehe Bilder auf SS. 34, 86, 104, 240.)

Kernobst

Theodor Zwinger rühmt die Basler und Elsässer *Äpfel* (Malus domestica) und *Birnen* (Pyrus communis). Er erwähnt die ‹Pommes d'Api›, eine französische Sorte, wohl benannt nach einem Römer namens Apius oder Appius, der diese Sorte herausgezüchtet hat. Es sind kleine, meist rote, süsse Äpfelchen, die man zur Weihnachtszeit genoss und später beim Aufkommen des Weihnachtsbaumes als Baumschmuck benutzte. In Basel bekamen sie den umgeformten Namen ‹Bummedäppi› oder ‹Bummedäppeli›. Es gab in der Basler Region unendlich viele Apfelsorten mit ebenso vielen Namen. Sie hiessen oft nach Familien oder Gemeinden: Grunacher, Lostorfer, Gösger, Badenweiler oder Gisinapfel, Studerapfel, Benzler und Stickelberger.

An Birnen gab es: Muskateller-, Eier-, Speck-, Butter-, Zucker-, Engels-, Bergamott- und Zitronenbirnen, um nur einige aufzuzählen; wir könnten ob der Vielfalt fast neidisch werden. Viele der Apfel- und Birnensorten wurden gedörrt, andere lagerte man in den Kellern oder hängte sie an Schnüren im Estrich auf, was man auch mit bestimmten Traubensorten praktizierte. Auf diese einfache Weise konnte man bis in den Winter hinein Obst konservieren. Wegen der recht unterschiedlichen Eignung zum Lagern und Konservieren war es sinnvoll, eine solche Vielfalt von Obstsorten zu pflegen. Die Führung des Haushaltes setzte von seiten der Hausfrau viel praktisches Wissen und Erfahrung voraus, was anderseits ihre Aufgabe desto interessanter machte.

Aprikosen- oder Marillen-Baum.
Aprikose baseldeutsch ‹Barelleli›.

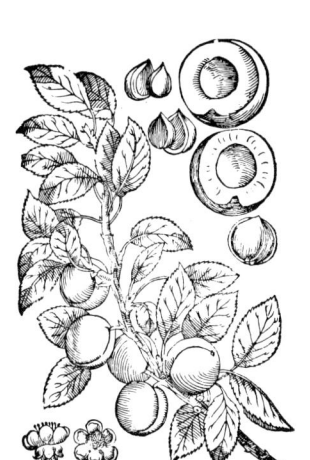

Marillen-Baum mit kleiner Frucht.
Pomus Armeniaca minore fructu.

Auch die *Kirschen* (Prunus avium) gediehen von altersher gut in Basels Gefilden. Es gab da etliche Sorten: Rotstieler (kleine schwarze), Lauber (gelbrote), ‹Häärzkiirsi› (weissgelbe), Krachioner (grosse schwarze).

Zwetschgenbäume pflanzte man mit Vorliebe an Bachufern. In schlechten Jahren kamen die Zwetschgen direkt ins Fass. Das daraus gebrannte Zwetschgenwasser wurde dann von Strassenhändlern in den Gassen ausgerufen, sehr zum Ärger der Apotheker. Die gedörrten Zwetschgen, ‹Pruneaux de Bâle›, waren ein geschätzter Handelsartikel.

Die Vorläufer der heutigen Zwetschgen waren die Pflaumen. Konrad Gessner (1516–1565) nennt grosse, kleine, rote, gelbe und blaurotgelbe Sorten, die heute leider fast ganz verschwunden sind. Leonhard Fuchs unterscheidet zahme und wilde Pflaumen, wobei die zahmen: ‹Prunus, Prumna, Prunula, mit allerley farb in Gärten wachsend›, aus der Gegend von Damaskus stammen, während die wilden, als ‹Schlehen› bezeichnet, in allen Hecken vorkommen und sauer zusammenziehend schmekken. Gemeint ist damit der Schlehdorn oder *Schwarzdorn* (Prunus spinosa), der im Frühling unsere Waldränder um und unterhalb Basel noch heute als erster blühender Busch mit weissen Schleiern ziert. Der Name Schlehe kommt aus dem althochdeutschen ‹slêha› und entspricht dem slawischen ‹sliva› für Pflaume, woraus das jugoslawische ‹šljivovica› (Slibowitz) entstand.

In einem Kindervers stossen wir auf die *Krieche,* eine domestizierte, kleine Pflaume (Prunus insititia), französisch ‹crèque›, niederdeutsch ‹Kreke›, die einst in Riehen gezogen wurde:

«Die Heere vo Rieche
si ässe gärn Krieche,
die Herre vo Wyl
hänn eebe so vyl,
die Heere vo Stette
sie wette, sie hätte
der Krieche so vyl
wie Rieche und Wyl.»

Die *Zwetschge* (Prunus domestica) ist im Kaukasusgebiet und im nördlichen Persien beheimatet. Aus Turkestan wurde sie gedörrt nach Ungarn und Mähren geliefert und so in Europa bekannt. Bei den Baslern wurde sie dann zur ‹ungarischen Quetschge›. In den Ländern südlich des Schwarzen Meeres, Armenien, Transkaukasien, Türkei und von Persien bis China, wurde die ganze Prunus-Familie (Kirschen, Pflaumen, Zwetschgen, Pfirsiche, Aprikosen und Mandeln) in Jahrtausenden domestiziert und zu

Blatt und Früchte der schwarzen Maulbeere. (Siehe S. 72.)

Tafelobst, aber auch zu Zierbäumen und -sträuchern entwikkelt. Sie sind auf den delikaten persischen Miniaturen und den meisterhaften chinesischen Holzschnitten unnachahmlich verewigt.

Die *Mirabelle,* eine Zuchtform der *Sauerkirsche* (Prunus cerasifera) kam in der zweiten Hälfte des 16. Jahrhunderts aus Persien nach Mitteleuropa. Der *Pfirsich* (Prunus persica) und die *Aprikose* (Prunus armeniaca) verraten deutlich ihre Herkunft. Mit den Karawanen kamen die gedörrten Pfirsiche, Aprikosen und Zwetschgen und somit auch ihre Kerne nach Osten und nach Westen.

Der bekannte Apotheker, Pflanzensammler und Züchter Renward Cysat, Stadtschreiber von Luzern (1545–1614), schenkte seinem Freund Felix Platter, Stadtarzt von Basel, neue Apfel- und Birnensorten aus Frankreich und dem Piemont wie auch aus Steinen selbst gezogene Pfirsiche als Rarität für seinen Garten.

Quitten

Die *Quitten,* ‹goldene Äpfel› des Altertums, auch ‹Äpfel der Hesperiden› (was soviel bedeutet wie Götteräpfel) wachsen in den Wäldern des nördlichen Persien noch heute wild. Im griechisch-ägyptisch-babylonischen Kulturkreis wurden sie domestiziert und galten als Heilmittel. Mit Honig eingemacht, wurden sie von Griechen und Römern sehr geschätzt. Die Römer brachten die Quitte (Cydonia oblonga) in ihre nördlichen Provinzen als ‹kydonischen Apfel›.

Mispeln

Die *Mispel* (Mespilus germanica) wurde irrtümlicherweise von Linné so benannt, weil er sie in Deutschland für einheimisch hielt. Sie stammt aber ebenfalls aus Nordpersien und kam veredelt über Griechenland und Bulgarien nach Mittel- und Westeuropa, wo sie wieder verwilderte. Was wir heute bei den Südfrüchtehändlern als ‹Mispel› (‹Nespoli›) kaufen, ist allerdings eine ganz andere Art, die *Japanische Mispel* (Eriobotrya japonica). Diese wird heute verbreitet im Mittelmeerraum kultiviert. Ihre Blüten sind durch Wollhaare geschützt und gelangen erst im Herbst zur Blüte; die Früchte reifen im Winterhalbjahr und können schon im April/Mai feilgeboten werden. Ein prächtiges Exemplar einer Eriobotrya steht neben dem Gärtnerhaus des botanischen Gartens am Spalengraben.

Die bisher in diesem Kapitel genannten Kern- und Steinobstarten gehören übrigens zur Familie der Rosengewächse (Rosazeen).

Feigen

Die *Feige* (Ficus carica) gehört zu einer der grössten Pflanzenfamilien (Morazeen) von beinahe tausend Arten in allen tropischen und subtropischen Breitengraden. Im Vogelhaus des ‹Zolli› sind etliche Ficusarten vertreten, die uns eine schwache

In Eiche geschnitztes Feigendekor am Treppenaufgang im grossen Rollerhof, Münsterplatz 20, um 1760.

Vorstellung von der Vielfalt dieser Familie geben. Die Heimat der Feige muss in Vorderasien gesucht werden. Vor etwa fünftausend Jahren hatten sie die Assyrer zu einer Kulturpflanze entwickelt; von Assyrien ist sie über Ägypten in den Mittelmeerraum eingewandert und zu einem wichtigen Volksnahrungsmittel geworden. ‹Carica› ist abgeleitet vom griechischen Namen der Landschaft Karien in der südlichen Türkei. Aus jener Gegend stammen auch heute noch von den besten

Sundgauer Marktfrau und Katzenwadelverkäufer.

getrockneten Feigen. Ficus carica ist ziemlich winterhart und kann auch bei uns Früchte zur Reife bringen, wenn der Baum an geschützter Stelle, etwa einer Hauswand in Südlage, wächst und der Sommer lange genug währt. Seine Früchte sind ein botanisches Kuriosum: Die Blüten sitzen auf der Innenseite der Fruchtschale; durch die enge Öffnung können ganz bestimmte kleine Wespen hineinschlüpfen, um die Befruchtung zu vollziehen. Das ganze Gebilde wächst und schwillt danach zu einer fleischigen Frucht an.

Den Feigen verwandt ist der *Maulbeerbaum* (Morus nigra und Morus alba). Der schwarze stammt aus Persien, ist winterhart, seine Früchte sehen aus wie zu grosse Brombeeren und sind essbar. Er war und ist noch immer ein guter Obst- und Zierbaum. Der weisse Maulbeerbaum stammt aus China und wurde mit der Seidenraupenzucht in Europa eingeführt; seine Blätter sind die Hauptnahrung der Seidenraupen. Auch er ist ein schöner Zierbaum.

Alle die hier aufgezählten Früchte findet man in Basel auf Schritt und Tritt, und zwar in Stein gehauen oder in Holz geschnitzt als lebensfrohe Verschönerungen an Häusern und Portalen. Die Maler der Renaissance und des Manierismus schmückten auch Innenräume mit gemalten Girlanden (Thomas-Platter-Haus, Zerkindenhof, Eptingerhof usw.). Selbst Grabtafeln vom 16. bis ins 18. Jahrhundert, zum Beispiel im Münsterkreuzgang, sind mit in Stein gehauenen Früchten des Feldes und mit Blumen bekränzt.

Marktleute

Die Strassenhändler und Bäuerinnen aus dem Elsass, dem Badischen und dem Baselbiet kamen am frühen Morgen durch die Tore in die Stadt und riefen in den Strassen ihre Waren aus oder bezogen ihre Bänke und Stände auf dem Kornmarkt, dem oberen Teil des heutigen Marktplatzes. Die Kleinhüninger Frauen verkauften Gemüse aus ihren Gärten. Aus dem Birseck kamen die Bäuerinnen mit Obst, welches sie auf dem Weg zum Markt mit einer Schicht Nesseln sorgsam bedeckten, um die frische Farbe der Äpfel, Birnen, Pflaumen und Zwetschgen zu erhalten. Die Baselbieter Frauen verkauften gedörrtes Obst, das zu Fleisch oder Reisbrei sehr beliebt war. Auch gedörrte Rüben waren in früherer Zeit ein wichtiges Nahrungsmittel. Vom Schwarzbubenland kamen die Buttenmostfrauen. Die Landleute brachten auch allerhand ‹Wildgewachsenes›, das die Städter recht gerne kauften:

‹Wildgewachsenes›

Buttenmost
Aus den Hagebutten der Hundsrose (Rosa canina) u.a.
Gäli Riebli
Gelbe Rübe, gemeine Möhre, Karotte (Daucus carota).

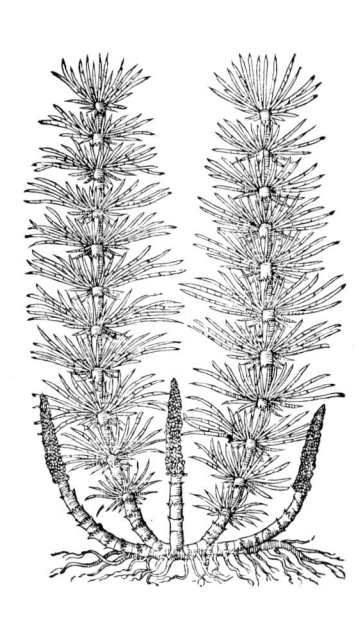

Schachtelhalm oder Katzenwadel
(Equisetum arvense). (Kaspar Bauhin).

Veegeligrut
Vogelmiere, Hühnerdarm, ein frühmittelalterliches Heilkraut gegen Fieber (Stellaria media).
Katzenwadel
Schachtelhalm, Zinnkraut (Equisetum arvense). Die Wedel dienten zum Blankreiben des Zinngeschirrs, die Wurzelknollen zur Schweinemast. Die Stengel verursachen dem Vieh und den Schafen Durchfall.
Winterschachtelhalm
(Equisetum hiemale). Die Stengel waren ein Poliermittel für Holz, Horn und Metall.
Kienholz
Das harzreiche Holz der ‹Fooren›, Föhre, Kiefer (Pinus silvestris), für Fackeln und zum Räuchern.
Räggholder
Wacholder (Juniperus communis). Räucherholz und Heilmittel; die Beeren wirken gegen Durchfall und Darmblähungen (‹zum Zerteilen der Winde›).
Badbliemli
Setzten sich zusammen aus Reckholder, Lavendel, Thymian, Rosmarin und Kamille (Matricaria chamomilla).
Nüsslisalat
(Valerianella locusta). Ursprünglich wild gesammelt; infolge steigender Nachfrage wurde er später auch kultiviert.
Rapünzeli
nannte man die Wurzeln und jungen Blattrosetten von Campanula rapunculus, die im Frühling oft zusammen mit dem Nüsslisalat gegessen wurden.
Pfafferöhrli
Löwenzahn (Taraxacum officinale), auch ‹Moorestuude› genannt (Moore = Bache = Wildsau, die vielleicht die jungen Löwenzahntriebe als Delikatesse entdeckt hat).
Meerrettich
(Armoracia rusticana), Kren, bezogen die Basler aus Deutschland. Leonhard Fuchs berichtet: «Der Meerrhettich wechst zu zeiten von sich selbs ohn pflantzung in den wiesen als umb Thübingen ... Er würt auch in den Gärten gezilet, unnd derselbig ist ein wenig milter und besser, der wart- und pflantzung halben.»
‹Roone›, Randen
Eingemachte rote Rüben (Beta vulgaris) wurden von den Baslern selbst gezogen und wie der Meerrettich gerne zu Fleisch gegessen.
Eine ‹Delikatesse›, die in Vergessenheit geraten ist, wurde von Johann Bauhin empfohlen: *Schwarzer Nachtschatten,* von ihm

Bemaltes Relief mit Früchtekorb und Schnepfen im Treppenhaus des Zunfthauses ‹Zum Schlüssel›, Freie Strasse 25.

Aus südlichen Landen

Solanum vulgare sive hortense genannt, ein ‹essbarer Strauch von unschuldigem Geschmack›. Vermutlich war es Solanum nigrum, dessen junge Triebe und Blätter gegessen wurden. Die Beeren sind jedoch giftig.

Neue Tafelsitten kamen nicht nur durch die Konzilsteilnehmer im 15. Jahrhundert, sondern auch durch die Refugianten im 16. Jahrhundert nach Basel. Von diesen lernten die Basler Artischocken, Kapern und Oliven kennen. Der Genuss von Distelköpfen scheint eine alte Sitte gewesen zu sein. Konrad Gessner ass mit Genuss die Blütenböden der *Silberdistel* (Carlina acaulis), als er mit einem Weggenossen den Pilatus bestieg. Er bedauerte sehr, kein Öl bei sich zu haben; das Salz hatte er. Diese Sitte hat sich einzig bei der Artischocke erhalten.

Artischocke
(Cynara scolymus). Leonhard Fuchs zählte sie eher zu den Heilpflanzen, beschreibt die Zubereitung ihrer Wurzeln und Blätter und meldet: «Sie fahet an zuo blüen umb die Sonnenwende, wann die Heuschrecken am allermeysten schreien.»

Kapern sind die Blütenknospen des Kaperstrauchs (Capparis spinosa); sie werden gekocht und in Essig eingelegt. Seine Heimat ist Südeuropa. Beinahe ist es schade, die Knospen zu essen, denn die Blüten sind ausserordentlich hübsch: sie zeigen weisse runde Kronblätter und auffallend viele, lange Staubfäden.

Oliven zählen zu den ältesten Kulturfrüchten. Der Ölbaum (Olea europaea) ist einer der längstlebigen Bäume. Er ist im ganzen Mittelmeergebiet zu Hause. Abgesehen vom wichtigen Olivenöl, ist auch das Holz des Baumes wegen seiner feinen Maserung und seiner Härte sehr geschätzt.

Die *Edelkastanie* (Castanea sativa) oder zahme Kastanie aus Südosteuropa, bis zum Kaukasus vorkommend, hat sich bis in unsere milde Basler Gegend verpflanzen lassen. Die Kastanie liebt Wärme, aber nicht Trockenheit. Die Früchte der wilden Kastanie bestehen aus einer bis drei Nüssen in stachliger Schale, während Zuchtformen die einsamigen grossen ‹Marroni› entwickelt haben. Leider ist uns nicht bekannt, seit wann in Basel die ‹Keschtenemännli› zur Winterszeit unsere Strassen mit ‹Keschtene›-Duft bereichern.

Beim Empfang vornehmer Gäste im Basler Ratshaus liessen die Ratsherren zuvor die Räume mit Thymian, Reckholder und Kienholz räuchern, das Zinngeschirr mit Katzenwadel auf Hochglanz polieren und den Ratswein bereitstellen. Im ‹Ausgabenbuch› des Rats findet man diese Räucher- und Putzmittel nebst dem gespendeten Wein fein säuberlich eingetragen.

Einem Aufsatz der Basler Historischen Gesellschaft 1856 entnehmen wir, wie im Basel des 14. Jahrhunderts die Luft in den geheizten Stuben verbessert wurde: «Die Fussböden der Stuben (auch im Rathaus) waren aus Backsteinen, über welche man eine Lage Stroh oder Reisig legte. Daher der Strohverkauf in der Stadt. Im Winter heizte man mit Kohle. Um einen angenehmen Geruch zu erzielen, verbrannte man Thymian auf dem Feuer. Stubenöfen aus Kacheln kamen gegen Ende des 14. Jahrhunderts auf. Um mit letzteren angenehmen Geruch zu bekommen, legte man Äpfel, Weihrauch, Reckholder und Lorbohnen (Lorbeer) in die Kacheln.» Womit wir wieder ein Beispiel für originale Verwendung von Gewürzpflanzen als Spenderinnen von Wohlgeruch vor uns hätten.

Die heilige Gertrud, Patronin der Feld- und Gartenfrüchte. Durch ihr Gebet vertrieb sie die Mäuse, die sie beim andächtigen Spinnen störten. Aus Hartmann Schedel: Weltchronik. Nürnberg 1493.

«Ist Gertrud sonnig, so wird's dem Gärtner wonnig.»

Kalender

Der Tag der Gertrud ist der 17. März. – Die Kalenderheiligen regelten den ganzen Jahresablauf in Haus und Garten. In Basels Offizinen druckte man mit Sorgfalt die so wichtigen Kalender, die, mit dem obligaten Aderlassmännlein, den Mondphasen und Bauernregeln ausgestattet, sich zu den beliebten ‹Hausväter-Büchern› entwickelten. Unter den Basler Kalenderschreibern findet sich sogar der berühmte Sebastian Münster. Den am längsten andauernden Erfolg hatte der Schwabe Jakob Rosius mit seinem Kalender, der im Verlag des Hans Cunrad Leopard seit 1620 in Basel herauskam. Dieser Rosius-Kalender erschien bis zum Jahr 1931!

Regeln

Eine der ältesten Bauernregeln (Basel, 14. Jahrhundert) lautet: «Denk daran, bei wachsendem Mond die Früchte zu pflücken, denn wenn er abnimmt, wird alles faul, was du abgepflückt hast.»

Allgemein gilt die Regel: «Was nach unten wächst, säe im abnehmenden Mond» (Zwiebel, Kartoffel, Rüben usw.). «Was aufwärts wächst, säe im zunehmenden Mond» (Getreide, Erbsen, Bohnen, Salat usw.).

In Basel und im Baselbiet herrschte bei den Nelkenliebhabern der Glaube: «Wenn's wätterleichnet, so sell men ab de Blettere vo de *Buschnägeli* (Dianthus barbatus) d Spitze abzupfe, derno gits gspriggleti Blueme.» (Archiv für Volkskunde. Basel 1908.)

«De magsch mi saaie, wenn de witt, vor siibe Wuche kumm der nit», sagte man in Basel von den gelben Rüben. «Rüben soll man auf einem Bein stehend säen, damit sie nur ein Bein und ebenmässige Form bekommen» lautet ein lustiger Rat aus Seltisberg im Baselland.

«Bohnen soll man am Bonifaziustag setzen» – ein amüsantes Beispiel für eine Lautanalogie und die Vorstellung eines Sachzusammenhangs.

Den Gärtnern gibt J. Hutmacher 1561 in dem in Basel gedruckten ‹Ein schön Kunstbuch› den interessanten Kunstgriff an: «So du gern von einem Gewächs ein gwüss eigentlich Pflanzen thun willt, so nim einen Härdhafen oder einen Korb, mach unden ein Loch dryn eines Fingers gross, setz in uff den Boum oder Gewächs, drab du pflanzen willt, stoss ein schön Schoss welches dir gfellig, unden uff dardurch, so wytt, das es oben uss gange, dermassen ouch dass das alt Holtz under dem gleych ouch im Hafen oder Korb sye. Darnach füll das selbig mitt guttem Erd, versorgs dass es nitt fallen möge.» Es ist dies eine recht gute Idee, Vermehrung durch Stecklinge zu praktizieren, ohne sofort den Zusammenhang mit der Mutterpflanze zu unterbrechen[19].

Gärten in Basels Mauern

Pastinak *(Pastinaca sativa)*, gelbblühend.

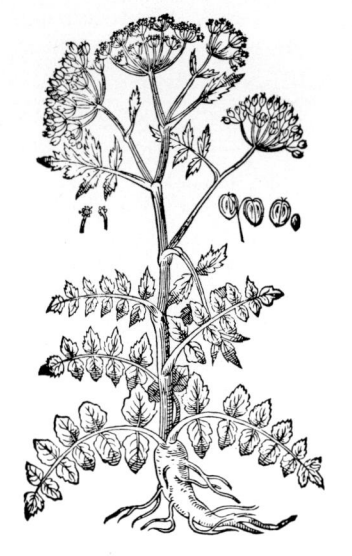

Zahme Pestnachen. Pastinaca domestica.

Alte Gartengemüse

Im Jahre 1363 erweiterte die Stadt ihre Befestigungen. Alle Vorstädte samt dem St. Alban-, dem Prediger-, dem Kartäuser- und dem Klingentalkloster wurden einbezogen. Im Mittelalter waren die Gärten in den Vorstädten und unmittelbar vor den Toren eine wichtige Grundlage der Selbstversorgung. Sie waren noch ganz nach dem Vorbild des Klostergartens angelegt und enthielten Beete mit feinem Gemüse, einigen Heilpflanzen, Küchenkräutern und Färbepflanzen für den Hausgebrauch. Auch Blumen, Sträucher und, wenn Platz vorhanden war, Obstbäume, Spalierobst, das seit der Römerzeit bekannt war, wurden in den Stadtgärten gepflegt. Die Beerensträucher hielten erst im 13. Jahrhundert Einzug in die Gärten, als das Beerensuchen im Wald für die Städter zu unsicher wurde.

Namen wie Heuberg, Kornhausgasse, Rosshofgasse, Mühlenberg, Rebgasse, Kirschgartenstrasse und Lautengartenstrasse erwecken die Vorstellung einer einst gemütlichen Verbindung von städtischem und ländlichem Leben. So standen am Oberen und am Unteren Heuberg zahlreiche Stallungen und Heubühnen. Das Kornhaus mit dem städtischen Kornspeicher und in der Nähe das ‹Mueshus› gaben der Spalenvorstadt ein bäuerliches Gepräge. Der Basler Rat hatte dank diesen Vorratshäusern die Möglichkeit, bei Missernten die Teuerung zu steuern und die Hungersnot zu mildern.

Im 17. Jahrhundert entwickelte sich allgemein eine Tendenz zur gegenseitigen Abriegelung der Städte. Es ist die Zeit des Dreissigjährigen Krieges und der Religionskämpfe. Basel gewährte immer weniger Refugianten die Einbürgerung, teils um den eigenen Handwerkerstand zu schützen. Die Bevölkerungszahl blieb bis zum 19. Jahrhundert ziemlich unverändert. Die Vorstädte konnten ihren ländlichen Charakter somit bewahren, die Stallungen und Scheunen, die Gemüse- und Rebgärten mit ihren Gartenhäuslein hatten noch immer genügend Platz innerhalb der Mauern. Jeden Tag zogen die Stadthirten mit dem Vieh auf die vorgeschriebenen Weiden vor die Tore. Es gab noch Bauern unter der Stadtbevölkerung.

Zu den ältesten Gartengemüsen zählen (schon seit dem 9. Jahrhundert):

Pastinak (Pastinaca sativa), eine Pflanze mit rübenartigen, süsslichen, fleischigen Wurzeln. Man ass diese Rüben zu Fleisch, wenn man solches hatte. Pastinak wurde noch bis ins 18. Jahrhundert gepflanzt. Konrad Gessner erwähnt, er habe Pastinak häufig in Basler und Strassburger Gärten gesehen. Plinius schreibt in seiner 37bändigen ‹naturalis historia›, Pastinak sei so geschätzt, dass er von den Ufern des Rheins auf die Tische der römischen Kaiser gebracht wurde.

Birnenspalier mitten in der Altstadt: Seitenhof des Blauen Hauses, Eingang Martinsgasse.

Eppich (Apium graveolens), der alte Name für Sellerie, bei den Griechen ‹hipposelinon› genannt. Die Wurzel wurde zu den jetzigen Riesenknollen gezüchtet. Die Selleriesamen galten als Heilmittel gegen Schüttelfieber und Bauchgrimmen. «Und sind gantz widerwertig den Scorpionen.»

Fenchel (Foeniculum officinale), ein Küchengewürz und Heilmittel, das schon in den Klostergärten vorkam. Die heutige Form der verdickten Stengelbasis ist ebenfalls ein Zuchtprodukt.

Peterli, Petersilg, Petersilie (Petroselinum crispum). Albertus Magnus rühmte die ‹Peterlinwurzlin› als verdauungsfördernd, harnausscheidend und blasensteinlösend. Die Pflanze stammt aus den Mittelmeerländern und bürgerte sich im 16. Jahrhundert in den Krautgärten ein. Heute noch geben die generösen Elsässer Gemüsefrauen beim Einkauf ihren Kundinnen ein Peterlibüscheli obendrein.

«Peterlin hilft den Mannen aufs Pferd
und den Frauen unter die Erd[21].»

Schnittlauch (Allium schoenoprasum) ist auch heute noch wild anzutreffen.

Lauch (Allium oleraceum) ist mit dem Schnittlauch zusammen einziger einheimischer Vertreter der grossen Zwiebelfamilie.

«Der Louch gibt von sich ein böse Nahrung und macht schwere Träum.» Beide Arten spielten eine wichtige Rolle als Appetitanreger, so dass man freudig die Schüsseln leerte; hinterher halfen sie getreulich wieder, «das Grimmen im Bauch zu zerteilen, das Aufstossen des Magens zu mildern».

Rettich (Raphanus sativus). Der Name Rettich entstand aus Radies = Radix (lateinisch: Wurzel). Im Kräuterbuch des Leonhard Fuchs steht: «Der zahm Rettich ist wohl dem Mund etwas angenehm, aber dem Magen schedlich. Er macht Aufstossen und treibt den Harn. So er nach dem Essen genommen wird, hilft er zu der Austeylung der Speis in die Glieder.» Dies scheinen die Basler gebührend beherzigt zu haben, denn er wurde tatsächlich nach dem Essen, zusammen mit Obst und Käse, verspeist.

Kohl (Brassica oleracea), griechisch ‹krambe›, findet man in obgenanntem Kräuterbuch sehr schön abgebildet, bereits mit einigen Zuchtformen, dem breiten, dem krausen und dem kleinen Kohl. Alle sind noch als Blätterstauden dargestellt, einzig der ‹Kappis› (Kabis), vom lateinischen ‹caput› (Haupt) hergeleitet, ist bereits ein dicker runder Kopf auf einer Pfahlwurzel. Alle unsere heutigen Kohlsorten sind aus der wilden Brassica sativa herausgezüchtet worden. ‹Brassica› entstand aus dem keltischen ‹bresic›. – Leonhard Fuchs warnt: «Der Köhl ist gut zu erweichen den Bauch, so er ein wenig gesotten wird. Wann er aber vollkommenlich gesotten wird, erhärtet er den Bauch und das führnehmlich, wann er zweymal gesotten ist. Köhl gesotten und gessen ist nützlich denen, so ein blöd Gesicht (= schlechte Augen) haben und zittern.»

Salat (Lactuca sativa), von den Baslern mit ‹grien Grut› betitelt. Er stammt aus dem Lattichgeschlecht und erscheint erst im 16. Jahrhundert vereinzelt in den Gärten neben dem krausblättrigen und dem grossen breitblättrigen Lattich. Unser heutiger Kopfsalat ist das Resultat langer gärtnerischer Bemühungen.

Endivie (Cichorium endivia) stammt aus dem Mittelmeer- und kleinasiatischen Raum. Die Römer zogen sie vorwiegend als Gänsefutter. Erst mit den Mönchen kam sie im Mittelalter in unsere Lande. Sie ist der eigentliche Wintersalat und wurde schon seit Jahrhunderten in Kellern mit Erde gedeckt über die Wintermonate zum Auskeimen gebracht. Zur gleichen Art gehört auch die rote Endivie (Chicorée).

Borretsch* (Borago officinalis) ass man noch lange Zeit als Salatzusatz in der Hoffnung, das Herz zu stärken und die Melancholie zu vertreiben.

Melde* (Atriplex hortensis), ein Vorläufer des Spinats, der schon im Altertum in ganz Europa als Blattgemüse gezogen wurde.

Benediktenkraut* (Geum urbanum), auch Nelkenwurz genannt, wurde einst liebevoll in den Gärten gezogen, weil die Wurzeln nach ‹Nägeli› dufteten; deshalb legte man sie auch in die Kleidertruhen, ausserdem war das Kraut eine Heilpflanze. Man sammelte die Wurzeln im Frühling und nannte sie auch

II. Senf. Sinapi.

Guter Heinrich. Bonus Henricus.

Oben: Weisser Senf *(Sinapis alba)*, Blüten blassgelb.
Unten: Guter Heinrich *(Chenopodium bonus-henricus)*, Blüten grün, gelegentlich rötlich.

‹Märzenwurz›; Tee aus Benediktenwurz wurde für alle innerlichen Übel getrunken.
Gartenkresse* (Lepidium sativum), auch Pfefferkraut genannt. Sie stammt aus Nordafrika und kam als Gewürzpflanze durch Vermittlung der Klöster in die Hausgärten. Die Samen enthalten Senföl. Die Keimlinge ergaben einen Salat.
Senf* (Sinapis alba) hielt man im Garten und nicht auf dem Felde, weil er für das Vieh giftig sein konnte. Seit dem 16. Jahrhundert bereitete man Senf aus den Samen.
Sparsen (Asparagus officinalis), Spargeln, auch ‹Spargen› genannt, ass man mit Salz, Essig und Öl als Salat. Sie sind seit dem Altertum bekannt, wurden in ganz Europa kultiviert und waren, wie die Bezeichnung ‹officinalis› verrät, auch als Heilpflanze in Gebrauch: «So mans im Mund oder auf den Zenen haltet, benimpts das Zanwee ... Die Wurzel gesotten und getrunken ist dienstlich denen, so mit dem Hüfftwee beladen seind ... Die Wurzel und Same eröffnen die Leber und Nieren, darum treiben sie auch den Lendenstein, bringen den Frawen ihre Blödigkeyt und mehren den Lust zue den Weibern.» (L. Fuchs.)
Guter Heinrich* (Chenopodium bonus-henricus); einst als Spinat angepflanzt, war er sehr geschätzt, ist aber vielerorts schon im 16. Jahrhundert zum ‹Unkraut› geworden. Chenopodium (aus dem Griechischen) bedeutet wörtlich ‹Gänsefuss›. Bonus-Henricus ist nach H. Genaust die Latinisierung von ‹Guter Heinrich›, im Volksmund oft einfach Heinrich oder Heinz genannt (vgl. Heinzelmännchen) als Ausdruck für einen guten Kobold. Er wurde als Heilpflanze besonders gegen die rote Ruhr verwendet.
Bingelkraut* (Mercurialis perennis), als ‹Böser Heinrich› das Gegenstück zum vorherigen, zeitweise als Gemüse bereitet, oft aber auch seiner Heil- und Giftwirkung wegen genutzt, wie Gessner bezeugt: «das Bingelkrut oder Schysskrut scheint, wie Gemüse zur Speise verwendet, zukömmlicher zu sein und wirkt wohltätig auf den Stuhlgang.»
Kleiner roter Meyer* (Amaranthus blitoides), auch ‹Fuchsschwanz› geheissen, einst ein geschätztes «Gemüslein an Butter gedünstet mit Fleischbrühe gekocht, ein lieblich Gerycht», wie Zwinger es empfiehlt. Er wurde irgendwann aus Nordamerika eingeschleppt. Die Pflanze figuriert schon bei L. Fuchs (1543) und K. Gessner (1559) als ‹Sametbluom› oder ‹Amarant›.
Gänsedistel* (Sonchus oleraceus), auch ‹Kohldistel›: Eine stattliche Pflanze, die schon von Plinius (1. Jahrhundert) als Gemüsepflanze zitiert wird. In schlechten Zeiten war sie eine willkommene Salatpflanze.
Alle mit einem Sternchen (*) versehenen Pflanzen finden wir

Oben: Amarant oder Fuchsschwanz *(Amaranthus blitoides)*.
Unten: Kreuzwolfsmilch *(Euphorbia lathyris)* mit Blüten und Frucht.

heute noch, wenn auch nur verwildert, und betiteln sie recht undankbar und abschätzig als ‹Unkraut›. Geum urbanum kann man mitten in der Stadt begegnen, zum Beispiel am Rheinbord; es ist noch immer ‹urban›. Die Gänsedistel hat sich ganz passend am Birsigufer des ‹Nachtigallenwäldeli› ausserhalb der Raubvogelvolieren ausgebreitet.

Als wichtige Helfer im Haushalt zog man in den Gärten auch:

Rainfarn* (Tanacetum vulgare); die getrockneten Blätter ergaben ein Insektenpulver und ein Wurmmittel.

Minzen (diverse Arten); Pfefferminze (Mentha piperita), Krauseminze (Mentha spicata) oder Katzenminze (Nepeta cataria), je nach Vorliebe der Hausfrau, halfen bei verdorbenen Mägen. Beschwerden pflegte sie eben zuerst mit eigenen Mitteln und lief nur in höchster Not zum Apotheker.

Springkraut (Euphorbia lathyris), auch Kreuzwolfsmilch genannt, eine südliche Wolfsmilch, die bereits auf Geheiss Karls des Grossen in den Gärten gezogen worden war, hat sich bis heute noch zumindest auf dem Lande gehalten. Der Milchsaft war ein Mittel gegen Warzen. Ausserdem vertreibt die Pflanze die Mäuse.

Angelika (Angelica archangelica), die Erzengelwurz, war ebenso wichtig wie Bibernelle gegen die Pestilenz und allerlei natürliche sowie unnatürliche Gifte, sogar gegen Tollwut: «Diss Kraut bey sich getragen soll gut für allerley Zauberey seyn.» Immer noch verwendet man sie heute für realere Zwecke: ihre jungen Blattstiele kandiert zum Garnieren von Konditorwaren, ihr ätherisches Öl in der Parfümerie und Medizin; schliesslich wird aus ihr auch der Benediktinerlikör (Chartreuse) hergestellt.

Rosmarin, Basilikum, Majoran und *Thymian* «wirt allenthalben in Scherben gezilet», was heisst, dass man sie im Winter in Tontöpfen in der Stube gehalten hat. Gessner stellte übrigens fest, dass der Thymian in Basel besser geriet als im kälteren Zürich.

Kümmel* (Carum carvi): Kümmelfrüchte sind bei Ausgrabungen von neolithischen Menschenbehausungen aus dem 3. Jahrtausend v. Chr. entdeckt worden. Somit sind sie eines der ältesten europäischen Gewürze. Magenschmerzen lindernd und appetitanregend, wirkt der Kümmel als ein typisches Gewürzheilmittel. Man kann ihn heute noch auf fast allen Jura- und Alpenwiesen wildwachsend finden.

Ausser der Kartoffel waren eigentlich alle lebenswichtigen Pflanzen seit dem Altertum in Basel im Gebrauch. Im Laufe der Jahrhunderte wurden sie von den beflissenen Gärtnern verbessert. Nach der Entdeckung Amerikas konnten etliche durch ertragreichere und gehaltvollere ‹Verwandte› ersetzt werden,

Ausschnitt aus einer der für Basel während Jahrhunderten typischen Rosettentüren. Imbergässlein 16.

wie etwa die Vigna- und die Dolichosbohnen durch die Phaseolusarten aus Südamerika oder der Kürbis des Mittelalters (Citrullus colocynthis), die nicht ungefährliche ‹Koloquinte› durch den mexikanischen Sommerkürbis (Cucurbita pepo).

Da in Basel ein grosser Verbrauch an Packmaterial herrschte, zog man in den Gärten auch fleissig *Hanf* (Cannabis sativa) mit der ehrbaren Absicht, Seile und Sacktuch für Handelsballen und Wagendecken herzustellen.

Blumen   Die Gärten enthielten natürlich auch Blumen:
Pfingstrose (Paeonia officinalis), auch Gichtwurz, Benediktenrose, Venedisch Rose, Päonie genannt, wurde nicht nur ihrer schönen Blumen wegen, sondern auch zu Heilzwecken gehalten. Heute noch kommt Paeonia officinalis wild in den Südtälern der Alpen vor; sie figuriert auf der Liste der geschützten Pflanzen.
Gartenrosen.
Von den Wildrosen, die gelegentlich in Gärten gehalten wurden, sei hier nicht die Rede. Die älteste Rose, die als Fremdling zu uns kam, ist die ‹Französische Rose› (Rosa gallica), auch ‹Apothekerrose›, ‹Essigrose› oder ‹Rose de Provins› genannt. Sie ist im 13. Jahrhundert durch einen Kreuzritter nach Frankreich gebracht worden; sie soll zugleich die Stammform der ‹Damaszener›- (Rosa damascena) und der ‹Hundertblättrigen

Rose› (Rosa centifolia) sein. Sie alle stammen aus dem vorderasiatischen Raum. Die beiden letztgenannten kamen erst im 16. Jahrhundert nach Europa und wurden zu Ahnen ungezählter weiterer Zuchtformen. (Genaueres über Rosen siehe S. 151 ff.)

Klosterblumen

Im mittelalterlichen Blumengarten standen auch die Blumen, welche die Mönche aus südlicheren Gegenden übernommen und in den Klostergärten eingewöhnt hatten: *Schwertlilien* (Iris germanica), *Weisse Lilien* oder Madonnenlilien (Lilium candidum), *Violen* = ‹Veiel› oder ‹Gel Veiel›, die keine Veilchen sind, sondern *Goldlack* (Erysimum cheiri), *Levkoje* (Matthiola incana) oder ‹Braun Veiel› (braun = violett), *Christrose* (Helleborus niger), *Gartennelke* (Dianthus caryophyllus): «Die zahmen Negelin werden allenthalben von den Jungfrowen und meniglich in Scherben und Gefässen aufgezogen und gepflanzt.» *Gladiole* (Gladiolus communis): In Deutschland wird sie auch Siegwurz genannt; man trifft aber auch die lustige Bezeichnung ‹Schweizerhose›, offenbar in Anspielung auf die damalige Kriegerkleidung. Die erste *Balsamine* (Impatiens balsamina), eine Pflanze aus Ostindien, sah Gessner um 1560 in einem Basler Garten. *Johannisbeeren* (Ribes rubrum), ‹Santihansdrybeli›, waren anfänglich als Zierstrauch in den Gärten, ihre ‹Beerlin› waren an Zahl und Grösse so bescheiden, dass man sie damals den Vögeln überliess.

Wildblumen

Neben den kultivierten Klosterblumen fanden auch altvertraute Wildblumen Eingang in die Stadtgärten: *Weisse Gartennarzisse* (Narcissus poeticus), *Feuerlilie* (Lilium bulbiferum), *Schneeglöckchen* (Galanthus nivalis), *Märzenbecher* (Leucojum vernum), *Akelei* (Aquilegia vulgaris), *Alpenveilchen* (Cyclamen purpurascens). *Grosse Sterndolde* (Astrantia major), auch ‹Talstern› und in alten botanischen Schriften gelegentlich ‹Meisterwurz› genannt, wird vor Hildegard von Bingen schon im 12. Jahrhundert als Gartenpflanze erwähnt. *Hauswurz* (Sempervivum tectorum) und *Hirschzunge* (Phyllitis scolopendrium).

An *Primeln* (Primula vulgaris) kannte man neben der gelben auch die rötliche Variante. Die *Stiefmütterchen* (Viola tricolor) nannte Zwinger ‹zahmes Freisamkraut›, was sehr richtig aussagt, dass sich das Veilchen selbst aussät. Die *Ringelblume* (Calendula officinalis), Heil- und Zierpflanze zugleich und aus dem Mittelmeergebiet stammend, durfte in den Gärten nicht fehlen. Sie blüht unentwegt von Juni bis zum ersten Frost, öffnet ihre Blumen am Morgen, folgt dem Lauf der Sonne und schliesst sie bei Sonnenuntergang. Bleibt sie am Morgen geschlossen, so erwartet der Bauer Regen im Laufe des Tages.

Bis etwa 1850 wuchs in allen Gärten *Bandgras* (Phalaris arundinacea). Nur mit diesem Gras aufgelockert, war ein Blumenstrauss vollkommen.

Magd mit Kopfkorb voll Obst und Gemüse. Türmalerei aus dem 17. Jahrhundert im Haus Petersgasse 54.

(Schützenmattstrasse/Spalenvorstadt) mit Fruchtmotiven über den Säulenkapitellen, spätes 16. Jahrhundert.

Der 1872 von Balthasar Trugin geschaffene Stock des Webernbrunnens mit Früchte- und Gemüsedekor. Steinenvorstadt.

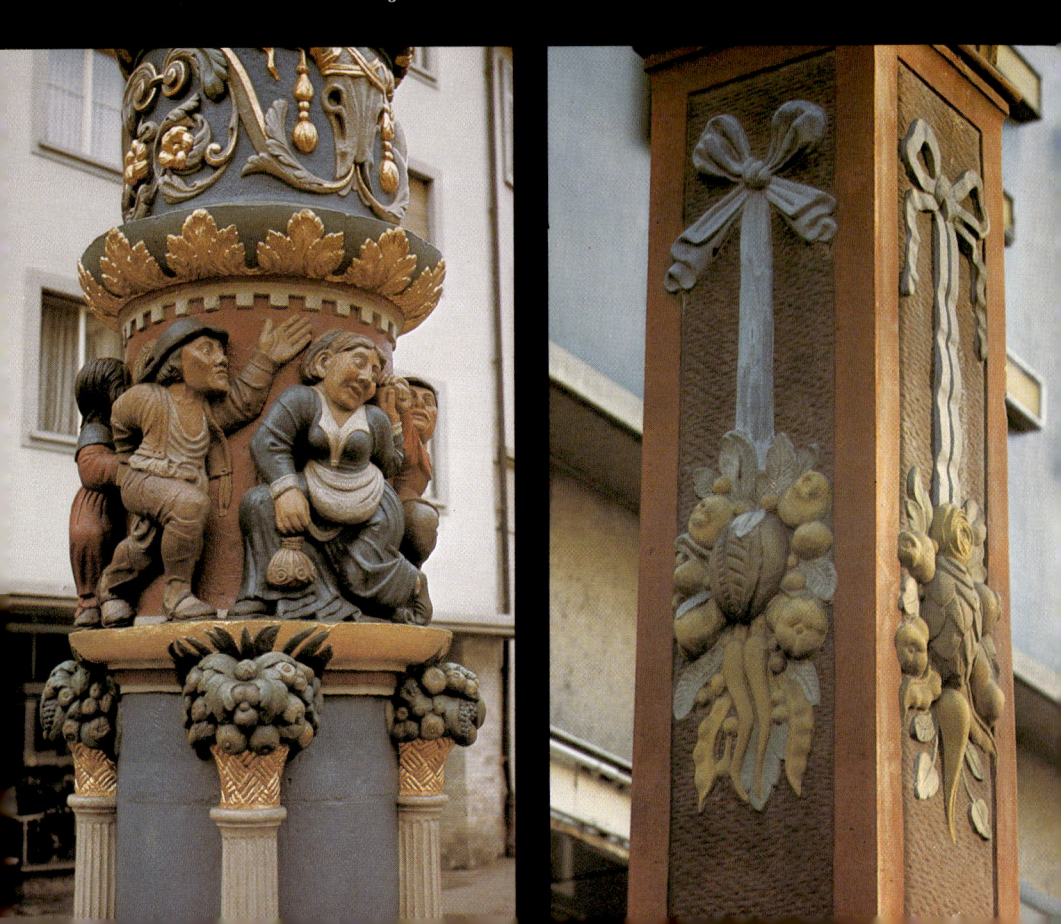

Die Zünfte zu Gartnern
und zu Safran

Gärtnerzunft

Bischof Heinrich von Neuenburg gab seinen Segen zur Gründung der Gärtnerzunft. 1260 entstand die Stiftungsurkunde der ‹Gartner›. Peter Ochs schreibt in seiner ‹Geschichte der Stadt und Landschaft Basel› (1786–1792): «Ihr Wappen besteht in einer Heu- oder Mistgabel. Sie wurde im Jahr 1260 von den Gärtnern, Obstverkäufern und Grämpern gestiftet.» Was die Grämper eigentlich verkauften, muss den Ordnungen entnommen werden, die ihnen zuzeiten gegeben wurden: es war Wildbret, zahme und wilde Vögel, wie Hühner, Gänse, Enten, Fasanen, Rebhühner usw., dann Käse, Butter, Eier, Hafer, Rüben, Nüsse, Kastanien, Senf, Mus, das heisst die Erbsen und dergleichen Dinge, «welche man mit dem Sester misset», Öl, Salz, Heringe, Stockfisch, zuletzt noch Kerzen und Glaswaren! Die zu Gartnern Zünftigen verarbeiteten und verkauften ausschliesslich Landesprodukte.

Im Jahr 1500 werden die Seiler als gärtnerzünftig genannt, auch die Fuhrleute; und die Postillione, Wirte, Köche und Pastetenbäcker gesellten sich dazu.

Der Basler Rat bestimmte, dass die Gärtnerzunft das Ölmass in Verwahrung hielt und dass sie das Gewicht der Seiler und Grämper ‹ficht›, wie man sich ausdrückte.

Die heilige Gertrud galt als die Patronin der Gärtner. Sie war Äbtissin von Nivelles in Brabant und erlitt 659 den Märtyrertod durch Enthauptung. Der Legende nach sollen Blumen auf der Stätte ihrer Hinrichtung gesprossen sein. Sie hilft u. a. gegen die Mäuseplage.

Safranzunft

In der Safranzunft zünftig waren die Apotheker, die Gewürz- und ‹Pulverkrämer›, Seidenfärber, ‹Grossier›, ‹Abenteurer› (z. B. Brillenmacher) und Lebkuchenmacher, ‹Oflater› und viele andere mehr.

1540 wird in den Aufzeichnungen der Zunft eine Zunftfahne, mit der goldenen Safranblume bestickt, beschrieben.

Die Oflater (Oblater) und Lebkuchenbäcker waren seit der Mitte des 14. Jahrhunderts in der Safranzunft zünftig. Sie betrieben die Spezialität des Backens von Oblaten, die beim Abendmahl benötigt wurden. Für mehr weltliche Genüsse buken sie ‹Hippen› aus Honig und Mehl, die heute ganz aus den Basler Bäckereien verschwunden, dafür in Zürich wieder anzutreffen sind. Die Lebkücher spezialisierten sich auf die Fabrikation von gewürzten Honigkuchen und Fladen, aus welchen sich die ‹Basler Leckerli› entwickelten. Diese Bezeichnung findet man erst Anfang des 18. Jahrhunderts. Das wichtigste Gewürz der Lebkuchen war der Ingwer, neben den Nägeli, dem Zimt, dem Muskat und dem Kardamom. Die Lebkücher hatten ihre Wohnhäuser und Backstuben im Imber-

Gabel als Emblem der Zunft zu Gartnern im ‹Mueshus›, Spalenvorstadt 14. 17. Jahrhundert.

gässlein und dessen Umgebung. 1589 begannen die Lebkücher auch noch Schnaps zu brennen; diesen ‹Branntenwein› veräusserten sie ganz folgerichtig auf dem Kornmarkt. Die Apotheker waren darüber erbost, da es ein Übergriff in ihre Rechte war.

Durch das Konzil zu Basel waren die täglichen Bedürfnisse gewachsen, sehr zur Freude der Spezierer und Krämer. Zum Süssen der Speisen war anfänglich nur Honig benützt worden. Nun ass man ausser Erbsmus oder Haferbrei den neuen Reisbrei, der, mit Rosinen und Zucker gesüsst, zu einem Festschmaus wurde. Daniel Fechter schreibt, dass in Basel hohe Gäste schon im 14. Jahrhundert mit Mehlzucker bewirtet wurden. Für das Volk war er noch unerschwinglich. Als Heinrich der Seefahrer Zuckerrohr auf der Insel Madeira anbauen liess und die Spanier auch auf den Kanarischen Inseln Pflanzungen anlegten (um 1420), kam der Zuckerhandel in Schwung. Der Preis sank, und die Bürger konnten nun langsam ihren Reisbrei mit Zucker süssen. Mit dem Einzug von Schokolade, Kaffee und Tee stieg der Bedarf an Zucker erneut. Im Basler Kaufhaus hielten die Krämer 1489 zum erstenmal Rohrzucker feil. Er scheint jedoch erst vom Jahr 1518 an allgemein gekauft worden zu sein. Zwei Jahrhunderte später wogen die Spezierer als neuste Errungenschaft ihren Kunden Rübenzucker ab. Der deutsche Apotheker Sigismund Marggraf (1709–1782) hatte den Zuckergehalt der *Runkelrübe* (Beta vulgaris) entdeckt, doch erst sein Schüler F.K. Achard (1753–1821) konnte nach langwierigen und mühsamen Versuchen mit staatlicher Unterstützung, die Marggraf versagt worden war, die Zuckerindustrie mit Runkelrüben begründen. Das bedeutete Unabhängigkeit vom ausländischen Zuckerrohr.

Die Safranzunft besass und betrieb noch bis ins Jahr 1770 im St. Alban-Tal eine Gewürzstampfe. Das Mahlen und Stampfen der Gewürze wurde genauestens überwacht, weil sie so teuer waren und unlauteres Beimischen stets eine Versuchung blieb. 1840 kam auch eine Tabakstampfe in Betrieb[21,22].

Welschnuss und Heidenkorn

‹Welsch› bedeutete soviel wie keltisch, dann romanisch, das heisst italienisch, französisch und romantsch, und im übertragenen Sinn entstand die Bedeutung fremdländisch, unverständlich. Die Bezeichnung ‹Heiden›, zum Beispiel in ‹Heidenwurz›, wird im Volksmund meistens für Pflanzen (auch Fluren) angewendet, deren Gebrauch oder Kenntnis in die Urgeschichte zurückreicht.

Die ersten fremden Pflanzen hatten ja die Römer in die Landschaft von Basel gebracht, die als Inbegriff von Heiden galten. Unter diesen Pflanzen befanden sich aus Asien und Afrika bereits ins römische Reich eingeführte. Die Römer beschäftigten meist persische und syrische Sklaven in ihren Gärten, weil diese eine schon hochentwickelte Gartenkunst aus ihrer Heimat mitbrachten. Bereits domestizierte Obstbäume veredelten sie weiter durch Pfropfen, neue Sorten erzielten sie durch Kreuzen, auch die Gartenblumen und Gartengemüse entwickelten sich unter ihren geübten Händen. Von diesem römischen Erbe ging etliches wieder verloren durch Kriegsverwüstung, Seuchen und Kälteperioden. Die Landbevölkerung war stärker betroffen, das Land konnte schnell wieder verwildern, wobei gewisse Pflanzen andere verdrängten.

Klimaverschlechterung im Hochmittelalter

Im 12. und im 13. Jahrhundert herrschte noch Prosperität, was Zunahme der Bevölkerung, Roden der Wälder und Ausdehnung des Ackerlands zur Folge hatte. Im 14. Jahrhundert machte sich eine langsame klimatische Abkühlung in Europa bemerkbar. Es kam zu sintflutartigen Regen, die Missernten und Hungersnot verursachten. Drei verheerende Regenjahre schwächten die Menschen, dann kam die Pest mit ihrem Totentanz, in Basel besonders im Jahr 1349. Die allgemeine Abkühlung dauerte bis zum Jahr 1850! Heute staunen wir über die vielen Winterdarstellungen in der Kunst: die zugefrorenen Seen und Flüsse, die gewaltigen, Täler ausfüllenden Gletscher auf den alten Stichen. Die verminderte Sonneneinstrahlung brachte manche südliche Pflanze in unserem Land wieder zum Verschwinden. Einzelne überdauerten an besonders günstigen Lagen, wie zum Beispiel die Buchsbestände am Grenzacher Horn.

Nach dem grossen Erdbeben (1356) baute Basel mit eigenen und fremden Kräften und grosszügiger Hilfe eine neue Stadt auf. Die Zeiten schienen sich gebessert zu haben; denn 1431 konnte Basel die vielen fremden Gäste des Konzils aufnehmen. Mit ihnen kamen auch fremde Sitten und Bedürfnisse in die Stadt. Man bestaunte alles Neue; doch was man nicht kannte oder nicht verstand, tat man einfach mit dem Wort ‹welsch› ab. Heute ist es nun sehr fesselnd, aber oft fast unmöglich, anhand

Linse *(Lens nigricans)*, blüht bläulichweiss.

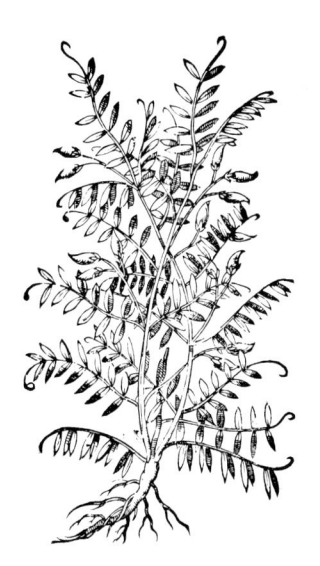

Zahme Italiänische Linse.
Lens sativa Italica.

dieser Betitelung eine Pflanzengeschichte zu rekonstruieren. Columella, Plinius und Virgil, um nur die bekanntesten Alten zu nennen, beschreiben die Gartenpflanzen, die im römischen Imperium gezogen wurden. Nach den römischen Landbesitzern, die schon in grossem Ausmass für den Verkauf pflanzten und züchteten, den Pisones, Fabii, Cicerones und Lentuli heissen die Erbse Pisum, die Bohne Faba, die Kichererbse Cicer und die Linse Lentulus, jetzt Lens.

Die *Erbse* (Pisum sativum) ist in ganz Europa eines der ältesten Nahrungsmittel aus prähistorischer Zeit, wie aus Gräberfunden hervorgeht. In Basel kochte man das ‹Mus› aus einer grauen Erbse, ‹Welsch Erbs› bei Gessner; es könnte sich um die *Ackererbse* (Pisum arvense) handeln. ‹Usmachmues›, eine grüne Erbse, auch Brockelerbse genannt, weil sie aus der Hülle gebrochen wird, ist eine holländische Züchtung von Pisum sativum. ‹Zuckermus›, auch *Kefen* benannt (Pisum saccharatum), mit fleischigen süssen Hüllen, die essbar sind, soll im 16. Jahrhundert aus Litauen gekommen sein. Die gewöhnliche Erbse stammt ursprünglich aus dem Orient und gehört wie Saubohne, Kichererbse und Linse zur Familie der Leguminosen (Fabazeen).

Die Acker-, Feld-, Puff- oder Sau*bohne* (Vicia faba) ist die älteste in Europa gebräuchliche Bohnenart. Sie ist gekennzeichnet durch ihre weissen Blüten mit schwarzem Fleck auf den Flügeln sowie grosse eirunde, rotbraune Samen. Nach der Ankunft der *Amerikanischen Bohne* (Phaseolus) sank sie zu Viehfutter ab. Vicia faba stammt aus dem Mittelmeerraum. Andere schon im Altertum bekannte Speisebohnen waren ‹Vigna› und ‹Dolichos›. Der Name ‹Phaseolus› wurde von den Griechen und den Römern gebraucht, bezieht sich aber auf die ostasiatischen Bohnensorten, die in Indien und China seit Urzeiten gepflanzt worden waren, desgleichen in Afrika. Leonhard Fuchs nennt sie ‹Welsche Bohnen› oder ‹Faselen›, die «in den Gärten wachsen, da sie gepflanzt werden, wöllen feysst erdrich und stätig sonnen, seind ein summergewechs, mögen keinen reiffen leiden. Sie geben von sich grobe narung, doch so man senff darzuo thuot, nimpt er von ihnen viel böss und schafft dass sie dest weniger schaden.» Galen und Theophrast nannten sie Dolichum, was auf die *Indische Bohne* (Dolichos lablab, heute Lablab niger) hinweist[17].

Die *Kichererbse* (Cicer arietinum) aus Asien war im Altertum sehr verbreitet, heute ist auch sie in Südeuropa nurmehr als Futterpflanze in Gebrauch geblieben. Charakteristisch sind ihre einzelnen grossen Bohnen.

Die Linse, ‹Welsch *Linsen*› (Lens culinaris, jetzt Lens nigricans) hat ihre Herkunft im Dunkel verflossener Zeiten. Auch sie ist eines der ältesten Nahrungsmittel im Mittelmeergebiet wie in Europa.

Die *Gartenzwiebel* (Allium cepa) aus Westasien ist seit dem Altertum in ganz Europa kultiviert. Sie kam als Heilpflanze, weil sie antiseptische Wirkung hat, schon in allen Kräuterhandschriften der Alten (Dioskorid, Galen usw.) vor.

Die *Schalotte,* ‹Eschlouch› (Allium ascalonicum), soll von den Kreuzrittern heimgebracht worden sein. Die Historiker bezweifeln diese Annahme, der Beiname ascalonicum bestärkt aber die poetische Idee.

Der *Porree* (Allium porrum) ist eine alte Kulturform von Lauch mit unbekannter Herkunft. Allium ist ein Liliengewächs.

Aus welschen Landen kam zu Zwingers Zeiten der *Blumenkohl,* (Brassica oleraceae), den er ‹Cartifiol› oder ‹Carfiol› nennt, wie er in Österreich heute noch heisst. In ‹fürnehmen Gärten› sei er anzutreffen, müsse aber stets neu aus italienischen Samen gezüchtet werden.

Es gab auch ‹welsche Disteln› und ‹mazedonische Peterli›. Den fremden Pflanzen ging es ähnlich wie den fremden Menschen: waren sie ein halbes Jahrhundert lang eingebürgert, so wandelte sich die Bezeichnung ‹welsch› oder ‹heidnisch› in einen einheimischen Begriff um. Von der ‹Welschdistel›, auch *Kugeldistel* (Echinops sphaerocephalus), aus Mittel- und Südeuropa berichtet Leonhard Fuchs: «Die Welschen kochen dise Distelköpff dieweil sie jung seind bei den Hünern und anderem Fleysch.»

‹Welscher Hirs› oder ‹Sorgsamen›, *Mohrenhirse,* ‹Kafir›, ‹Durra›, Kaffernhirse (Sorghum bicolor) ist in Afrika beheimatet, kam aber schon durch die afrikanisch-indischen Handelsbeziehungen im Altertum nach Indien. In die deutschen Lande kam diese Hirsesorte erst Anfang des 16. Jahrhunderts, denn Fuchs sagt: «Der Sorgsamen ist ein frembd gewechs und erst vor kurzen jaren zu uns gebracht. Muss in Gärten durch den Samen alle Jar aufgebracht und gepflanzt werden.»

Bei uns kaum noch bekannt ist der *Buchweizen,* ‹blé noir›, ‹blé sarrazin›, ‹Tatarenkorn› oder auch *Heidenkorn* (Fagopyrum esculentum). Er ist eine alte Kulturpflanze aus Mittelasien, die im 15. Jahrhundert mit den Türken und Tatarenhorden bei ihren häufigen Einfällen in Mitteleuropa eingeschleppt worden ist. Die dreikantigen ‹Mini-Nüsslein› ergeben ein bläuliches Mehl, aus dem Grütze, Breie und Fladen bereitet wurden. In der Bretagne beispielsweise sind ‹galettes au blé noir› oder ‹galettes au sarrazin› noch heute eine Spezialität. Die Blüte der Pflanze ist bei den Bienen sehr beliebt. Vielerorts wurde der Buchweizen auch zum Bierbrauen anstatt Gerste verwendet. Zwinger erzählt: «Man findet all hier zu Basel bei dem fürstlichen Schloss Friedlingen und dem Dorfe Riehen ‹Heidenkorn›. Jetzund werden aus seinem Mehl gute Brühlein gemacht, die bei den Mahlzeiten grosser Herren angenehmer sind als Semmel-Brühlein. Man bereitet sie an Milch oder Rindfleisch,

Buchweizen *(Fagopyrum esculentum)*, weissblühend.

Heyden-Korn. Frumentum Sarracenicum.

Hühner- und Kapaunenbrühe. Für das Hausgesinde kocht man das Mehl nur mit Wasser und Butter und Salz, man machet ihnen auch Küchlein daraus.»

Heute sagt niemand mehr ‹Welschnuss›, sondern Walnuss oder einfach Nuss. Der *Nussbaum* (Juglans regia) zeigt durch seine Frostempfindlichkeit deutlich an, dass er aus wärmeren Gegenden stammt. Er ist aus dem Orient über Griechenland und Italien zu uns gelangt. der stattliche Baum wurde von den Römern Jupiter geweiht (Juglans = Jovis glans = Jupitereichel). An ihm ist wirklich alles verwendbar: die Nüsse, die Öl liefern, das schöne Holz, die Blätter als Motten- und Mäuseschreck; die Nußschalen (äusseres grünes Perikarp) geben einen gelben bis braunen Farbstoff. Dank den Nussbäumen in unseren Anlagen haben wir das Vergnügen, Eichhörnchen mitten in unserer Stadt beobachten zu können.

Die Seefahrt und die Botanik

Wir sind versucht, als Einleitung zu diesem Kapitel den schönen Satz des französischen Historikers Jules Michelet zu zitieren: «Qui a ouvert aux hommes la grande navigation? Qui révéla la mer, en marqua les zones et les voies? – la baleine et le baleinier.» Wie tatsächlich die Walfänger auf der Suche und Verfolgung der Wale ins Unbekannte vorstiessen und oft als erste von neuen Küsten und Inseln berichteten, so könnten wir vergleichsweise die Schiffsärzte als die Pioniere der Botanik in fremden Ländern nennen. Dank ihrer naturwissenschaftlichen Ausbildung erkannten sie den Reichtum und die Schönheit der fremden Pflanzenwelt. Sie beobachteten die Eingeborenen und lernten die exotischen Nutzpflanzen in ihrer vielseitigen Verwendung kennen.

Am Ende des 13. Jahrhunderts gibt Marco Polo eine detaillierte Beschreibung der Gärten um den Palast des Mongolenkaisers Kubilai Khan. Die Chinesen waren seit Urzeiten passionierte Gärtner. Solche Beschreibungen stiessen in der Renaissance auf verbreitetes Interesse und erweckten seither den Wunsch, Einblick in die sagenhafte chinesische Flora zu bekommen. Doch erst vierhundert Jahre nach Marco Polo gelang es einem englischen Schiffsarzt der East India Company, John Cunnigham, in den Jahren 1698 und 1700 die Inseln Amoy und Tsu-Shan in der Formosastrasse zu besuchen. Er konnte aber nur mit Mühe einige Abbildungen von Pflanzen und wenige Exemplare aus Gärtnereien und Baumschulen ergattern.

China und Japan

China blieb den Europäern verschlossen; einzig französische, belgische und österreichische Jesuitenpatres waren am Hof des chinesischen Kaiser Schun-chi († 1661) und seines Nachfolgers Kang-hi geduldet und sogar geschätzt wegen ihrer wissenschaftlichen Tätigkeit auf den Gebieten der Kartographie und Astronomie. In ihren Berichten nach Frankreich machten sie bald auf den botanischen Reichtum und die grosse Gartenkunst in China aufmerksam. Ludwig XIV. schickte weitere Patres, die 1687 in Peking ankamen und sich nun auch der Botanik widmeten. Aus ihren Samensendungen an den ‹Jardin des Plantes› in Paris und die ‹Jardins d'acclimatation› in Nantes und Montpellier wurden viele der uns heute selbstverständlichen Gartenpflanzen und Gartenbäume grossgezogen: Glyzinie, Chrysanthemen, chinesische Rhododendren, Gardenien, Kamelien, Jasmin, diverse Lilien und Paeonien (Pfingstrosen), Hibiskus, Forsythie, chinesische Thuja und Götterbaum. Besonderes Interesse fand der Papierbaum (Broussonetia papyrifera), aus welchem im alten China Papiergeld fabriziert wurde, sowie der Bambus, der seiner vielfältigen Verwendung wegen Staunen und Begeisterung hervorrief.

Zapfen der Douglasie.
(Siehe S. 97.)

Mit Japan hatten die Europäer zunächst die gleichen Schwierigkeiten. Die Portugiesen und nach ihnen die Holländer durften im 17. Jahrhundert nur auf der Insel Deshima vor Nagasaki landen und Handel treiben. Einmal im Jahr wurde einer Delegation der Holländisch-Ostindienkompanie erlaubt, bis nach Edo, dem heutigen Tokio, zum Kaiser zu pilgern und ihm mit Geschenken ihre Aufwartung zu machen. An zwei solchen Expeditionen konnte Engelbert Kämpfer als Schiffsarzt und Botaniker der holländischen Kompanie teilnehmen. Er entdeckte den Ginkgo, von den Japanern aus China importiert, und brachte einige Zierkirschen, Magnolien- und Ahornarten nach Holland zurück. Erst im Jahr 1767 gelang es wiederum einem Schiffsarzt in gleicher Weise, einen kurzen Einblick in die japanische Flora zu gewinnen: Carl Thunberg, Schwede und Linné-Schüler, brachte weitere Ahorn-, Kirschen-, Eichen- und Nadelholzarten nach Holland, da er ebenfalls im Dienste der holländischen Kompanie stand. Wieder blieb Japan hermetisch verschlossen, bis 1823 ein bayrischer Augenarzt im Dienste der gleichen Kompanie dank seinem grossen Können in der Behandlung des grauen Stars ins Landesinnere zugelassen wurde: Philipp Franz von Siebold war von 1823 bis 1830 in Deshima tätig. Er legte einen botanischen Garten auf Deshima selbst an, lehrte Chirurgie und Botanik, verfasste eine japanische Flora und brachte die ersten Teesamen nach Java in den botanischen Garten von Buitenzorg. Hiermit begründete er die indonesischen Teekulturen. Nach Holland brachte er japanische Lilien, Chrysanthemen und Pfingstrosen.

Schiffsbau

Mit den europäischen Handelsniederlassungen in Indien und Ostasien einerseits und in Amerika und den karibischen Inseln anderseits entwickelte sich der Schiffsbau rapid. Portugal und Spanien bauten und liessen bauen, Holland baute, England baute und schliesslich auch Frankreich. Die Eichen, das beliebteste Holz für den Schiffsbau, schwanden in Europa dahin. Der Bau einer französischen Fregatte des 18. Jahrhunderts zum Beispiel benötigte zwölfhundert grosse Eichenstämme[1]. Obwohl besondere Wälder für die Marine angelegt wurden, reichte der Holzvorrat bei weitem nicht aus. Nicht zuletzt auch wegen der Bevölkerungszunahme wurde der Holzmangel im 18. Jahrhundert immer fühlbarer. Der Wunsch nach raschwachsendem Holz führte zur Suche nach exotischen Holzarten, da auch die Einfuhr aus dem Norden Europas nicht genügte und in Kriegszeiten erst noch unsicher war.

Neue Holzarten

Englische Seeleute erzählten von Riesenbäumen an der nordamerikanischen Pazifikküste. Auch die Siedler von Virginia hatten gewaltige Wälder vor sich. Schon im 17. Jahrhundert

Galeone und Karracke des 16. Jahrhunderts. Stark vergrössertes Detail eines Kupferstichs aus Theodor de Bry: Kleine Reisen nach morgenländisch Indien, Frankfurt 1605.

Zapfen der Weymuthskiefer

reisten die Tradescants, erst der Vater und dann der Sohn, beide Hofgärtner von Karl I. von England, nach Russland und nach Nordafrika und nach dem neugegründeten Virginien in Nordamerika, um einen regen Pflanzen- und Samenaustausch anzutreiben; sie brachten aus Russland die Lärche, aus Amerika den Tulpenbaum, die Sumpfzypresse, den virginischen Wacholder und die Robinie.

Peter Collinson, ein Londoner Tuchhändler, beauftragte einen jungen Quäker in Philadelphia, John Bartram (1699–1777), Pflanzen und Samen in Nordamerika zu sammeln. Bartram entwickelte sich zu einem unermüdlichen Botaniker. Auf seinen Wanderungen entdeckte er gegen zweihundert neue Arten. Er legte den ersten botanischen Garten in Amerika an und tauschte mit seinem Freund Collinson Samen und Pflanzen aus, der sie an die Herzöge von Richmond, Bedford, Norfolk und den damaligen Prince of Wales in Kew Palace weitergab. So entstanden dort die berühmten Kew Gardens.

1792 führte Kapitän Vancouver auf seiner ‹Discovery› eine grosse Forschungsreise entlang der pazifischen Küste Nordamerikas durch. Sein schottischer Schiffsarzt und Botaniker, Archibald Menzies (1754–1842), beschrieb dabei als erster die Küstensequoie, die Douglasie, die Sitka-Fichte und die verschiedenen Scheinzypressen, welche an dieser Küste wachsen. Erst 1824 aber schickte die englische Horticultural Society David Douglas aus, diese Wunderbäume aufzusuchen. Man hätte keinen Besseren als diesen wackeren Schotten wählen können. Auf drei langen Expeditionen (1825–1834) wanderte er meist allein oder zusammen mit Indianern ungeheure Strecken und trug seine Samen und Zapfen stets selbst, von glühendem Entdeckergeist beseelt, durch Flüsse watend, dazwischen kampierend und Tee trinkend. Er fand die *Douglasie* (Pseudotsuga menziesii), nach ihm und Menzies benannt, eine der grössten ‹Tannen› der Neuen Welt, und auch die übrigen von Menzies beschriebenen Bäume. Ausserdem entdeckte er den *Grossblättrigen Ahorn* (Acer macrophyllum) und etliche Kiefern, u.a. die *Weymuthskiefer* (Pinus strobus).

Der Basler Samuel Braun

Die Reihe der botanisierenden Schiffsärzte weist sogar einen Bürger Basels auf, den Wundarzt Samuel Braun. Er begab sich 1611 auf die Wanderschaft, kam nach Amsterdam, arbeitete längere Zeit bei einem Barbier. Durch seine Kundschaft, die auch Seeleute umfasste, angeregt, kam auch bei ihm die Lust auf, die weite Welt kennenzulernen. Er liess sich als Schiffsarzt auf dem ‹Meermann›, einem holländischen Handelsschiff mit Destination Westafrika, anheuern. Samuel Braun hat einen detaillierten Reisebericht geschrieben unter dem Titel ‹India-

Schiffbruch im Mittelmeer. Aus Sebastian Münster: Geographia universalis. Henric Petri, Basel 1545.

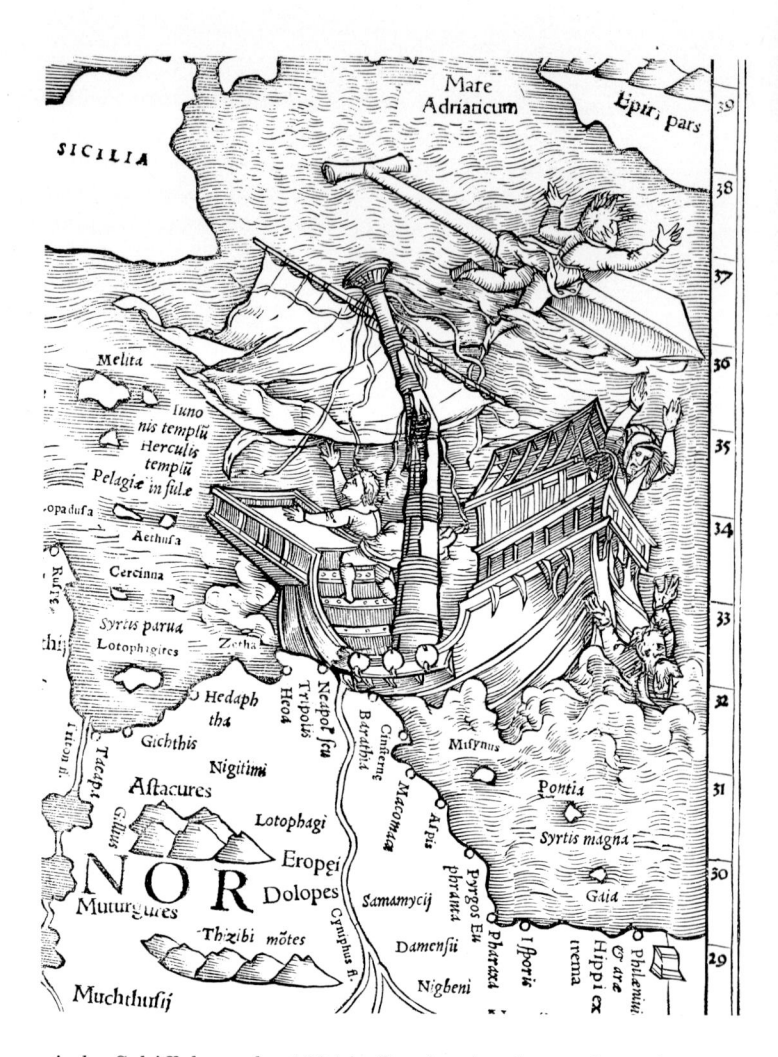

nische Schiffahrt›, der 1624 in Basel gedruckt wurde und grosses Aufsehen erregte. Wir lesen darin: «Maxomba ist das wildeste und unfruchtbarste Ort in gantz Angola: ein thallechtig land voller Wälder und gestrüpp. Die Eynwohner, Mann und Weib, jung und alt lauffen gantz nackend daher, allein seind sie ein wenig bedeckt, sie säyen gantz nichts und haben doch woll zu essen. Bey ihnen wachsen Wurtzeln so gross, alss eines Manns bein am dicksten, welche Wurtzen sie Kasavy nennen, stampffen dieselbige, und dörren sie an der Sonnen, werden so weiss alss das beste Mäl. Wann man den safft von diser noch grünen Wurtzel (welche sie wunderlich auspressen) trincket: so ist er so tödlich, dass ihme kein Gifft mag verglichen werden. Aber gedörret ist es ihr Brodt, und ist gantz süss.»

Mandioka	Bei dieser guten Schilderung handelt es sich eindeutig um *Mandioka* (Manihot esculenta), auch Maniok, Kassava oder Tapioka benannt, eine der ältesten Kulturpflanzen des tropischen Amerika. Bald nach der Entdeckung Amerikas brachten die Portugiesen die Mandiokapflanze nach Afrika in ihre Besitzungen, wo sie gut gedieh und von den Eingeborenen rasch angenommen wurde. Der Maniokanbau breitete sich im tropischen Afrika aus und lieferte eines der wichtigsten Nahrungsmittel.
Palmwein	«In Bansa Lonanga [ebenfalls in Angola] ist das land rings umbher wie ein Paradyss. Sehr köstlicher Wein wachset allda, den die Eynwohner nenen ‹malafa›, wir aber ‹Wein de Palma›. Derselbige köstliche Tranck wirdt gesammlet von Bäumen, welche so hoch seind, als zimliche Tannen, werden von den Schwartzen mit solcher wunderlichen behendigkeit bestiegen alss wann ein Katz auff und ab lieffe. Dise Bäum werden gepflanzet wie die Räben. Da dann alle Jahre die understen äst abgehaven werden, dergestalten dass man auff den knorren hinauff steigen und den safft oben herab auss denen in die Bäum eingesteckten rörlin oder känelin samlen kann: welcher safft in angehengte Häfelin alle Jahr neun monat lang fleusst. Und ist diser safft so lieblich alss der köstlichste Wein, muss aber frisch getruncken werden, dann über zween tag er zu essig wirt. Wann er aber widerumb gesotten wirdt, bekommt er sein flüssigkeit widerumb so gut alss zuvor. Machet fröhlich und starck und bringet kein wehthumb im Haupt wie andere Wein.»

Samuel Braun beschreibt noch, dass die Früchte dieser Palme wie ‹Parillen-Kernen› aussehen und zu Öl gestampft werden, dass sich die Blätter sehr kunstvoll zu allerlei Kleidungsstücken verarbeiten lassen und dass die Frauen auf dem Felde arbeiten müssen. An Früchten sah er Pomeranzen, Lemonen, Zitronen, Bananen und «Annanasah, das allersüsseste Obs».

Auch hier handelt es sich wiederum um eingeführte Pflanzen. Der herrliche Wein kommt von der sogenannten Zuckerpalme. Neben den Kokos- und Dattelpalmen, die ebenfalls Zuckersaft abgeben, könnte auch Arenga pinnata oder Borassus flabellifer, die ‹Toddy-Palme›, gemeint sein.

Samuel Braun überlebte einen Schiffbruch vor Lissabon, pflegte als Wundarzt die holländische Besatzung im Fort Nassau an der Goldküste und überstand insgesamt fünf Schiffsreisen. Nach zehn abenteuerlichen Jahren kehrte er nach Basel zurück, war bald einmal Zunftmeister der Bader- und Wundärztezunft ‹Zum Stern› und Spitalchirurg. Samuel Brauns Werk kann wohl als die erste europäische wissenschaftliche Reisebeschreibung bezeichnet werden. Der Autor beobachtet unvoreingenommen und berichtet sachlich und ohne Animosität den ‹Heiden› gegenüber. Daher sind auch seine botanischen Beobachtungen glaubhaft.

Spanisch Kraut und Türkisch Korn

Schwarzwurzel *(Scorzonera hispanica)*, gelbblühend. Baseldeutsch ‹Storzenääri›.

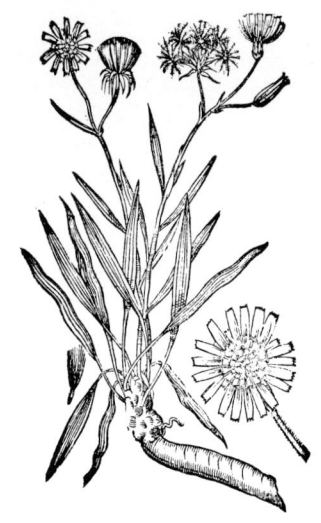

Spanischer Schlangen-Mord.
Scorzonera Hispanica.

Aus der Alten Welt

Nach der Entdeckung Amerikas kamen vom neuen Erdteil unbekannte Gemüse und Früchte in unser Land, welche sofort mit der Bezeichnung ‹Meer-› oder ‹Spanisch› versehen wurden. Die Überquerung des Atlantiks war viel aufregender als diejenige des Mittelmeers. Das Mittelmeer gehörte zum Weltbild des mittelalterlichen Menschen, es lag inmitten seines gewohnten Kulturraumes. ‹Spanisch›, obschon in der Mittelmeerkultur inbegriffen, bedeutete in deutschen Landen zur Zeit Karls V., in dessen Weltreich ‹die Sonne nie unterging›, soviel wie fremdartig, unverständlich, sonderbar. Was die Spanier nun aus der Neuen Welt mitbrachten, war wirklich seltsam und kam den Leuten deshalb ‹spanisch› vor. In ähnlichem Sinn beinhaltete auch der Ausdruck ‹türkisch› den Begriff ‹fremd›, neben der Vorstellung einer Herkunft aus östlichen Ländern (die Türken beherrschten zu jener Zeit das ganze östliche Mittelmeer und Kleinasien sowie den grössten Teil des Balkans).

Unter den Gemüsen, mit welchen Europas Speisezettel zu jener aufregenden Zeit bereichert wurde, befinden sich:

Spinat (Spinacia oleracea), Spenet, Binetsch (englisch ‹spinach›, ‹Hispanisch Kraut›. Die Herkunft ist unbekannt. Leonhard Fuchs schreibt: «Auff Arabisch ‹Hispanach›, das soviel will sagen als Hispanisch Kraut, vielleicht darumb, dass es auf Hispania erstlich ist gebracht worden. Spinat bedarf kein sonders Erdtrich, sondern wechst allenthalben, wirdt auch von jedermann gezilet umb der Kuchen willen wie der Mangoldt.» Wir fügen hinzu, dass er tatsächlich seit der Antike als Blattgemüse bekannt ist.

Schwarzwurzel (Scorzonera hispanica), ‹Spanisch Wurtzel›. Konrad Gessner beschreibt die ‹Storzenääri› als Heilmittel gegen Schlangenbiss; andere Autoren erwähnen Lungenkrankheiten und Verdauungsstörungen. Theodor Zwinger reiht sie in seinem Kräuterbuch unter die Gemüse ein. Im 16. Jahrhundert erschien sie in den Gärten Mittel- und Westeuropas.

Eierfrucht (Solanum melongena), Aubergine, Melanzan (= ‹Mala insana›), Eggplant, ist die einzige Solanazee in Indien, die zur Kulturpflanze entwickelt wurde. Griechen und Römer haben sie noch nicht gekannt. Die Araber brachten sie im frühen Mittelalter nach Nordafrika und Spanien, von wo aus sie sich nach Europa ausbreitete. 1250 nennt sie Albertus Magnus erstmals in seiner medizinischen Pflanzenkunde, Abbildungen und genaue Beschreibungen findet man in den berühmten Kräuterbüchern von Fuchs, Matthiolus, Öllinger (Mitte 16. Jahrhundert).

Zuckermelone (Cucumis melo – nach neuerer Ansicht sollten die Melonen zu einer eigenen Gattung ‹Melo› vereinigt werden, ihr

Indianische Kürbse. Cucurbita Indica.

Melone (*Cucumis melo*); sie wird in alten Büchern teils als ‹Türkisch Cucumer›, teils als ‹Indianische Kürbse› bezeichnet.

wissenschaftlicher Name wäre dann: Melo cantalupa[17]), ‹Türkisch Cucumer›, französisch ‹Cantaloup›. Die Pflanze stammt aus Armenien. Da die Früchte spät reifen, sehr zuckerhaltig und während des Winters gut zu lagern sind, waren sie vorzüglich geeignet zur Verpflegung der Karawanenzüge. Durch diese sind sie offensichtlich bis nach China gelangt. Die Zuckermelonen sind schon auf altägyptischen Abbildungen zu erkennen. Der römische Kaiser Tiberius war ein grosser Liebhaber von Melonen; er liess sie in fahrbaren Kästen aufziehen, die man in die Sonne rücken oder bei Kälte in das Warmhaus retten konnte.

Gurke (Cucumis sativus), französisch ‹concombre›, bei uns ‹Gugummere›. Sie stammt aus den nordindischen Himalajatälern; aus den bitteren Vorläufern ist die heutige Kulturform durch Auswahl herausgezüchtet worden, bei welcher der Bitterstoff nur noch am Fruchtstielansatz bemerkbar ist. Während sie in Indien ausgereift gekocht und als Gemüse gegessen wird, schätzt der Europäer vor allem die unreifen Gurken als Salat oder als Salzgurken.

Die *Wassermelone* (Citrullus lanatus) ist afrikanischen Ursprungs und schon aus der ägyptischen Frühgeschichte bekannt. Von Ägypten verbreitete sie sich nach Westen und Osten über die ganze subtropische und tropische Welt. In Mitteleuropa muss sie, nach den Darstellungen in Kräuterbüchern zu schliessen, schon im frühen 16. Jahrhundert bekannt gewesen sein.

Die *Koloquinte* (Citrullus colocynthis) wurde im Mittelmeerraum angebaut und galt als Heilpflanze und Abführmittel. Adam Lonicerus mahnt in seinem Kräuterbuch, der Koloquint gehöre nur in die Hand des Arztes und nicht in die Hand des Kochs. Leonhard Fuchs hat noch andere Sorgen: «Koloquint ist aber dem Magen über die Massen schedlich, derhalben billich von der Oberkeyt sollten gestraft werden die Landstreicher und andere Küeärzt, welche die Leut mit diser hefftigen Arzney dermassen purgiren, dass ihr vil den Geyst aufgeben. Ja auch vil Prediger, die sich evangelisch nennen, vergessen gantz ihres Beruoffs und richten ihren Jarmarckt auff, geben mehr Arzney aus, dann etwan zween rechtschaffne Ärzt und Doctores. Wollt Gott, dass sie vor der geystlichen und seel artzney, wohl würden der leyblichen vergessen und diselben denen bevelhen, welchen sie auszzuorichten zuosteht.»

Aus der Neuen Welt

Was bisher angeführt wurde, kam vorwiegend aus der ‹türkischen› Welt nach Mitteleuropa; die nun folgenden Gewächse gelangten über den ‹spanischen› Weg zu uns: Der *Spanische Pfeffer* (Capsicum annuum) ist eine einjährige Pflanze, die aus Mittelamerika stammt und zu einem Gewirr von Namen Anlass gegeben hat, die eigenartigerweise alle unzutreffend sind: Chili, poivre d'Indes, pimiento, piment, cayenne, pepper, indianischer Pfeffer, Paprika. In Amerika wird er mit ‹Chili› bezeichnet, weil man wie einst die Spanier der Meinung war, er stamme aus Chile. Die Franzosen nannten ihn ‹poivre d'Indes›, was zur Verwechslung mit dem richtigen indischen Pfeffer führt, oder ‹Cayenne›, was unzutreffend ist, weil Guayana nicht sein Ursprungsland ist. Die Ausdrücke pepper, piment, pimiento und indianischer Pfeffer sind insofern irreführend, als es sich nicht um ein eigentliches Pfeffergewächs (Familie Piperazeen) handelt, sondern um eine Gattung aus der Familie der Solanazeen. Indisch und indianisch war damals gleichbedeutend, was mit der Vorstellung von Kolumbus zusammenhängt, Indien auf dem westlichen Weg erreicht zu haben; im späteren Sprachgebrauch hat diese Ungenauigkeit zu vielen Verwechslungen geführt. – Als die Spanier diese neue Gewürzpflanze kennenlernten, sahen sie sofort die Möglichkeit, den indischen Pfeffer zu konkurrenzieren. So brachten sie diesen ‹Spanischen Pfeffer› nach Spanien zur Aufzucht. Er fand Anklang bei den Mittelmeervölkern, wurde von ihnen angebaut und geriet später bis nach Ungarn, weil er auch in gemässigt warmem Klima gut gedeiht. Dort erhielt er den heute bei uns gebräuchlichen Namen *Paprika*. – Bei Leonhard Fuchs sind 1543 bereits drei Arten beschrieben und abgebildet: Schmaler, Langer, Breiter indianischer Pfeffer. Aus den kleinkapsligen, scharfen Paprikagewächsen wurde in neuerer Zeit auch eine ‹süsse›, fleischige, grosse Fruchtkapsel herausgezüchtet: die bekannten ‹Peperoni›.

Topinambur (Helianthus tuberosus), Knollen-Sonnenblume, indianische Erdbirne. Wie die gewöhnliche einjährige Sonnenblume kam auch diese essbare im 16. Jahrhundert aus Nordamerika zu uns. Die Pflanze ist mehrjährig, blüht wie die einjährige, jedoch mit kleineren Blütenköpfen. Sie bildet überwinternde essbare Wurzelknollen, die denjenigen der Kartoffeln ähnlich sind. Seit 1616 wurde Topinambur in der Schweiz angebaut, so auch in Basel; 1912 fand der Botaniker Hermann Christ verwilderte Exemplare zwischen Riehen und Grenzach und beim Riehemer ‹Pfaffenloh›.

Gartenbohne

Die *Gartenbohne* (Phaseolus vulgaris) gelangte auf den spanischen Galeonen nach Europa. Erst 1540 gelang ihre Aufzucht auf europäischem Boden. Kaspar Bauhin nennt sie in seiner ‹Phytopinax› ‹Phasioli nigri›, schwarze Bohnen, woraus ersichtlich ist, dass die Spanier unter den vielen Bohnenarten eine frühe, primitive Sorte erwischt hatten, die leicht aufspringende Schoten und schwarze Samen aufwies. Bei den südamerikanischen Indios wurden solche schwarzen Bohnen herausgesucht und dem Federvieh verfüttert. In Europa begegnete man den neuen Bohnen mit Misstrauen, wie die Bemerkungen des Frankfurter Botanikers und Arztes Adam Lonitzer noch 1679 zum Ausdruck bringen: «Bohnen blähen den Bauch, sind schwerlich zu verdauen, gehören allein für arbeitende Leuth, sie machen schwere Träume und grob Geblüth.»

Links: Königskerzen *(Verbascum densiflorum)* am Schaffhauserrheinweg.

Rechts: Ziertabak *(Nicotiana × sanderae)*, Zuchtprodukt aus wilden Tabakarten.

Unten: Früchte des Stechapfels *(Datura stramonium)*.

Trommel des 1677 von Balthasar Hüglin geschaffenen Caritasbrunnens im Hof des Bürgerlichen Waisenhauses, Theodorskirchplatz 7.

Die *Feuerbohne* (Phaseolus coccineus), ‹türkische Bohne›, stammt trotz ihrem Beinamen ‹türkisch› aus Zentralamerika. Sie fand wegen ihrer raschen Wüchsigkeit, der leuchtendroten Blüten und bunten Bohnen seit 1630 ihren Platz in den Ziergärten und Lauben.

Ein weiterer ‹falscher Türke› ist der *Mais;* wir widmen ihm einen eigenen Abschnitt (siehe S. 106). Daran anschliessend besprechen wir zwei weitere wichtige Kulturpflanzen, die uns von den Spaniern gebracht worden sind: die Kartoffel und die Tomate.

Erdnuss

Die *Erdnuss* (Arachis hypogaea), ‹spanische Nüsslein›, englisch ‹peanut›, französisch ‹arachide› oder ‹cacahouètes›, hat ihre Heimat in Südamerika, speziell Südbrasilien, Paraguay und Südbolivien. Bei den Arawak- und Guarani-Indios, die dieses Gebiet bewohnten, war die Erdnuss – wie Gräberfunde belegen – schon vor zweitausend Jahren eine Kulturpflanze. Erstaunlich ist dabei, dass die ‹Nüsse› in jener Zeit zwei- bis dreimal grösser waren, als wir sie heute kennen; offenbar ist diese Eigenschaft verlorengegangen. Die Spanier brachten von ihren Entdekkungsreisen Samen mit, doch hatten sie eine niederliegende Sorte erwischt (‹Virginiatyp›), die in den kurzen und weniger warmen europäischen Sommern schlecht gedieh. Erst Ende des 17. Jahrhunderts versuchten sie es mit einer buschigen, früher reifen Sorte. Weil der damalige Erzbischof von Valencia ihre Nützlichkeit erkannte und den Anbau förderte, wird diese Sorte unter Pflanzern noch immer ‹Valenciatyp› genannt. – Es ist eigenartig, wie spät die Erdnüsse die Welt erobert haben. Erst um die letzte Jahrhundertwende begannen sie sich im Welthandel einen Namen zu schaffen. Nordamerika und Afrika wurden zu den wichtigsten Kultur- und Ausfuhrländern. Auch in Indien und China werden sie angebaut. Dabei ist die Eigenart ihres Wachstums bemerkenswert: Die Blüten befruchten sich durch Selbstbestäubung. Sobald dies geschehen ist, bildet der Fruchtknoten einen Stiel, der sich, rasch wachsend, in den Boden bohrt und in der Erde die Frucht entwickelt.

Mais, Kartoffel und Tomate

Mais

Mais (Zea mays) aus Mittel- und Südamerika, englisch ‹Indian corn›, französisch ‹maïs›, ‹Türkisch Korn› im deutschen Sprachgebiet genannt. Im Reisebericht des Christoph Kolumbus steht zu lesen, dass im November 1492 die ersten Europäer die Maispflanze kennenlernten. Kolumbus hatte nach seiner Landung in Kuba zwei Späher vorausgeschickt. Diese berichteten von der Maispflanze, und bereits ein Jahr darauf reisten die ersten Maiskörner auf dem Rückkehrerschiff nach Spanien. Hieronymus Bock beschreibt als erster in seinem 1539 gedruckten Kräuterbuch dieses neue Gewächs. Im Kräuterbuch von Leonhard Fuchs erscheint die erste Abbildung mit der bezeichnung ‹Turcicium frumentum›. Fuchs hatte sein Wissen aus dem in Basel 1537 erschienenen lateinischen Pflanzenwerk ‹De natura stirpium› des französischen Botanikers und Leibarztes von Franz I., Ruellius. Darin wird die Pflanze fälschlicherweise ‹Türkisch Korn› genannt in der Annahme, sie stamme aus Kleinasien. Erst spätere Autoren, Joachim Camerarius aus Nürnberg 1590 und der Regensburger Apotheker Wilhelm Weinmann meldeten, der Mais komme aus «India, so gen Mitternacht liegt». Vielleicht wegen ihres imposanten, ornamentalen Aussehens machte die Pflanze ihr Début in den Ziergärten Europas und wanderte erst im 17. Jahrhundert auf die Felder, um als Nahrung für Mensch und Vieh zu dienen. Diesen Erfolg verdankte der Mais der Kartoffelkrankheit. 1737 schliesslich gab Linné ihm seinen endgültigen Namen Zea (Zeia = Getreideart) und mays (aus dem indianisch-karibischen Wort ‹mahis›).

Kartoffel

Kartoffel (Solanum tuberosum), ein Nachtschattengewächs, wobei der Artname ‹tuberosus› soviel wie voller Buckel, knollig bedeutet. Ihre Heimat ist das westliche, gebirgige Südamerika, das heisst von Peru bis Chile. Die Inkas hatten die Wildkartoffel bereits veredelt, so dass die Leute Pizzaros in Peru auf schon weit entwickelte Zuchtkartoffeln stiessen. Möglicherweise wilde Formen der Kartoffel wurden später noch von Darwin und auch Humboldt auf der chilenischen Insel Chiloë angetroffen und beschrieben. Diese Insel wurde stets von den grossen Segelschiffen der Kap-Hoorn-Route zur Verproviantierung mit Kartoffeln angelaufen. Kaspar Bauhin war der erste Botaniker, der die in Europa neu eingeführte Kartoffel lateinisch benannt und genau beschrieben hat. In seiner ‹Phytopinax› (1596) gibt er der Kartoffel ihren noch heute gültigen Namen Solanum tuberosum und schreibt dazu: «Die Italiener essen sie gerne und nennen die Knollen ‹tartuffoli›, auch pflegen die Leute im Burgund die Wurzelknollen entweder in Asche zu braten oder gekocht zu essen.» Der Ausdruck ‹Kartoffel› leitet sich offen-

Erste Abbildungen der Kartoffel.
Aus Kaspar Bauhins ‹Phytopinax›.

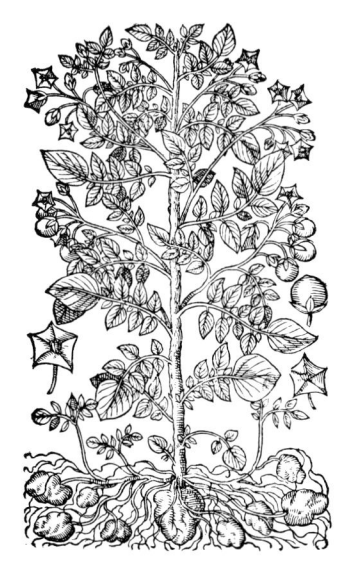

* VII. SOLANVM TVBE-
rofum efculentum. *

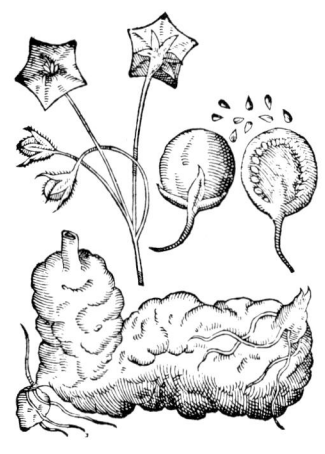

* SOLANI TVBEROSI RA-
dix & fructus. *

Kartoffel in Basel

sichtlich vom italienischen ‹tartufolo› her. – Der Basler Arzt Emanuel König bezeichnet in seinem ‹Hausväterbuch der Schweiz› (1705) die Kartoffel als ‹Erdapfel›. Die Baselbieter erfanden im 18. Jahrhundert eine andere Methode als die Burgunder, die Kartoffeln zu geniessen. Einer der ungarischen Grafen Teleki, der als Student um 1760 die Basler Universität besuchte, gibt in seinem Tagebuch folgende Geschichte zum besten: «Als der Rat der Stadt Basel den ‹Untertanen› auf der Landschaft das Kaffeetrinken verbieten wollte, erklärten die Bauern, dies Verbot gehe sie nichts an, da sie den Kaffee ‹ässen›. Sie pflegten ihn nämlich mit Milch, Brot oder Erdäpfeln zu kochen und diese Suppe mit dem Löffel zu essen.»

Offenbar sind die Kartoffeln auf ganz verschiedenen Wegen in die Länder unseres Kontinentes gelangt. Die ersten kamen zwar auf spanischen Schiffen; da aber die Schiffsmannschaften wie eh und je aus aller Herren Ländern zusammengewürfelt waren, geriet Handelsware unter der Hand bald auch in die Heimatländer der Matrosen. Der Botaniker Carolus Clusius erhielt Kartoffeln 1588 aus Belgien und pflanzte sie im botanischen Garten der Universität Leiden (Holland), wo er als Professor wirkte. Der englische Seefahrer John Hawkins, ein Mitbesieger der spanischen Armada, brachte 1565 die Kartoffel aus Peru nach Irland, wo sie sich zur Nationalspeise entwickelte, bis zur Zeit der verheerenden Kartoffelseuche. Nach Aussage Bauhins hatte sie in England den Namen ‹Potatoes of Verginea› erhalten, weil sie aus der neuweltlichen Kolonie Virginia nach England gekommen sein soll. Der andere berühmte Sieger über die Armada, Francis Drake, soll der Überbringer gewesen sein.

In Deutschland und der Schweiz ist die Kartoffel als Nahrungsmittel vorerst auf grösstes Misstrauen der Bauern gestossen. Es brauchte schon Missernten und Hungersnot, bevor sie die uns heute vertraute allgemeine Verbreitung fand. Erst Mitte des 18. Jahrhunderts hatte die Kartoffel endgültig die Äcker in Basels Umgebung erobert und wurde bei uns ‹Härdepfel› genannt, während sie im Wiesental zur ‹Grundbiire›, im Elsass zur ‹Grumpiire› wurde.

Wir finden sie beispielsweise in der folgenden Chroniknotiz erwähnt: «Den 20. Dezember 1759: Ein barmhertzige Societät hat denen Armen zu Gutem von Brod, *Ärdäpfel,* Erbsen, Reis, Gersten, Hürs [Hirse], weisse und gelbe Rüben und Butter untereinander kochen lassen und in Commission durch Meister Thomas Widler, Seidenweber, auf ein Mensch gratis Portionenweis ausgetheilet.» (Im Schatten unserer gnädigen Herren. Aufzeichnungen des Johann Heinrich Bieler, Basler Überreiter 1720–1772. Herausgegeben von Paul Koelner, Basel 1930.)

Tomate

Tomate (Lycopersicon esculentum), ‹Liebesapfel›, ‹Goldapfel›, italienisch ‹pomodoro›, englisch ‹tomato›, französisch ‹tomate›. Die Tomate gehört ebenfalls in die Familie der Nachtschattengewächse; sie stammt aus Mittel- und Südamerika. Wie bei der Kartoffel, hatten die Spanier bei ihrem Eindringen in den südamerikanischen Kontinent bereits hochentwickelte Kulturformen der Tomate vorgefunden und zurückgebracht. Kaspar Bauhin erwähnt in seinen Schriften, er habe Samen von ‹Poma aurea› erhalten. Später taucht bei ihm auch die Bezeichnung ‹Tumatle Americanorum› auf, von anderen Botanikern wird die Tomate ‹peruanischer Apfel› genannt. K. Gessner (1561) führt sie ebenfalls auf, unter dem Namen ‹Goldapfel› oder ‹Liebesapfel› oder ‹Apfel der anderen Welt› (‹Pomum de altero mundo›). Er sagt ferner: «Die Frucht ist fast geruchlos und nicht unangenehm zu essen, auch nicht schädlich ... Der Goldapfel wächst bei uns leicht und reift die Frucht frühzeitig. Er liebt es begossen zu werden und hat einen fetten Boden gern, kommt in Beeten und Geschirren.»

Auch die Tomate begann ihre Laufbahn in den Ziergärten. Die Gärtner arrangierten sie mit ihren (wohl noch kleinen) Früchten in ‹Bouquetten›. In Basel sollen die Liebes- oder Paradiesäpfel nebst den Artischocken mit den Refugianten, wie man die geflüchteten Hugenotten nannte, eingezogen sein. Johann Bauhin, Bruder des oben erwähnten Kaspar, der ja auch ein Refugiantensohn war, stand den Tomaten wie auch den Gurken eher abweisend gegenüber. Er nannte die Tomaten ‹goldene Äpfel von stinkendem Geruch›, und von den Gurken sagte er: «Die ganze Pflanze atmet einen unheimlichen Geist.»

Pulver und Wurzen als Heilmittel

Alraun *(Mandragora officinarum)*, in dessen Wurzeln unsere Vorfahren ‹Männlein› und ‹Weiblein› hineindeuteten; blüht blau.

Alraune Männlein. Mandrogora mas.

Alraune Weiblein. Mandragora foemina.

‹Geisseln Gottes› (Peitsche = Sinnbild für schwere Heimsuchung) waren im Mittelalter die periodisch auftretenden schrecklichen Seuchen und andere Krankheiten, die die Menschen dahinrafften: der Schwarze Tod (Pest), der Aussatz (Lepra) – so genannt, weil man die Kranken aussetzte, in Leprosorien absonderte, die einst ‹Lazarushäuser› hiessen, in Basel ‹Siechenhaus› –, das ‹Antoniusfeuer› (Vergiftung durch den Mutterkornpilz), die Cholera, die Pocken, der Skorbut und die Malaria. Den von Kreuzzügen Heimkehrenden müssen etliche solcher ‹Geisseln Gottes› zur Last gelegt werden. Da waren die Schriften der griechischen und arabischen Ärzte mit ihrer Kenntnis der orientalischen Krankheiten wieder von grossem Interesse.

Gegen die Pest wurden im allgemeinen folgende Räuchermittel verwendet: *Wacholder* (Juniperus communis), *Sadebaum* (Juniperus sabina), der heute im Wallis noch wildwachsende Sefi, *Weihrauch* (Boswellia carteri) und das Harz des *Mastixbaums* (Pistacia lentiscus). Als Riechmittel gegen die Pest gab es die ‹Bisamäpfel›, kleine durchbrochene Kugeln als Schmuckstücke, in welche Körner des *Bisameibisch* (Hibiscus abelmoschus) eingeschlossen wurden. Auch Nasensäcke, mit Essig getränkt und mit Gewürznelken, Zimt, Kampfer und Safran gefüllt, sollten vor Ansteckung schützen, oder man griff zur *Raute* (Ruta graveolens), einer starken Duftpflanze. Als weiterer Schutz wurde das ‹Pestwasser› empfohlen, das einundzwanzig Pflanzen enthielt. Unser heutiges ‹Kölnischwasser› ist ein Nachfahre dieses Pestwassers. Aus Italien kam sodann als Allerheilmittel der ‹venezianische Sirup›. Er basierte auf einem in Venedig hergestellten Grundrezept für den berühmten *Theriak* (Electuarium theriacale). Diese geheime Kräutermischung, an welche während Jahrhunderten blindlings geglaubt wurde, soll auf Mithridates VII., den grossen König der Parther (123–63 v. Chr.) zurückgehen, der sich mit seiner reichen Kenntnis der Kräuter gegen Vergiftung durch Feinde zu schützen suchte. Der Theriak wurde im Hof der Medizinschule von Padua einmal jährlich unter grossem Pomp hergestellt. Er setzte sich aus ungefähr hundert verschiedenen Kräutern zusammen, worunter auch Opium. Mit den vielen Warenzügen aus Italien wanderten Theriakhändler über die Pässe nach Norden und verkauften den kostbaren Saft auch in Basel auf dem Marktplatz.

Der *Alraun* (Mandragora officinarum) war eines der ältesten und geheimnisvollsten Mittel. Alraun gehört zu den Solanazeen (Nachtschattengewächsen) und wächst wild in Spanien, Italien, Griechenland und der Türkei. Dioskorid empfahl, die Wurzelrinde des Alrauns mit Wein denen zu geben, die operiert oder

Raute *(Ruta graveolens)*, ‹Vorlage› für die steinernen gotischen Kreuzblumen (Photo H. P. Rieder).

gebrannt werden müssten, weil sie, ohne Schmerzen zu verspüren, in todesähnlichen Schlaf verfallen. L. Fuchs warnt vor zu grosser Dosis und rät, nur an der Wurzel oder der Frucht zu riechen. Der Alraun war natürlich eine Theriakwurzel. Die drei Verwendungen als Anästhetikum, Hypnotikum und Aphrodisiakum waren schon Hildegard von Bingen bekannt. Das Basler Pharmaziemuseum besitzt ein stattliches Exemplar.

Gegen Lepra diente der *Eisenhut* (Aconitum napellus). Zur Erleichterung der Bevölkerung nahm diese Krankheit nach dem 14. Jahrhundert stetig ab, bis sie im 17. Jahrhundert fast völlig aus Europa verschwunden war.

Das ‹Antoniusfeuer› haben wir schon in einem früheren Kapitel erwähnt (siehe S. 22).

Die Cholera, die aus Indien eingeschleppt worden war, versuchte man ebenfalls mit Theriak zu bannen. Den periodisch auftretenden Pocken stand die Bevölkerung hilflos gegenüber. Die Ärzte erkannten zwar den ansteckenden Charakter dieser Seuche, konnten aber in Unkenntnis der Ursache nur hygienische Massnahmen anordnen, um nach Möglichkeit die Gesunden zu schützen. Daher suchte man Hilfe bei der Natur und nutzte die schützenden und stärkenden Säfte vieler Pflanzen, und man versteht deshalb auch das grosse Interesse, welches die Ärzte der Pflanzenheilkunde entgegenbrachten.

Malaria

Die Malaria, auch Wechselfieber oder Sumpffieber genannt, trat im Mittelalter nicht nur in tropischen Gebieten auf, sondern war vereinzelt bis nach Nordeuropa verbreitet, zum Beispiel in den sumpfigen Gebieten von Holland bis nach Finnland. Erst Mitte des 17. Jahrhunderts beobachteten französische Jesuitenpater in Peru bei den Indios die Verwendung der Chinarinde gegen das Fieber. Daraufhin wurde der Botaniker Joseph de Jussieu 1678 von Ludwig XIV. ausgeschickt, um die Herkunft dieser Rinde abzuklären. Er fand Wälder, in denen der *Chinarindenbaum* (Cinchona officinalis) verbreitet war und aus welchem das fiebersenkende Chinin gewonnen wird. Der Name hat nichts mit China zu tun, sondern leitet sich her von der Gräfin del Chinchon, Gattin des spanischen Vizekönigs von Peru, die mit dieser Rinde gerettet worden war.

Skorbut

Eine schreckliche Plage war der Skorbut oder ‹Scharbock›, eine Krankheit, die durch Mangel an Vitamin C hervorgerufen wird und vor allem auf langen Seereisen ihre Opfer forderte. Aber auch die Landbevölkerung hatte darunter zu leiden, wenn Frischgemüse oder Obst Mangelware waren. Schon 1557 empfahl ein Brabanter Arzt, Johann Wier, das *Löffelkraut* (Cochlearia officinalis), welches tatsächlich reich an Ascorbinsäure ist und in grossen Mengen an der atlantischen Küste wächst. In

Löffelkraut (*Cochlearia officinalis*), weissblühend.

Löffel-Kraut. Cochlearia.

unserer Gegend diente demselben Zweck das *Scharbockskraut* (Ranunculus ficaria); das Wort ‹Scharbock› ist im Volksmund aus Skorbut entstanden. Interessanterweise figuriert das Kraut mit vielen anderen, deutlich bestimmbaren Pflanzen auf dem berühmten Genter Altarbild auf der Wiese der Märtyrer. Es wurde auch als Heilpflaster auf blutende Wunden empfohlen. Dementsprechend malte es der Künstler symbolisch für die Wunden der Märtyrer diesen zu Füssen.

Tollwut versuchte man mit den Wurzeln der *Hundsrose* (Rosa canina) zu heilen. Diese schöne einheimische Wildrose zählt heute noch mit Recht zu den Heilpflanzen. Am besten wirkt sie aber gegen Skorbut, weil ihre leuchtendroten Früchte, die Hagebutten, das wichtige Vitamin C reichlich enthalten. Ein anderer Heilversuch bestand im Auflegen von Blättern des *Wegerichs* (Plantago major) oder des *Holunders* (Sambucus nigra). Auch die Blätter der *Grossen Klette* (Arctium lappa), zerstossen und mit Salz vermischt, wurden für diesen Zweck verwendet. Gegen giftige Bisse ganz allgemein und speziell die des wütenden Hundes dienten ferner die *Schwalbenwurz* (Vincetoxicum hirundinaria) und sogar gebratene *Kastanien* (Castanea sativa), «zerstossen, mit Honig und Salz übergelegt», oder auch *«Nusskernen,* von einem nüchternen Menschen gekäuet und übergestrichen» heilen nach Leonhard Fuchs den Biss.

Epilepsie

Das ‹Fallende Weh› (Epilepsie) muss, aus der langen Liste der Mittel zu schliessen, ein verbreitetes Übel gewesen sein. Galen empfahl, die Wurzel der *Päonie* (Paeonia officinalis) am Hals zu tragen. *Anissamen* (Pimpinella anisum), in der Hand gehalten, sollen Anfälle kupieren. *Lerchensporn* (Corydalis cava) wird nicht nur für Fallendes Weh, sondern auch gegen Schlangenbiss, Pestilenz, und Krämpfe empfohlen. Absud von *Maierysli* (Convallaria majalis), und zwar von der ganzen Pflanze, kam gegen Schwindel, Ohnmacht und ‹Fallende Sucht› zur Anwendung; auch die jungen Blütendolden der *Waldrebe* (Clematis vitalba), der Niele also, sollen gleichermassen wirken. Ein Quentlein zerstossener Wurzel der *Zaunrübe* (Bryonia dioica), hin und wieder eingenommen, soll ebenfalls den ‹Dämon der Krankheit› abtöten, ein in Anbetracht der hohen Giftigkeit der Wurzelknolle sehr risikoreiches Unterfangen. Die *Christrose* (Helleborus niger) galt als bekanntestes Mittel gegen Tollwut, Wahnwitz und Fallendes Weh. In einem Gedicht von Cocteau kommt dieser Glaube so zum Ausdruck:

«Me guérisse l'hellébore,
fleur qui rend sages les fous.»

Alle Nieswurzen waren drastische Purgiermittel; ihre Wurzeln (bei der Christrose sind sie schwarz, deshalb die Benennung ‹niger› (= schwarz) sind sehr giftig. Mit der *Stinkenden Nieswurz* (Helleborus foetidus), deren ganze Pflanze giftig ist, vertrieb man Würmer und Läuse.

Syphilis	Die ‹*Lustseuche*› (Syphilis oder Lues) war Ende des 15. Jahrhunderts durch Söldner aus Frankreich auch in Basel eingeschleppt worden, weshalb sie bald Franzosenkrankheit, ‹Morbus gallicus›, hiess. Ulrich von Huttens Buch über den Gebrauch des Guaiakholzes wurde 1519 in Basel gedruckt. Aus dem Holz des *Guaiakbaums* (Guaiacum officinale) lässt sich ein Harz gewinnen, welches als Gegengift verabreicht wurde. Der Guaiakbaum wächst in Mittelamerika und liefert ausserdem das härteste Holz, das wir kennen; es war deshalb auch als Drechselholz und für kunsthandwerkliche Arbeiten in Europa ausserordentlich geschätzt.
Benennung der Pflanzen	Die deutschen Pflanzennamen entstanden einerseits durch Übersetzung aus den lateinischen, griechischen oder arabischen Namen, wenn die Pflanzen durch die Herbalien von Plinius, Dioskorid oder Avicenna überliefert wurden. Die mittelalterlichen Botaniker anderseits erweiterten die Artenkenntnisse und benannten ihre neuen Pflanzen nach Aussehen, speziellen Eigenschaften oder sie übernahmen schon bestehende Namen aus der mündlich überlieferten Sagenwelt des Volkes. Aus diesem Bereich stammen etwa die Pflanzen mit dem Namenbestandteil ‹Frau›. Im Volk wurden rätselhaft wirkende Pflanzen aus Ehrfurcht vor einer unbekannten Kraft, die in ihnen stecken konnte, mit dem Beiwort Frau bezeichnet (Frauenschuh, Frauenhaar, Frauenmantel, Frauenkraut, Frauenveiel). Hinter all diesen Frauen steckt die Mutter Gottes, deren Schutz man erhoffte, um das Ungewisse, Gefährliche zu bannen.
Klassierung der Pflanzen	Die Einteilung (Klassifikation) der Pflanzen stellte die Gelehrten vor grosse Probleme. Die ersten botanischen Handschriften waren alphabetisch geordnet. Mit der Übersetzung in eine andere Sprache geriet die Ordnung aber sofort durcheinander. Aristoteles hatte seine Gewächse in Bäume, Bäumchen, Sträucher, Stauden und Kräuter eingeteilt. Aus dem lateinischen Wort für Kräuter, ‹herbae›, wurde der Ausdruck ‹herbarium› für Pflanzensammlungen abgeleitet. Das Bedürfnis, die Geheimnisse der Natur zu enträtseln, sich in ihr auszukennen und eine sinnvolle, zusammenhängende Ordnung zu schaffen, veranlasste die frühen Ärzte, die ‹Signaturenlehre› aufzustellen:
Signaturenlehre	Die mittelalterliche Heilkunst setzte sich aus griechischer, römischer und arabischer Naturforschung, mystischen Überlieferungen und Volksheilmitteln zusammen. Die Natur wurde aus der Perspektive der damals bekannten Welt gedeutet, Wissen nicht von Glauben getrennt. Reben oder Rosen, die aus Gräbern wuchsen – gemeint war aus dem Mund der Toten –, bezeugten die Unsterblichkeit. Die Pflanzen machten das neue Leben sichtbar und enthielten somit besondere Kräfte. Die Erdbeeren galten als Nahrung für die Seelen verstorbener Kinder – als ‹Speise der Seligen›. Die heilenden Kräfte in der Pflanze

wurden dem Menschen durch äussere Kennzeichen offenbar. Er konnte durch genaues Betrachten und Meditieren das ‹Signum› (Zeichen), mit dem Gott die Pflanze ausgestattet hatte, erkennen und deuten. Dabei kam es auf Form- und Farbvergleiche an. Pflanzen mit nierenförmigen Blättern heilten Nierenleiden. Der gelbe Safran half bei Gelbsucht. Der arabische Arzt Avicenna gab pfundweise rote Rosenblätter, in Honig eingekocht, gegen Blutspeien (Tuberkulose). Das *Johanniskraut* (Hypericum perforatum) mit seinen lanzettförmigen, durchlöchert scheinenden Blättern, wies auf Heilungen bei äusseren Verletzungen hin. Der Blütenboden scheidet durch Zerdrücken einen roten Saft ab, was auf Blut deutete. So wandte man das Kraut auch bei inneren Blutungen an.

Pflanzenbücher

Im 15. Jahrhundert verhalf die Kunst des Buchdrucks zur Verbreitung der Heilkunde. Die Kenntnisse der orientalischen Ärzte, durch die Mauren in Spanien verbreitet, die Erfahrungen, welche die Kreuzritter mitgebracht hatten, die alte gesammelte Wissenschaft aus den Klöstern und die neuen Beobachtungen der missionierenden und gleichzeitig naturwissenschaftlich tätigen Jesuiten ergaben ein reiches Material, das in die vielen entstehenden Kräuterbücher Eingang fand. Es entstanden Werke, die alle bekannten Heil- und Nutzpflanzen enthielten, samt Beschreibungen und medizinischen Anwendungen und meistens mit Illustrationen versehen. Sie dienten den Ärzten und Apothekern bald als unentbehrliche Nachschlagewerke. Neben den brauchbaren Heilkräutern schossen in den Herbalien (Pflanzenbücher) viele abenteuerliche Vorstellungen von Heilwirkung auf; auch Sterndeutung und Zahlenmystik fanden darin neben der Signatur Platz.

Die vielen ausländischen Heilpflanzen, die Hildegard von Bingen in ihrer Heilmittellehre, der ‹Physica›, zusammenfasst, veranschaulichen recht deutlich, wie gross der Austausch mit östlichen Klöstern bis zur Zeit der Türkeneinfälle gewesen war. Sie nennt: Aloe, Balsam, Kampfer, Cibebe, Zimt, Galgant, Gewürznelke, Süssholz, Myrrhe, Muskatnuss, Pfeffer, Storax, Weihrauch, Zuckerrohr, Zitrone, Dattel, Mastix, Alraun, Baumwolle, Ölbaum und Zypresse, *Kreuzdorn* (Paliurus spinachristi), *Purgierwinde* (Convolvulus scammonia) und Narde. Sieht man die vielen Gewürze, welche sie für ihre Rezepte beschreibt, aufgezählt, so versteht man leicht, dass die ‹simplices› (die Basispflanzen der Rezepte) auch ‹appetites› hiessen. Diese ‹biblischen› Heilmittel stammten aus der arabischen Arzneikunde; sie kamen durch den Levantehandel für teures Geld in die deutschen Lande.

Apothekerpflanzen

Weitere ‹Ausländer›, die sich heute längst eingebürgert haben, waren früher auf die Apotheken beschränkt:
Der *Rhabarber* (Rheum undulatum und Rheum tataricum) kam von Südrussland bis China vor. Marco Polo lernte ihn in China kennen. Von Rheum raponticum wurden die Wurzeln als Abführmittel gegessen. Die Blattstiele von Rheum rhabarba-

113

rum ass man als Kompott, die Wurzeln wurden als Abführmittel oder gegen Magen-Darm-Katarrh angewendet. Die Russen besassen das Handelsmonopol für Rhabarber. Um 1870 erst begannen die Basler selbst Rhabarber anzupflanzen.

Der *Wunderbaum* (Ricinus communis), ‹Palma Christi›, stammt vermutlich aus Ostafrika. Die Ägypter kannten den Strauch schon vor sechstausend Jahren; in ihren Gräbern wurden Rizinussamen gefunden. Sie nannten das Rizinusöl ‹kiki›. Auch Dioskorid und Plinius schreiben im 1. Jahrhundert über das ‹oleum cicinum›. Im Kräuterbuch von Leonhard Fuchs ist der Wunderbaum schön abgebildet mit dem Kommentar: «Ein frembd Gewechs, neulich in unser Land kommen, würdt nun fast allenthalben in Gärten gepflanzt von dem Samen.» Sein Öl wurde von alters her nicht nur als Purgiermittel, sondern auch als Lampenöl verwendet, ganz abgesehen davon, dass er auch als Zierpflanze erfreute. Die Pressrückstände sind sehr giftig, im Gegensatz zum reinen Öl.

Der *Koriander* (Coriandrum sativum) kam aus Nordafrika und Westasien. Seinen Namen aus ‹Koris›, griechisch für Wanze, bekam er wegen seines wanzenartigen Geruchs. Bei den Botanikern des Altertums wird er als wichtige Heilpflanze angesehen. Im ‹Gart der Gesundheit›, von Peter Schoeffer und Gutenberg 1484 in Mainz herausgegeben, steht zu lesen: «Der Saft von Koriander stillt Nasenbluten, wenn vermischt mit Veilchen bewältigt er die Trunkenheit.» Bei L. Fuchs lernt man weitere Vorteile kennen: «Koriandersamen in süssen Weyn getrunken tödtet die Würm», man soll ihn jedoch sparsam einnehmen, «dann er machet doll und unsinnig.» Dafür bewahrt er das Fleisch in der Küche vor rascher Fäulnis und Maden, wenn es mit Essig und gestossenen Koriandersamen eingerieben wird.

Der *Mohn* (Papaver somniferum), dessen Heimat im östlichen Mittelmeergebiet liegt, verbreitete sich von dort nach Indien wie auch westwärts nach Süd- und Mitteleuropa. In Deutschland bekam er die Namen ‹Magsamen› und ‹Gartenmohn›. Es gab weisse, rosa und gefüllte Varianten, welche zu beliebten Zierblumen wurden. K. Gessner schreibt: «Der Garten-Magsom, den man in der Speis braucht mit weisser Blüte und weissen Samen, wird von unseren Apothekern gesät.» L. Fuchs warnt eindringlich: «Wo der Magsamen nitt in gebürlicher Mass würdt gebraucht und yngenommen, bringt er mercklichen Schaden, ja tödtet auch.» Opium wurde schon im Altertum als Betäubungsmittel bei chirurgischen Eingriffen angewandt. Ausserdem wissen wir, dass es dem Theriak beigefügt wurde. Der Basler Arzt Theodor Zwinger schreibt ganz gelassen in seinem ‹Theatrum botanicum› (1696): «Ein Sirup aus Samenkapseln der Mohngewächse bringt dem Menschen den Schlaf wiederumb.» Im Gegensatz zu der Opium enthaltenden Milch aus den noch grünen Mohnkapseln ist das Mohnsamenöl aus dem reifen Samen gänzlich opiumfrei und als Speiseöl brauchbar.

Das *Süssholz* (Glycyrrhiza glabra), aus dem der ‹Bääredrägg›.

Süssholz *(Glyzyrrhiza glabra)*, violett-weisse Blüte.

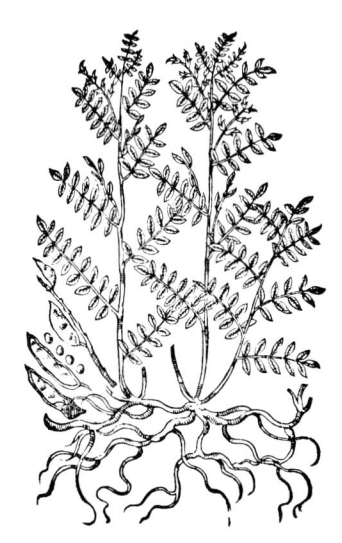

Gemeines Süßholtz. Glycyrrhiza vulgaris.

gewonnen wird, ist eine Leguminose, die im 11. Jahrhundert von der Kaiserin Kunigunde von Bamberg aus Südosteuropa eingeführt wurde. Vor diesem Zeitpunkt bezogen die Klosterapotheker das Süssholz aus Kappadozien. Die Tat der Kaiserin war sehr erfolgreich, denn fünf Jahrhunderte später stellt Leonhard Fuchs fest, dass Süssholz in deutschen Landen wächst und fleissig kriecht, wo es einmal hingepflanzt wurde, so dass man seiner kaum noch Meister werde. «Im Bambergischen Acker soll besonders gutes wachsen.» Der Name ist aus den griechischen Wörtern ‹glykos› und ‹rhiza› (= Zucker und Wurzel) gebildet, aus dem lateinischen ‹liquor› (= Flüssigkeit) zu Liquirita umgebildet, entstand in Italien ‹legorizia›, ‹regolizia› und in Frankreich ‹réglisse›; deutsch ‹Lakritze›. Dieser Saft wird aus den kriechenden Rhizomen (Wurzelstock) gewonnen und ist heute noch heilsam für rauhe Kehlen.

Der *Rosmarin* (Rosmarinus officinalis), aus Südeuropa durch Mönche eingeführt, ist ein Beispiel für die Wichtigkeit der Duftpflanzen in der mittelalterlichen Heilkunde. Nicht nur der Rauch, auch der Duft sollte helfen, der schädlichen ‹kranken Luft› entgegenzuwirken. Rosmarin wurde auch bei Festanlässen in die Blumenkränze der Gäste eingeflochten. Den Liebesträn-ken beigemischt, soll er gedächtnisstärkende Wirkung haben. Sein ätherisches Öl wirkt antiseptisch.

Der *Wermut* (Artemisia absinthium), ‹Beifuss›, symbolisiert durch seinen bitteren Geschmack die Bitternis, die Prüfungen des Lebens, den tiefsten Schmerz. Avicenna empfahl Wermut gegen Seekrankheit. Bei den Kelten, den Griechen und den Arabern galt er als appetitanregend. Im Mittelalter benutzte man ihn, um die Fliegen, Motten und Mäuse zu vertreiben. Unsere Ahnen behandelten Gallen- und Leberleiden mit Artemisia und senkten damit das Fieber. Das ätherische Öl ist sehr giftig und bei Genuss grösserer Mengen (etwa als Absinth) dem Menschen schädlich.

Vom Krauthaus zur Apotheke

Kräutersammler	Die Ausdrücke Pharmazie oder Pharmazeutik leiten sich her von griechisch ‹pharmakis› (= Zauberin), ‹pharmakon› (= Zauber, Liebestrank, Gift, Arzneimittel).
	Die Frauen hatten schon immer ihr Augenmerk auf die Kräuter gerichtet und solche für den Hausbedarf gesammelt. Die Kräuterkundigen wurden zu Priesterinnen, oder man verschrie sie als Hexen. Erst später wandten sich auch Männer dem berufsmässigen Sammeln von Kräutern und deren Verkauf zu. Bei den Griechen hiessen sie ‹Rhizotomen› (= Wurzelschneider). Nur langsam bekamen sie auch das Zubereiten der Arzneien, welche die Ärzte verschrieben, in die Hände. Von da an hiessen sie ‹Pharmazeuten›, Zubereiter der Arzneien. Ihr Lagerraum für Pflanzen hiess griechisch Apotheke, daraus wurde im Deutschen ‹Krauthaus›.
Apotheker	Die Klöster führten Apotheken, die auch den Zubereitungsraum umfassten. Mit dem Aufkommen von Laienärzten im 13. Jahrhundert entstanden ausserdem städtische Kräuterhäuser. In Basel werden seit diesem Jahrhundert Apotheker, als Wurzenkrämer der Safranzunft angehörend, in der Zunftchronik erwähnt. Sie wurden nicht von ihrer Zunft vereidigt, sondern vom Rat der Stadt, aus Furcht vor Zauberei. Der Apotheker hatte nicht nur mit Pflanzen, sondern auch mit ‹Wassern› und ‹Geistern›, Mineralien und der Tierwelt zu tun; er betrieb die Schwarze Kunst. Die Schlangen, Eidechsen, Schildkröten, Krokodile, Kugelfische und Einhornhörner (in Wirklichkeit vom Narwal stammend), welche zum Inventar und zugleich zum Schmuck der Apotheke gehörten, trugen natürlich dazu bei, den Leuten ehrfürchtiges Schaudern abzugewinnen. Die erforderlichen Kenntnisse und die grosse Verantwortung machten das Apothekergewerbe zu einem gehobenen und einträglichen Beruf. Der Rat wollte das Volk auch vor zu hohen Preisen schützen. – Den Apothekern wurde nahegelegt, die für den Beruf notwendigen Bücher zu besitzen: ein Handbuch der Zubereitung von Arzneien (es war damals noch das berühmte ‹Circa instans›, so genannt nach den Anfangsworten, von Matthäus Platearius aus der führenden Medizinschule von Salerno), ferner ein Kräuterbuch, und als drittes Buch sollten sie ein Wörterbuch ‹Synonyma› zur Hand haben, das die verschiedenen Begriffe in hebräischer, griechischer, lateinischer und arabischer Sprache enthielt. Die Gifte mussten in sicherem Gewahrsam sein.
Apothekerprüfung	Als 1460 die Universität gegründet worden war, mussten auch zukünftige Apotheker das Medizinstudium mit einer Abschlussprüfung absolvieren. Von da an hatte die Medizinische Fakultät die Organisation der städtischen Hygiene zu gewährleisten.

Holzschnitte aus Hartmann Schedel:
Weltchronik. Nürnberg 1493. Links:
Platearius. Rechts: Dioskorides.

Nun konnten die Krauthäuser auf richtig gesammelte und getrocknete Drogen und saubere Aufbewahrung kontrolliert werden. Endlich konnte man auch gegen ‹Wildwurzler›, marktfahrende Quacksalber und Theriakkrämer, vorgehen. Besonders scheel sah man nach den Geistlichen; sie gaben in ihren Dörfern oft Heilmittel aus und schienen auch sonst einen Hang, nicht nur zur Seel-, sondern auch zur Leibsorge zu zeigen. Aber auch «die Wyber, so Arzney trieben», fanden vor den Apothekern und Ärzten keine Gnade.

Die Apotheke

Viele vornehme Geschlechter übten das Gewerbe aus. So waren im 15. Jahrhundert die Offenburg eine Apothekerfamilie, ihr berühmtester Spross war der Finanzmann und Diplomat Henman Offenburg, dessen Haus noch heute an der Petersgasse 42 steht und mit dem schönen Familienwappen verziert ist. Zu den vorher erwähnten Schau- und Lockstücken der Apotheker kamen mit der Zeit auch wunderschöne Ladentischgitter, an welchen die Waagen hingen. Die vielen Töpfe mit ihren geheimnisvollen Inschriften aus reich dekorierter Fayence, die bronzenen Mörser und gedrechselten Holzdosen machten die Apotheken zu wahren Prunkräumen. Aus praktischen Gründen sind diese Herrlichkeiten bis auf wenige, pietätvoll erhaltene Stücke aus unseren Apotheken verschwunden. Um sich eine Vorstellung von der einstigen Pracht machen zu können, muss man das Apothekermuseum am Totengässlein, im einstigen Wohnhaus des berühmten Druckerherrn Johannes Froben, gesehen haben. Ein kostbares Museumsstück ist auch das Ladentischgitter aus der Goldenen Apotheke mit dem Wappen der Familie Bernoulli, die nicht nur berühmte Mathematiker, sondern auch immer wieder Apotheker hervorgebracht hat.
Die alten, mysteriösen Namen der Drogen stehen auf den Töpfen, oft eingerahmt von zierlichen Blumenrankendekors

Alte Apothekerbezeichnungen.

oder dräuenden Schlangen, mit Bezeichnungen wie Radix, Folium, Flos, Fructus usw., um anzugeben, welcher Pflanzenteil für die Arznei Verwendung findet; dies ist deshalb besonders wichtig, weil einzelne Bestandteile der Pflanze Gift enthalten können, während die übrigen harmlos sind. Als Beispiel sei die Kartoffel erwähnt, deren Wurzelknollen ungiftig sind, deren oberirdische Teile jedoch Gift enthalten. Viele Mittel mussten zum Einnehmen präpariert werden, als Sirup oder Latwergen oder in Pillen und Dragées. Bis zum 15. Jahrhundert wurde noch Honig angewendet, bis der neue Rohrzucker für die ‹electuaria› genannten Pflanzenbreie aufkam. Der Rohrzucker war damals ein teures Kräftigungsmittel, das nur in den Apotheken gehandelt wurde. Anfänglich wurden auch *Cedrat-Zitrone* (Zitronat) und *Pomeranze* (Bitterorange) in den Apotheken geführt, wie diese ganz allgemein neben den reinen Arzneien auch «eyngemachte Sachen, Conservae von Blumen und Kreutern, Confectiones wie Täffelein und Zuckerwerk» verkauften[23].

Einheimische Heilpflanzen

Von den ungezählten Heilpflanzen können wir nur einige wenige herausgreifen, die übrigens alle in unserer näheren oder weiteren Umgebung noch wild vorkommen:

Fingerhut (Digitalis purpurea oder auch Digitalis lutea) ist eines der gewagten Purgiermittel, mit welchem bei falscher Dosierung gewiss etliche Kranke vorzeitig in die Grube fuhren. Er wurde gesotten und getrunken, meist in Wein gegen allerlei Gift eingenommen.

Tollkirsche (Atropa belladonna), ein Nachtschattengewächs, das auch zu den alten und gefährlichen Heilpflanzen zählt. Die grossen schwarzen Beeren sind sehr giftig; sie enthalten das Atropin, das die Pupillen erweitert und auch in der heutigen Medizin noch immer, wenn auch sicher besser dosiert, verwendet wird. In Italien griffen die Frauen zu diesem Mittel, um ihre Augen grösser erscheinen zu lassen – daher der Beiname ‹belladonna›. K. Gessner empfahl die Tollkirsche als krampflösend und hat damit ihre Wirkung völlig richtig erkannt.

Bilsenkraut (Hyoscyamus niger), ein ebenfalls sehr giftiges Gewächs aus derselben Familie. Meistens wurde es als Beruhigungsmittel verwendet. Fuchs warnt «vor den Landstreichern und Lotterbuben, die ungeschickt damit umgehen und das Volk beschädigen».

Stechapfel (Datura stramonium), gehört gleichfalls zu den Nachtschattengewächsen und hat sehr ähnliche Wirkungen wie die beiden vorangehenden. Das Wort ‹Datura› stammt von dem persischen ‹tat› für stechen, die Frucht wurde ‹tatula Turcarum› genannt. Clusius hat den Stechapfel erstmals 1583 in

Wien und Innsbruck als Gartenpflanze gesehen. Ihre weissen Trompetenblüten blühen jeweilen nur einen Tag lang und verströmen einen betäubenden Duft. Aus dem ‹Turcarum› geht übrigens hervor, dass die Pflanze aus der Türkei – durch Zigeuner, wie angenommen wird – gebracht wurde. Tatsächlich ist sie in der Türkei heimisch, ebenso im südlichen Russland und in allen Ländern um das Schwarze Meer bis nach Zentralasien. Die Pflanzen enthalten in allen Teilen Gift, in ihren Samen ist die Konzentration am stärksten. Es verursacht wie das der Tollkirsche Halluzinationen und Pupillenerweiterung.

Bittersüsser Nachtschatten (Solanum dulcamara) ist seit Theophrast (3. Jahrhundert v. Chr.) als Heilpflanze bekannt. Die Beeren sind giftig. Hildegard von Bingen nannte die Pflanze ‹schwarze schade›, ‹nachtschade›. Man wandte sie an bei Zahnweh, Kopfweh, Gliederreissen, Hautkrankheiten und zur Herzstärkung. Wie der Gattungsname Solanum sagt, ist er ein direkter Verwandter der Kartoffel, was man auch der sehr ähnlichen Blüte sofort anmerkt. Im Mittelalter hat man häufig die Blütenranken in stilisierter Form als Wanddekor abgebildet; ganz ähnliche Motive findet man auch in den Stickereien, wobei der spitze Konus, den die Staubfäden um die Narbe bilden, oft bis zu einem unverständlichen Zipfel übertrieben wurde. Eindrückliche Beispiele aus gotischen Basler Häusern findet man im Stadt- und Münstermuseum.

Herbstzeitlose (Colchicum autumnale). Sie trägt ihren Namen nach dem griechischen ‹kolchikos› (= aus Kolchis). Die am Schwarzen Meer gelegene Landschaft Kolchis war die Heimat der Zauberin und Giftmischerin Medea. Die Zwiebel der Herbstzeitlose enthält das Gift Colchicin. Nach Dioskorid soll die Pflanze tatsächlich in der Gegend von Kolchis vorkommen. ‹Heylheubt›, ‹Zeytloswurtz› hiess sie schon in den ältesten deutschen Schriften, wohl wegen ihrer Eigenart, im Herbst zu blühen, über den Winter zu ruhen und im Frühling Blätter und Frucht zu produzieren. In der Heilkunst wurde sie schon im Altertum gegen Gicht und ‹Fallendes Weh› verordnet.

Gegen die unliebsamen Mitbewohner, wie die Würmer, hatten die Apotheker mancherlei Mittel anzubieten. Beim Bandwurm half Wurzelrinde des *Maulbeerbaumes* (Morus nigra). Wie sein Name aussagt, hilft auch der *Wurmfarn* (Dryopteris filix-mas) gegen kleine und grosse Würmer. Die Chinesen, Griechen und Römer verwendeten auch die giftigen Wurzeln des *Granatapfelbaumes* (Punica granatum) gegen Bandwürmer. Harmloser ist schon der *Dost* (Origanum vulgare), den Albertus Magnus gegen Spulwürmer empfahl. Ausserdem meinte er: «Ist gut für Hohlheit der Zähne.» Als klassische Heil- und Gewürzpflanze war auch *Knoblauch* (Allium sativum) im Gebrauch; seine antiseptisch wirkenden Säfte halfen verdauen und unliebsame Würmer verschiedenster Art austreiben.

Die magische Zahl sieben finden wir bei den ‹sieben pektoralen Pflanzen›:

Königskerze (Verbascum thapsus und Verbascum phlomoides); ‹thapsus› kommt von griechisch ‹thapsia›, einer gelben Blume, die zum Färben verwendet wurde. Die Griechen schnitten die wolligen Blätter der Königskerze zu Dochten für Öllämpchen, oder sie tauchten die kandelaberartigen Stauden in Pech und benützten sie als Fackeln. Daher stammt wohl der stolze Name Königskerze. Ihre Heilwirkung war ebenfalls im Altertum schon bekannt; Dioskorid und Plinius empfahlen den Wurzelabsud gegen Husten.

Wilde Malve (Malva silvestris), ‹Käslikrut›. In den alten Kräuterbüchern werden die Malven eigentümlicherweise stets als ‹Pappeln› bezeichnet. Sie galten als giftabwehrend, entzündungsheilend. Samt den Wurzeln wurden sie zu Breien abgekocht, als schleimige Lösungen halfen sie, Halsentzündungen zu lindern.

Eibisch (Althaea officinalis), ein weiteres Malvengewächs, in Basel als ‹Ipsche› bekannt, ist eine schöne Stockrose, die gerne in den Gärten gezogen wurde. Sie stammt ursprünglich aus Asien. Die Römer assen sie kurzerhand als Gemüse, um so allen Übeln vorzubeugen. Die Blüten und die Wurzeln werden als Heilmittel gleich wie jene der Malve angewendet.

Katzenpfötchen (Antennaria dioica), ein kleines, etwas verholzendes Pflänzchen, mit Blattrosetten, aufrechtstehenden wolligen Stengeln und weisslichen bis roten Blütenköpfchen, aus der Familie der Kompositen, bei uns häufig auf den Gebirgsweiden – auch im Jura – anzutreffen. Es gehört zu den alten Volksheilpflanzen und wurde speziell bei Halsentzündungen angewendet.

Huflattich (Tussilago farfara), ‹Zytröseli›, ist durch den Namen als hustenheilend gekennzeichnet: lateinisch ‹tussis› = Husten. Das Zytröseli streckt als eine der ersten Pflanzen im Frühling seine leuchtendgelben Blüten der Sonne entgegen. Die Blätter wachsen im Laufe des Sommers nach und können wie Tabakblätter geraucht werden, was bei Husten eine erleichternde Wirkung haben soll(!). Zu Hustentee werden die getrockneten Blüten und Blätter genützt.

Veilchen (Viola odorata). Es war im Altertum und im Mittelalter eine beliebte Heilpflanze. Gegen Husten wurde der Veilchensirup eingenommen, während die stark alkaloidhaltigen Wurzeln als Brechmittel dienten. Die ‹Veilchenwurzel›, die den Kindern das Zahnen erleichtern soll, gehört nicht zum Veilchen, sie ist eine Iriswurzel, die nach Veilchen duftet. Die Apotheker fertigten nebenher auch kandierte Veilchen.

Klatschmohn (Papaver rhoeas). Der wilde rote Mohn, welcher auf Ödland und Äckern wächst, zählt ebenfalls zu den Heilpflanzen. Auch er ist giftig; seine Blütenblätter und reifen Samen wurden im Mittelalter den Hustenmitteln beigemischt. Mit den roten Blütenblättern stellte man ausserdem Tinte her. Heute noch werden sie zum Färben von Kräutertee benützt.

Eigentlich muss man als zusätzliche, achte Pflanze noch das *Isländische Moos* (Cetraria islandica) nennen; lateinisch ‹ce-

Iris oder Schwertlilie mit vergrössertem Wurzelstück.

Veiel-Wurtz.   Iris.

Klybeck

tra› = leichter Lederschild, woraus eindeutig hervorgeht, dass die Pflanze eine Flechte und kein Moos ist. Sie kommt auf alpinen Rasen und allgemein in kühlen Zonen der Erde flach ausgebreitet vor und hat ein lederartiges Aussehen. In Skandinavien galt sie einst als Nahrungsmittel. Bei uns ist sie ein altbewährtes Heilmittel bei chronischem Katarrh. Die Hirten geben sie mit Salz vermischt den Kühen und Schafen, wenn diese Husten haben.

In der Basler Landschaft konnten die Apotheker mit ihren Gehilfen vielerlei Heilkräuter sammeln, die nicht in den Medizingärten gezogen wurden. Dabei durfte nach strengen Vorschriften kein Zauber getrieben werden, was besagen wollte: Beim Sammeln durften weder das Vaterunser noch Zaubersprüche über den Pflanzen hergesagt werden. Es war auch verboten, sie mit Zettelchen zu versehen, auf welchen ausser den Pflanzennamen Beschwörungsformeln geschrieben standen. Der Kampf gegen solche Zauberei dauerte noch bis ins 18. Jahrhundert. Der berühmt-berüchtigte Leonhard Thurneysser im 16. Jahrhundert hatte seine medizinischen Pflanzenkenntnisse als Gehilfe eines Arztes und Professors bei solchem Sammeln in Basels Umgebung und mit Anhören einiger Vorlesungen erworben. Er wirkte dann im Ausland als kühner Autodidakt, was in Basel nicht sonderlich geschätzt worden war.

Die Gegend von Klybeck war für das Sammeln solcher Wildpflanzen besonders ergiebig, aber auch auf der Grossbasler Rheinseite gab es eine reiche Auswahl. So fand man dort: *Lauchkraut* oder *Knoblauchhederich* (Alliaria petiolata) nebst verwildertem *Knoblauch* (Allium sativum), die beide sowohl medizinisch wie auch als Beigabe zu Salat verwendet wurden. «Die Schnitter und Mäder, welche zu Summerszeyten in der Hitz ungesund Wasser trinken müssen, sollen Knoblauch in der Speys brauchen. Knoblauch gessen widersteht allem Gift, darumb ihn Galenus nennt: ein Theriak der Bauern.» (Fuchs 1543.)

Ein unheimliches, sehr giftiges Kraut stand ebenfalls am Wegrand nach Klybeck: der *Schierling* (Conium maculatum) oder auch der *Wasserschierling* (Cicuta virosa), falls am Wegrand ein Wassergraben war. In seinen ‹Merkwürdigkeiten der Landschaft Basel› nennt ihn Bruckner «Cicuta major, ein schädliches Kraut. Reife Samen, versehentlich ins Viehfutter geraten, konnten dem Vieh den Tod bringen.» Bekanntlich war Sokrates zum Tod durch Schierling verurteilt worden. Bei Fuchs wird das Gewächs ‹Wütherich, griechisch Conium und lateinisch Cicuta› betitelt. Dies nur als Beispiel, wie schwierig es ist, die richtige Pflanze aus solchen alten Angaben zu erkennen.

Großer Schierling. Cicuta major.

Schierling *(Conium maculatum)*, weissblühend.

An Waldrändern und lichten Stellen fand man die *Akelei* (Aquilegia vulgaris), die bei den Baslern bezeichnenderweise ‹Narrenkappe› hiess. Die Apotheker sammelten sie zur Herstellung eines Pockenmittels. Gegen Gicht wurde die *Frühlingsschlüsselblume* (Primula veris, früher officinalis) gesammelt.

In der Gegend von Kleinhüningen, am Wiesenfluss gegen Riehen, blühte einst im Brachmonat die *Gelbe Schwertlilie* (Iris pseudacorus), ‹Wasser-Gilge›, deren Wurzeln ein starkes Purgiermittel abgaben.

Grenzacher Horn, Bettingen

Am Grenzacher Horn oder ‹Cornu Grenzacense›, wie man's unter Gelehrten seinerzeit nannte, fand sich der *Weisse Milchstern* (Ornithogalum umbellatum), den die Ärzte gegen Angst- und Schockzustände verabreichten; ausserdem zwei Arten von *Seidelbast:* der ‹Zyland› (Daphne mezereum) und der Lorbeerseidelbast (Daphne laureola), die beide als Brechmittel verwendet wurden.

Bei Bettingen wuchs die berühmte *Bibernelle* (Pimpinella major), das Pestkraut. Zu Bauhins Zeiten fand man auf St. Chrischona sogar noch die *Bärentraube* (Arctostaphylos uva-ursi). Aus ihren Blättern wurde Blasentee bereitet; sie soll gegen Nierenentzündungen wirksam sein.

Birstal

Auch das Birstal war für Pflanzensammler ergiebig. Bei St. Jakob fand man in den Saatfeldern das *Teufelsauge* (Adonis vernalis), eine Giftpflanze, die jedoch bei Herzbeschwerden Linderung brachte: «Im Maien blüht bei St. Jakob an der Birs der *Aronstab* (Arum maculatum), auch ‹Deutscher Ingwer› geheissen.» Die Wurzel wird «wider kalte Füsse, Verstopfungen der Brust, als eröffnend, verzehrend und treibend gebraucht».

An sandigen Uferpartien der Birs wuchs die *Deutsche Tamariske* (Myricaria germanica), deren Rinde bei Verstopfungen und kalten Fiebern half. In feuchteren Gräben und Wiesen traf man den altbekannten *Baldrian* (Valeriana officinalis), der einst als Zauberpflanze mit dem Dost zusammen über die Türen gehängt wurde, damit er die bösen Geister banne. Als Tee genommen, diente er als Beruhigungsmittel. Ausserdem wurde er als Rattenköder verwendet. Die zum Trocknen ausgelegten Wurzeln mussten vor Katzen gut verwahrt werden, damit sie nicht, vom Duft angelockt, sich darauf wälzten und darüber brünzelten, was ihn für die Apothekerkundschaft wertlos machte.

Gundeldingen

In einem Birkenwäldchen hinter Gundeldingen sammelten die Apothekergehilfen den Birkensaft, ehe die Blätter erschienen. Er wurde zur Reinigung des Bluts und als Haarmittel verwendet. *Hängebirke* (Betula pendula) und *Moorbirke* (Betula pubescens) sind heute noch offizinell. Sie waren früher in der Gegend von

Basel eher rar, weil natürlicherweise ausgedehnte Eichen-Hagebuchen-Wälder vorherrschten.

Aus der Riesenfülle von Heilpflanzen sind viele als nicht erwiesenermassen oder ungenügend wirksam in Vergessenheit geraten. Doch wird die alte Weisheit periodisch immer wieder ausgegraben. So hat einst der in der ganzen Schweiz berühmt gewordene Kräuterpfarrer Johann Künzle 1911 mit seinem Büchlein ‹Chrut und Uchrut› die Kräuterwissenschaft des Jacobus Theodorus Tabernaemontanus (1528) wieder hervorgeholt. Auch während des Ersten Weltkrieges besann man sich auf die einstigen Wildgemüse. Solche Gemüse und Kräuter sind aber keineswegs so harmlos, wie im allgemeinen angenommen wird. Noch immer braucht es genaue Fachkenntnisse, wenn Fehlgriffe und Überdosierung vermieden werden sollen[24].

Der Göttertrank
und andere verbotene Genüsse

Tabak

Der *Tabak* (Nicotiana tabacum) französisch ‹tabac› englisch ‹tobacco›, spanisch ‹tabaco› wurde nach der Bezeichnung aus einer karibischen Sprache benannt. Das geheimnisvolle Kraut wurde vor allem durch Jean François Nicot (1530–1600) bekannt, der als französischer Gesandter in Lissabon weilte und 1560 einige Pflanzen erhielt. In Portugal und Spanien war man mittlerweile auch auf dieses besondere Gewächs aufmerksam geworden. Nicot machte die neue Heilpflanze am Hof Franz' II. und Katharinas von Medici bekannt. Es wird gern erzählt, der Tabakrauch sei von heilsamer Wirkung auf die Migräne der Königin gewesen. Jedenfalls erhielt die Staude den Namen von Nicot.

Durch Heinz Brüchers Werk ‹Tropische Nutzpflanzen[17]› von 1977 werden wir auf Martin Waldseemüllers 1507 herausgegebene ‹Vier Reisen des Amerigo Vespucci› aufmerksam gemacht; Vespucci beschreibt als erster den Kautabak. Er hielt sich darüber auf, dass die karibischen Indianer ihre Backen mit grünem Kraut füllten, das sie «mit fast viehischer Gebärde des Leibs, wie Tiere kauten».

1615 begannen die Holländer Tabak in ihrem Land anzubauen. Es resultierte daraus das Goldene Zeitalter der Tabakindustrie, allerdings mehrheitlich gespeist aus den Tabakblättern der Plantagen holländischer Kolonien. «In Engelland hat es der trefliche Admiral Franciscus Dracke um das Jahr 1586 erstlich eingebracht und bekannt gemacht.» Dem wackeren Francis Drake wurden in nachträglicher Heldenverehrung vielleicht einige historisch unbeweisbare botanische Wohltaten zugeschoben, wie auch dem hierin umstrittenen Christoph Kolumbus. Bei Drakes Tabak handelt es sich um den rotblühenden Virginiatabak aus Nordamerika. Für diese sehr geschätzte Sorte wurde Bremen zum Haupthandelshafen im Norden.

Tabaktrinken

Durch die Söldner im Dreissigjährigen Krieg verbreitete sich das Tabakschnupfen und -rauchen von Spanien, Frankreich, Italien über Deutschland auch in die Schweiz. In Basel tauchte der Ausdruck ‹Tabaktrinken› um die Zeit von 1620 auf. In den ‹Kämmerlein› (Hinterstuben von Wirtshäusern) frönten die Basler bald im geheimen dem offiziell noch verbotenen Laster. Obschon der Tabak als Heilpflanze Eingang in die Kräuterbücher und Apotheken gefunden hatte, gingen die Ansichten der gelehrten Herren sehr auseinander, und die Aufregung über die unbekannten Folgen des Genusses schlug hohe Wellen.

Ein Basler Pfarrherr wetterte von seiner Kanzel herab: «Wenn ich Mäuler sehe, die Tabak rauchen, so ist es mir, als sähe ich ebensoviele Kamine der Hölle.» Ähnliche Gedanken äusserte der Arzt und Botaniker Tabernaemontanus über die ‹Tabak-

Zweig des Kaffeestrauchs.

brüder und Tabakschwestern›, wie man damals die Raucher beider Geschlechter zu betiteln pflegte. Das Zitat stammt aus seinem 1625 in Basel gedruckten Kräuterbuch.

Alle Ärzte stellten eine narkotische, entschleimende, auch äusserlich kataplastisch lösende und zugleich heilende Wirkung fest. Man stritt sich einzig darum, ob «es betrunken oder tümmelich mache». Es wäre vielleicht ratsam, die Diskussion an diesem Punkt wieder aufzunehmen. Interessant ist aber die Beobachtung, welche der Arzt und Botaniker Lobelius beiträgt: «... dass sich die Matrosen der ‹Indienfahrer› sehr wohl dabei befinden, sie gebrauchen den Tabakdampf zur Erholung oder in Ermangelung concreter Speisen und Getränke. Durch Trichter oder Hörner von Palmenlaub oder Erde lassen sie den Rauch in sich gehen, darvon sie erstlich gar freudig werden und darüber ganz sänftiglich entschlafen ohne die geringsten Beschwerden im Kopf.» Sowohl Rauchen wie Schnupfen galt nach Lobelius als ‹hauptreinigend und befreiend›.

Die Blätter des Tabaks, präpariert mit pharmazeutischen Ingredienzen, wurden in den Apotheken als Mittel gegen Katarrh und Asthma verkauft.

Tabakfabriken

Als sich die Verbote gegen den Genuss des Tabaks lockerten, entstanden erstmals Tabakfabriken in Basel (1670), die importierte Ware verarbeiteten. 1682 begann ein Strassburger Tabakfabrikant, in Kleinhüningen Tabak anzubauen. Er verpachtete Land an Bauern, die gewillt waren, für ihn zu pflanzen. Auch bei Sissach und im Homburgeramt entstanden Tabakfelder. Der Kleinhüninger Versuch endete mit einem Misserfolg. Die Spezierer und Gärtner stritten sich, um den Tabak in ihre Zunft zu bekommen. 1729 konnten die ‹Gremper› der Gärtnerzunft gerade noch die Tabakblätter aus ‹hiesigem Boden› für ihren Verkauf retten, da sie nur Landesprodukte feilhalten durften.

Kaffee

Kaffee (Coffea arabica, Coffea liberica, Coffea canephora) gehört der Familie der Rubiazeen an, englisch ‹coffee›, französisch ‹café›. Der Namen geht ziemlich sicher auf das türkisch-arabische ‹kahwe›, auch ‹qahwa›, zurück, was ‹Wein› bedeutet! Als Mohammed den Gläubigen den Genuss des Weins verbot, trat der Kaffee an dessen Stelle und erhielt ganz einfach dessen Namen. In der Landschaft ‹Kaffa› in Abessinien kommt der Kaffeestrauch heute noch wild vor, und die Eingeborenen kauen die grünen Kaffeebeeren. Der Name wird auch von dieser Gegend hergeleitet, was aber nach neueren Untersuchungen unzutreffend sein soll[17]. Die Türken hatten den Kaffee von den Arabern übernommen und westwärts verbreitet. Der Ausdruck ‹Mokka› geht eindeutig auf die Stadt Mokka (Mocha) in Jemen zurück und bezeichnet eine arabische Kaffeesorte.

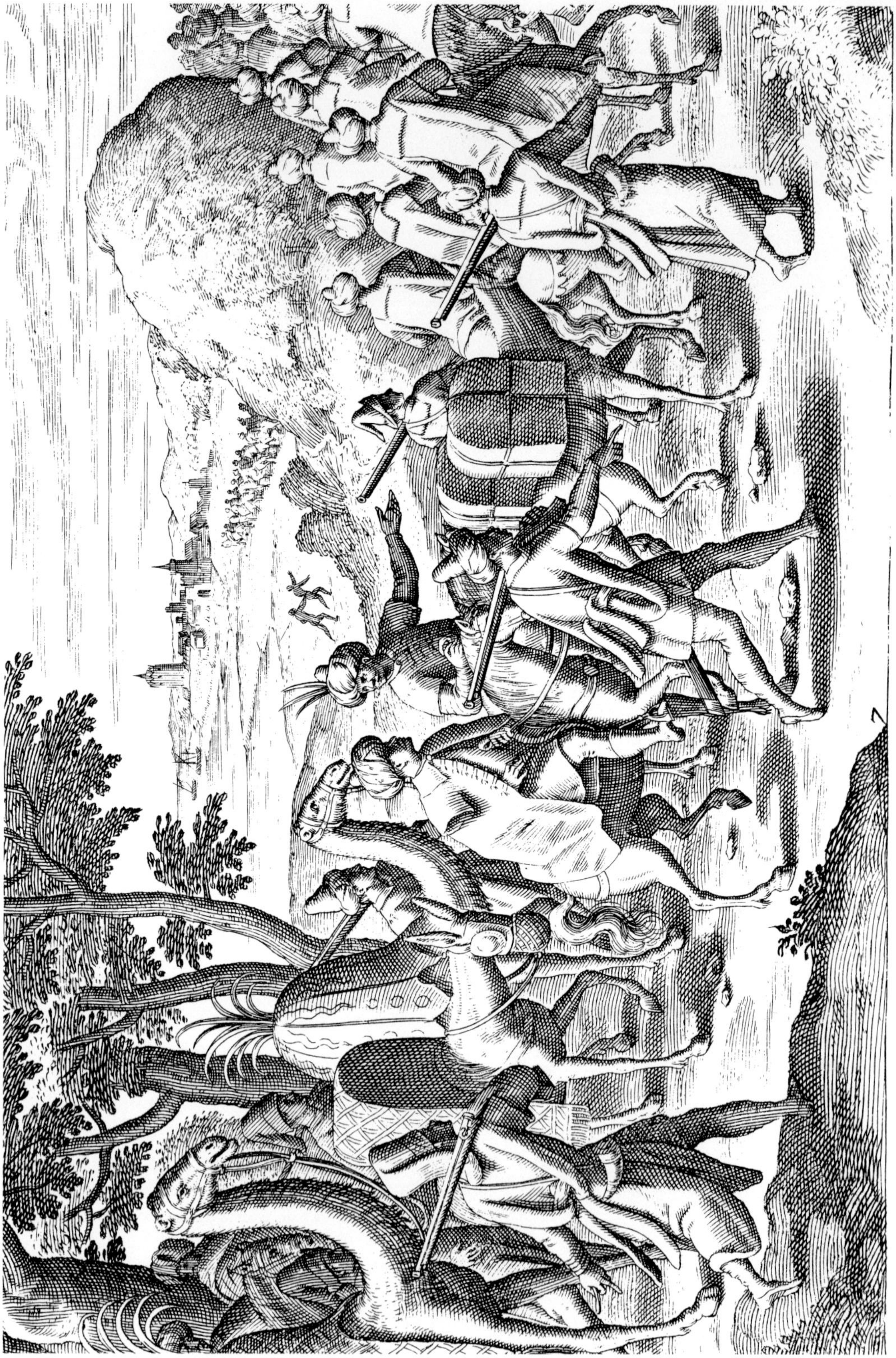

◁
Karawanenzug. Aus Theodor de Bry:
Kleine Reisen nach morgenländisch
Indien. Frankfurt 1605.

Kaffeelegende

Die Entstehungsgeschichte des Kaffees soll der syrische Maronitermönch und Gelehrte Antonius Faustus Nairone, der in Rom Syrisch und Kalzedonisch lehrte, um 1671 erzählt haben. Wir geben die Version Friedrich Zwingers, des Sohns von Theodor Zwinger, wie er sie sechzig Jahre nach Nairone im Kräuterbuch aufgezeichnet hat: «Es hatte ein Camel- oder wie andere dafürhalten ein Geiss-Hirt etlichen Mönchen erzehlet, dass zuweilen seine Camele oder Geissen, denen er hütete, die Nächte mit Springen und Gumpen ohne Schlaff zubrächten, welches der Abt alsobald dem Futter solcher Thieren zuschriebe. Damit er aber dessen gewisser wäre, hat er sich an den Ort, da das Vich geweidet wurde begeben, und wahrgenommen, wie die Thiere viele Früchte von gewissen daherum wachsenden Stauden zweifelsohn essen müssten. Sammlete hierauf, seinen Fürwitz zu vergnügen, von eben denselben Früchten, siedete sie in frischem Wasser, fande darauf, dass ihme der Schlaf verhalten, und er ganz frisch, wachtbar und hurtig wurde. Dannenher habe der Abt Anlass genommen solchen Trank auch seinen Mönchen zu geben, damit sie ihren nächtlichen Bätt-Stunden desto besser abwarten könnten, welches denn wohl von statten gienge. Dabei aber hat man nach und nach mehr andere Tugenden und Kräften dieses Trancks in Obacht genommen.»

1573 unternahm der deutsche Arzt und Botaniker Leonhard Rauwolf, ein Schüler Rondelets in Montpellier, eine Forschungsreise durch Syrien, Judäa, Arabien, Mesopotamien und Armenien, die einige Jahre dauerte. Sein Reisebericht wurde zu einem der damals meistgelesenen Bücher, das auch Friedrich Zwinger las und zitierte. Rauwolf gibt eine genaue Beschreibung der Kaffee trinkenden Araber, von welchen er gelernt hatte, das Getränk so heiss wie möglich zu schlürfen, so sei es dem Magen heilsam. Er empfindet nach dem Genuss eine recht belebende Wirkung, bekommt aber trotz eifrigem Nachforschen nur die Kaffeebohnen, jedoch nie die Pflanze zu Gesicht.

Verbreitung der
Kaffeekultur

Nicolaas Witsen, Bürgermeister von Amsterdam und Hauptvertreter der holländischen Ostindienkompanie, liess Anno 1700 Kaffeepflanzen oder Bohnen aus Jemen nach Java bringen und auf den dortigen holländischen Besitzungen anpflanzen. Dies war eine weitblickende Tat. Nach anfänglichen Schwierigkeiten geriet der Kaffeeanbau so gut, dass die ‹Javasorte› bis Anfang des 19. Jahrhunderts zu den besten gehörte. Mit den ersten Kaffeeproben schickte man aus Batavia zum Dank ein Kaffeebäumchen an den botanischen Garten von Amsterdam. Von diesem Geschenk machten die Holländer nochmals guten Gebrauch, sie spedierten Samen nach ihren Besitzungen in Surinam (Südamerika). Auch dort gediehen diese ersten Kaffeebäumchen auf amerikanischem Boden über Erwarten und wurden zu den Ahnen des gewaltigen Kaffeeanbaus, der sich zwischen 1715 und 1790 nach Venezuela, Brasilien, Martinique, Haiti, Kuba, ja bis Mexiko ausbreiten und im 19. Jahrhundert den Weltmarkt erobern sollte.

Die Domestikation des Kaffeebaums hat auf den bewässerten Bergterrassen Jemens begonnen. In Mekka wurden Kaffeebohnen auf den Markt gebracht, wohin die Pilgerzüge und Handelskarawanen kamen. Die Mekkapilger brachten die Sitte des Kaffeetrinkens in ihre Heimatorte. So fand sie Eingang in Konstantinopel und gelangte mit den Türken vor die Mauern von Wien, wo sich die andere ‹klassische Kaffeegeschichte› abspielte:

Wien belagert, die Türkenzelte, mit Halbmonden und den grünen Fahnen des Propheten gekrönt, rings um die Stadt, die Wiener in grosser Not, das Entsatzheer säumt – da erbot sich ein gebürtiger Pole, Georg Kolschitzky, der lange bei den Osmanen gelebt hatte, türkisch sprach und die Sitten kannte, einen Brief an den Führer des Entsatzheeres, den Herzog von Lothringen, durch die türkischen Linien und Lager hindurch zu überbringen. Es gelang ihm, die Verbindung herzustellen. Die Schlacht entschied sich bald zugunsten des österreichisch-deutsch-polnischen Heeres, und die Türken flohen unter Zurücklassung der Zelte, Kamele, Ochsen, Schafe, Maultiere und der sagenhaften Kaffeesäcke nebst anderer wertvoller Lebensmittel. Die ausgehungerten Wiener lebten wieder auf. Man hielt die unbekannten Bohnen für Kamelfutter, bis unser Held Kolschitzky, inzwischen zum Bürger der Stadt gemacht, ihren Nutzen den Wienern auseinandersetzte. Darauf erhielt er die Kaffeesäcke als Belohnung und zugleich die Erlaubnis, ein Kaffeehaus zu eröffnen. Türkisch gebraut, fand der Kaffee in Wien jedoch keine Gnade. Erst als Kolschitzky auf die Idee kam, ihn mit Zucker und Milch zu kredenzen, begannen die Wiener langsam Geschmack an dem Getränk zu bekommen, zumal man ihnen dazu als Halbmond geformte Brötchen, die ‹Kipfel›, anbot, die der erfinderische Pole bei einem Bäckermeister backen liess.

Kaffee in Basel

Durch den Levantehandel kam so auch der Kaffee nach Mittel- und Nordeuropa. Die Venezianer kauften ihn in Kairo. Kaffee, Kakao und Tee ersetzten langsam die Gewürze, sie galten noch als Drogen und waren nur in kleinen Mengen beim Apotheker erhältlich. 1728 hatten die Basler bereits die Wahl zwischen levantinischem, ostindischem und javanischem Kaffee. Die Basler Kaufleute holten ihn zuerst an der Frankfurter Messe, doch mit der Entwicklung der Seidenbandindustrie wandten sie sich nach Südfrankreich und brachten ihn zusammen mit Farbhölzern und Gummi aus Marseille.

Emanuel König meldet vom damaligen Kaffeegebrauch: «Der davon gemachte Trank wird auch in Europa gebracht und findet man bey uns wie zu Pariss etliche Läden, wo er verkauft wird. Die Experienzen, die man bey uns und in Engelland,

Kakaozweig mit Früchten, die direkt dem Holz entspringen.

Cacao - Frucht. Cacao, Cacavate.

Kakao

Schweden und Dänemark von diesem Tranck gethan hat, beweysen, dass das Kaffee sehr nützlich sey in den Flüssen und Catharren ... Wann wir aber gut schweitzerisch treu und aufrichtig unsere Gedanken offenbaren sollen, so müssen wir bekennen, dass wir in unserem gesegneten Schweitzerland an schlechten [schlichten, währschaften] Kräutern keinen Mangel haben, die doch ebensoviel und etwas mehr noch als Thee und Caffee thun.»

Zwinger meint: «In den Eydgenössischen Städten der Schweiz ist das Caffee nicht so bald bekannt, und anfänglich von denen Medicis den Krancken angerathen und gebraucht worden. Anjetzo aber, da fast durchgehends, sonderlich bey dem passionierten Frauenzimmer das Caffeegetränke in einen täglichen Missbrauch kommen, und daher viele sich allerhand kränckliche Zufälle zuziehen, haben die Herren Ärzte viel mehr Ursache, mancherley kränklichen Personen den Caffee zu verbieten.» Er warnt auch vor unlauterem Vermischen des Kaffees mit Gerste, Reis, Erbsen, sogar Haselnüssen oder Brotranft; zudem rät er, «das Getränk in kleinen, irdenen, silbernen oder zinnernen Schüsselein mit gestossenem Zucker so warm man immer kann zu sürfeln. Viele gedenken den Caffee zu verbessern und gesunder zu machen durch einen Zusatz im Kochen, von Nelken, Zimmet, auch wohl Fenchelsamen oder Aeniss, nennen ihn sodann ‹Caffée reformée›, dadurch aber benehmen sie dem Caffee seine Köstlichkeit und natürliche Anmut.»

Kakao gewinnt man aus den Fruchtsamen des *Kakaobaumes* (Theobroma cacao), der ursprünglich aus dem tropischen Amerika stammt. Griechisch ‹theos› = Gott, ‹broma› = Speise, also Götterspeise. Das Wort ‹cacao› wurde von den Spaniern geprägt und wird vom indianischen ‹cacahuaquahuitl› oder ‹cachoatl› für die Kakaobohne hergeleitet. Die Azteken und Inkas kultivierten den Kakaobaum, liessen die Bohnen aus der Frucht etwa acht Tage fermentieren und rösteten sie. Die Aristokratie genoss das Getränk mit Zusatz von Pfeffer oder Vanille, das gewöhnliche Volk ass das Fruchtfleisch. Vermutlich hat Cortez 1528 die ersten Kakaofrüchte nach Spanien gebracht; er wurde auf ihre Wertschätzung aufmerksam, weil sie im Montezuma-Reich als Zahlungsmittel galten. Bauhin und Clusius übernahmen die Bezeichnung Cacao in ihre botanischen Beschreibungen der neuen tropischen Frucht. 1737 bestand jedoch Linné darauf, die Pflanze zivilisiert und poetisch ‹Theobroma› zu nennen anstelle des barbarischen Indianerwortes ‹cacao›, das er nur noch als Artbezeichnung gelten liess. Alexander von Humboldt erkannte die einmalige Anhäufung von Nährstoffen in den kleinen Bohnen, den hohen Anteil an Fett, Eiweiss, Stärke und an anregenden Wirkstoffen. Er lieferte die erste korrekte botanische Beschreibung des Baumes, den er auf seinen Reisen angetroffen hatte (1806). Am besten gedeiht der Baum im tropischen Regenwald. Kakaogärten werden im Schatten von Albizzien- (Albizzia), Bananen- (Musa), Kautschuk- (Hevea) und Korallenbäumen (Erythrina) angelegt. Diese Schattenbäume samt dem Kakaobaum sind übrigens im Gewächshaus des botanischen Universitätsgartens zu sehen. Die fortwährende Abholzung von Urwald bewirkt eine katastrophale Zunahme der austrocknenden Winde, was verminderte Ernten, nicht nur in den Kakaoplantagen, zur Folge hat.

Die Kakaobäume blühen und fruchten das ganze Jahr, doch bilden sich nur wenige Früchte aus den Tausenden von Blüten, und diese sind nie zu gleicher Zeit reif. Ihre Ernte ist folglich eine zeitaufwendige Handarbeit. Die reifen Früchte faulen rasch im feuchten Klima, die Bohnen müssen sofort herausgebrochen und gereinigt werden, darauf folgt eine mehrtägige Fermentierung, um die Bitterstoffe zu eliminieren, anschliessend werden sie getrocknet. Von diesen Prozeduren hängt das Aroma und somit der Handelswert des Kakaos ab. Die Qualität kann auch beim Transport noch verdorben werden. Unter diesen Umständen versteht man leicht, dass erst im 18. Jahrhundert überall in Europa Schokoladefabriken entstanden, nachdem der spanische König Philipp V. 1728 das Monopol des Kakaoverkaufs an eine internationale Gesellschaft verkauft hatte.

Merkwürdige Schokolade

Zwinger beschreibt, wie die Spanier Schokoladetafeln aus den zerstossenen Bohnen formen, welchen sie eine Unmenge von Ingredienzen beimengen: Zucker, mexikanischen Pfeffer, Vanille, Anis, Pomeranzenblustwasser, Bisam und Ambra (ölige, duftende Ausscheidung aus dem Darm des Pottwals), Hirschzungenpulver und Pulver von alexandrinischen Rosen, Türkisch Korn, alles in variablen Kombinationen. Diese Schokolade aus Cadiz sei die beste, sofern sie nicht schimmle oder so alt sei, dass Motten und Würmer sie durchlöchert hätten, noch dürfe sie einen seltsamen ölfaulen Geruch haben. «Wenn man aber die Ingredienzien, so zu der Schokolate genommen werden, wohl erweget, wird man nicht unschwer abnehmen können, dass diese Sache sowohl eine Speise als eine Arzney kann genennet werden.»

Kakaoplantagen entstanden bald in den englischen, französischen und holländischen Kolonien. Anfang des 19. Jahrhunderts gelang es dem Holländer C.J. van Houten, in Wasser lösliches Kakaopulver herzustellen. Bis dahin hatte man das Getränk durch Auflösen von Schokoladetafeln und Vanillezusatz hergestellt. In Zeeland (Holland) entstanden die besten Schokolade- und Kakaofabriken. Den Kakao bezogen sie aus Surinam (Guayana, Südamerika), das von einem zeeländischen Admiral erobert worden war. Die Schweizer Milchschokolade, eine weitere Erfindung und Veredlung, entstand 1876.

Tee

Der *Teestrauch* (Camellia sinensis), dessen getrocknete, feine Spitzenblätter genutzt werden, ist, wie der lateinische Name sagt, verwandt mit dem bekannten Zierstrauch Kamelie (Camellia japonica). Die Blüten des Teestrauches sind stets weiss und wie auch die Blätter viel kleiner. Seine Heimat sind die Berghänge in der chinesischen Provinz Yünnan und die Bergwälder von Assam, Burma und Thailand. Er kommt wild bis auf zweitausend Meter Höhe vor. Die Domestikation scheint in China begonnen zu haben. Aus chinesischen Handschriften erfährt man, dass die Chinesen schon zweitausend Jahre vor unserer Zeitrechnung Tee getrunken haben. Etwa im 7. Jahrhundert erscheint die Bezeichnung ‹Cha› für Tee; die Portugiesen haben sie in ihren Sprachschatz übernommen. Vermutlich aus dem malaiischen ‹te›, ‹tay› entstand das englische ‹tea›, das französische ‹thé›, das holländische ‹thee› und das deutsche ‹Tee›.

Mongolische Krieger drangen mit ihrem ‹Ziegeltee› (die Teeblätter wurden zu ziegelförmigen Tafeln gepresst, von welchen man bei Bedarf Teepulver abraspelte) um 1620 in Russland ein. Auf diese Art wurde der Teegenuss in Russland bekannt und zur Gewohnheit. Auf der Karawanenroute kam der für Russland bestimmte Tee über die Mongolei, die Kirgisensteppe, Afghanistan, Armenien, dem Kaukasus entlang und über die Halbinsel Krim nach Petersburg. Eine andere Route führte über das südliche Sibirien und das alte Nischni-Nowgorod (Gorki) nach Petersburg, der damaligen Residenzstadt des Zaren. Das war der berühmte ‹Karawanentee›, auch ‹Zarentee›, ein Blättertee, der wegen des langen und mühsamen Transportes nur aus guten und teuren Sorten bestand. – Die Tibeter halten noch immer am Ziegeltee fest.

Ein arabischer Kaufmann mit Namen Suleiman, der in der ersten Hälfte des 9. Jahrhunderts China besuchte, nahm sich die Mühe, neben seinen Handelsgeschäften auch seine Eindrücke niederzuschreiben. Er war der erste, der von einem getrockneten Kraut berichtete, das die Chinesen mit heissem Wasser übergossen und aus feinen Schalen tranken, die so dünn waren, dass man das Getränk hindurchsah. «In allen Städten wird dies Kraut ‹Cha› zu hohen Preisen verkauft. Es duftet stärker als Klee, hat einen bittern Geschmack und soll gegen allerhand Unpässlichkeiten gut sein.»

Ausbreitung des Tees

Zur Zeit der drei Polos aus Venedig hatte der Teeverkauf aus Nordchina begonnen. Die alte Landroute der Seide und Gewürze wurde im 13. und im 14. Jahrhundert auch zur Tee- und Porzellanroute. Durch den Buddhismus war der Tee auch nach Japan gekommen. Etwa um 1100 entstanden in der Landschaft Udsi die ersten Teegärten mit dem japanischen Kaisertee. Als ersten gelang es den Holländern, durch den Teehandel Beziehungen mit Japan herzustellen; sie tauschten Tee gegen europäische Heilpflanzen ein (um 1640).

In Kanton waren den Engländern, Franzosen, Holländern von

den chinesischen Kaisern Handelsniederlassungen gestattet worden (etwa Mitte des 17. Jahrhunderts), in welchen sie mit den chinesischen Händlern zusammentrafen. Kanton und die Insel Whampoa waren die einzigen Orte im chinesischen Reich, wo Europäer zugelassen waren. Die Häuser mit Vorhallen und Lagerräumen lagen direkt am Fluss und hatten Anlegeplätze für die Schiffe. Es wurde eifrig gegenseitig ‹über den Hag› geschaut, und so erzählten sich Engländer und Franzosen, wie die Holländer mit besonderem Geschick entdeckt hatten, dass die Chinesen Salbeiblätter schätzten, was sie reichlich ausnützten, indem sie drei Unzen besten Tees gegen eine Unze gewöhnliche Salbeiblätter einhandelten.

Die Engländer hielten stets einen Arzt und Botaniker in ihren Faktoreien, dem die zusätzliche Aufgabe gestellt war, Pflanzen für die Royal Society in London zu sammeln. Schweden und Dänemark gründeten ebenfalls Ostindienkompanien und waren in Kanton vertreten. Diesen Umstand hat auch Linné ausgenutzt und einem befreundeten Schiffskapitän allerlei botanische Wünsche mitgegeben.

Der Jesuitenpater d'Incarville hatte eine Teepflanze nach Paris schicken lassen; sie fand jedoch noch kein Interesse. Bis 1800 konnten die Chinesen und Japaner das Geheimnis der Aufbereitung der Teeblätter bewahren, indem sie irreführende, phantasievolle Märchen verbreiteten. Erst 1826 gelang es den Holländern, Teepflanzen aus Japan in Java einzuführen. 1839 gründeten die Engländer die Assam-Tea-Company, und 1867 pflanzten sie Teesträucher auf Ceylon. Doch mit dem Pflanzen war es noch nicht getan. Das Pflücken ist je nach Erntezeit und gewünschter Qualität differenziert. Vorerst muss den Blättern durch Welken Feuchtigkeit entzogen werden, sodann werden sie ‹geröstet› und gerollt, wodurch ein Fermentierungsprozess ausgelöst wird. Nach nochmaliger Warmlufttrocknung werden sie von Hand sortiert und in Kisten, die mit Metallfolien ausgelegt sind, verpackt. Der schwarze Tee ist fermentiert, während der grüne nach dem Pflücken, über Wasserdampf erhitzt, nur gerollt und getrocknet wird. Richtig gelagert, ist Tee jahrelang haltbar. Als 1850 der Kaffeerost Verheerungen in den ceylonesischen Plantagen anrichtete, wurde die Insel ‹auf Tee umgepflanzt›. Erst mit Hilfe ‹gekaufter› fachkundiger Chinesen gelang es den Europäern jedoch, Tee auf ihren Plantagen zu bereiten. Das 18. Jahrhundert wurde zum blühenden Jahrhundert aller Ostindienkompanien, der immer schnelleren und schöneren Segelschiffe, beladen mit Tee und Porzellankisten; diese kamen manchmal mit zerscherbeltem Inhalt in Europa an, als wäre der sprichwörtliche Elefant daraufgetreten. Die Teekisten hingegen wurden von den chinesischen Kulis in den Faktoreien tatsächlich barfüssig mit Teeblättern vollgetrampelt, bis sie das vorgeschriebene Gewicht hatten. Doch davon wusste man nichts in den vornehmen europäischen Teegesellschaften beim Degustieren der frischen Ernte. (Siehe Bilder S. 51.)

Zauber der exotischen Spezereien noch im 20. Jahrhundert: Fassadenbilder von Burkard Mangold am Haus Spalenberg 22, in dem sich eine bekante Kolonialhandlung befand.

Tee in Basel

Dass auch die Basler dem Teegenuss zu huldigen verstanden, beweisen die vielen delikaten Teeservices, die wir heute im Kirschgartenmuseum bewundern können. Der Basler Arzt und Botaniker Friedrich Zwinger rät 1744: «Hast Du dich bey einer Mahlzeit etwan berauscht, bist Du mit der Micraine oder der Schlafsucht beladen, trincke wacker Thee, so wird Dir die Trunckenheyt geschwind weichen, die Micraine sich setzen und die Schlafsucht vergehen, daher es auch denen Nacht-studierenden Gelehrten, wann sie sich desselben mit Maass bedienen, ein sehr bequemes Mittel ist, den Schlaf etwas zu brechen.» Zwinger soll selbst ein eifriger Teetrinker geworden sein.

Zuckerrohr

Zuckerrohr (Saccharum officinarum), englisch ‹sugar cane›, französisch ‹canne à sucre›, spanisch ‹caña de azucar›, portugiesisch ‹cana de açucar›, stammt aus Südostasien. Nearchos, Admiral und Freund Alexanders des Grossen, beschrieb, als er 325 bis zur Indusmündung vorstiess, eine Art honigreiches Schilf, aus welchem die Inder den Saft auspressten. Dieser wurde über Feuern zu Sirup eingedickt und verkauft. Im Sanskrit kommt der Ausdruck ‹shkkara› vor für ‹neue Nutzpflanze aus dem Osten›. Diese muss schon sehr früh in Indien und China kultiviert worden sein, da in indischen Schriften das Zuckerrohr seit 1400 v. Chr. erwähnt wird. Die Araber lernten dann seinen Gebrauch in Indien kennen. Um die Zeitwende versorgte der Handelshafen Alexandria das Römerreich mit Zucker aus Indien. 1150

Rum

wurden auf Zypern, 1420 auf Sizilien Zuckerrohrpflanzungen angelegt. 1503 brachten die Portugiesen das Zuckerrohr auf ihre atlantischen Inseln (Madeira, Azoren, Kapverden). Auf seiner zweiten Reise brachte Kolumbus Zuckerrohr mit nach Südamerika und begründete damit die berühmten Antillenplantagen. In Brasilien wurde das Zuckerrohr von den portugiesischen Entdeckern eingeführt.

Die Holländer legten um 1600 auf Java grosse Plantagen an und unterboten bald alle anderen Konkurrenten. 1791 brachte Kapitän Bligh (berühmt durch die Meuterei auf der Bounty) von Tahiti eine verbesserte Zuchtform nach Jamaika in den Antillen[17]. Neben der Zuckerfabrikation entstand bald die Rumindustrie, denn inzwischen hatte man in Europa die Zuckerherstellung aus der Zuckerrübe (Beta vulgaris) entwickelt und damit die Einfuhr des Überseezuckers schwer konkurrenziert.

Ein grosser Zeitsprung bringt uns wieder mit Basel zusammen: 1929 gründete die Basler Firma Fiechter & Schmidt AG, die mit Cognac aus der Charente handelte, in Kingston auf Jamaika die erste nichtenglische Firma, um direkten Rumimport zu betreiben. So entstand die Rum Company Ltd. Basel (Compagnie Rhumière de Bâle), die ihren ‹Coruba-Rhum› und Cognac in guten Eichenfässern lagert und altern lässt. Im Jargon der Seeleute trifft man auf den Ausdruck ‹Tafia›, wie sie ihre gepfefferten Rumrationen nannten. Das Wort ist übernommen von einem Kreolenausdruck für eine Art Zuckerrohrlikör auf den französischen Antillen.

Für Färberbottich und Gerbergrube

Kardendistel *(Dipsacus fullonum)*, Blüten violett.

Zahme Karten-Distel. Dipsacus sativus.

In den frühen Klostergärten gab es neben den Heil- und Gewürzpflanzen auch solche, die auf Stoffbehandlung hindeuten, als Beispiel das *Seifenkraut* (Saponaria officinalis), das einerseits als Heilmittel bei Gicht und Hautkrankheiten eingesetzt wurde, anderseits ein brauchbares Waschmittel speziell für Wollstoffe abgab. Die Mönchskutten waren aus Wolle. Die *Iris* (Iris germanica) gleichfalls eine Heilpflanze mit Nebenzweck – die Wurzeln dienten als Mittel bei Blasenleiden –, gab bei Bedarf eine Appretur für Leinen- und Baumwollstoff. In seinem ‹Capitulare de villis› ordnete Karl der Grosse das Anpflanzen von *Krapp* (Rubia tinctorum) und der *Kardendistel* (Dipsacus fullonum) an. Die borstigen Fruchtkapseln dieser Distel, auch Weberkarde genannt, banden die Weber zu Bürsten zusammen, um Wollgewebe zu ‹karden›, das heisst aufzurauhen. Diese Gewächse hatten ihren Platz in den Hausgärten bekommen.

Im 15. Jahrhundert wurden die Färberpflanzen gewerbsmässig auf den Feldern angebaut. Zum Krapp kamen Färberginster, Färberwaid und Färberwau hinzu. Im Mittelalter war *Waid* (Isatis tinctoria), französisch ‹pastel›, das wichtigste Färbemittel für Blau. Die Pflanzen liess man auf Haufen gären, der Farbstoff wurde von Hand zu Kugeln geformt, die in den Handel kamen. «Zu solchem Kraut hat man eygen Mülen erfunden, aus welchen es noch grün gepresst wird, darnach macht man Kugeln daraus und lässt sie auf Hürten im heyssen Sommer liegen.» Vom 13. bis ins 16. Jahrhundert waren die Thüringer auf dieses Gewerbe spezialisiert. *Krapp, Färberröte* (Rubia tinctorum), französisch ‹garance›, wurde vor allem in den Niederlanden, aber auch in der Gegend von Avignon und im Elsass gezogen zum Färben von Wolle, Baumwolle und Leinen. Es war die Farbe der berühmten Franzosenhosen. 1750 hatten orientalische Färber diese Technik in Europa eingeführt, deren Ergebnis deshalb ‹Türkischrot› genannt wurde. Die «zam Rödte wechst in den Feldern so umb Hagnau, Speyr und Strassburg ligen, do mans pflantzt, nit von Samen, sonder von den jungen Dolden (Schosse) oder Spargen, die werden auf den Grund abgeschnitten und zu gelegener Zeyt im Summer wider ingelegt, das gewindt mit der Zeit andere Wurtzel, zum Kauff dienlich. Die Wurtzen der zam Rödten werden im dritten Jor ausgegraben und zum Kauff bereytet, dieweyl sie zu farben genutzt würdt.» (Leonhard Fuchs.) Lateinisch ‹rubia› = Röte. Übrigens hatten sie bereits die Römer gekannt.

Färberginster (Genista tinctoria) kommt in fast ganz Europa vor. Die gelben Blütenzweige dienen zum Grün- und Gelbfärben. Auch dieses Gewächs ist seit der Römerzeit bekannt.

Färberwau (Reseda luteola), französisch ‹gaude›, ist gleichfalls

Färberwaid *(Isatis tinctoria)*, gelbblühend.

Zahmer Weyd. Isatis.

eine altbekannte, in fast ganz Europa wachsende und gebräuchliche Färberpflanze für gelbe Farbe. Ihre Samen sind stark ölhaltig, ihr Öl speiste einst die Öllämpchen.
Safran (Crocus sativus), das Gewürzpulver färbte nicht nur ‹Kuchen geel›, sondern auch Stoffe. In Basel wurde viel mit Safran und dem Färberginster gefärbt.
Die Färberscharte (Serratula tinctoria), eine distelartige, in ganz Europa heimische Pflanze, ist mehrjährig; aus ihrem Saft wird eine dauerhafte gelbe Farbe gewonnen. Sie wurde mit der ‹wilden Röte› = *echtes Labkraut* (Galium verum) und dem *Wiesenlabkraut* (Galium mollugo) im Sommer für den Hausgebrauch gesammelt. Die Wurzeln enthalten den roten Farbstoff. Das echte Labkraut diente ausserdem, wie sein Name verrät, bei der Käsefabrikation als Lab zum Gerinnen der Milch. Beide Labkräuter zählen zu den Heilkräutern.
Kreuzdorn, auch *Gelbbeere* genannt (Rhamnus catharticus), dessen Beeren zwar schwarz werden und giftig sind, geben eine gelborangebraune Farbe. Auch die Rinde färbt gelb. Rhamnus figuriert unter den in Europa gebräuchlichen Färbemitteln. Griechisch ‹kathertikos› bedeutet reinigend; er diente auch als Purgiermittel.
Die *Färberdistel, Saflor* (Carthamus tinctorius), im 2. Jahrhundert v. Chr. in China, Bengalen, Persien und Ägypten schon bekannt, wurde später auch in Südeuropa kultiviert, weil ihre Blüten als Färbemittel Verwendung fanden. Die Pflanze kommt wild nicht nördlicher als bis zum Genfersee vor. Die Basler lernten sie höchstens als ‹falschen Safran› kennen, da er oft dazu benutzt wurde, echtes Safranpulver zu strecken.
Dunkles Violett oder Braun wurde im Mittelalter und noch in der Renaissance mit dem Küchenlateinausdruck ‹Nigella› bezeichnet, von lateinisch ‹niger› = schwarz, dunkel. Das deutsche ‹braun› galt in der Farbenbezeichnung ebenfalls für dunkles Violett. Anfänglich besorgten die Weber das Bleichen und Färben von Garn, bis sich ein eigenes Handwerk daraus entwickelte. Städte spezialisierten sich auf bestimmte Farben, so Ulm auf Rot, Augsburg auf Schwarz, Köln auf Blau und blau-weiss Gewürfelt, was ‹Kölsch› (= kölnisch) genannt wurde, Vichy auf rot-weiss Gewürfelt.
Auf den Basler Markt kam die Baumwolle zum Teil in rohem Zustand, zum Teil als gebleichtes oder gefärbtes Garn. Basel färbte blau und blau-weiss mit Waid und später mit Indigo.

Indigo

Der ‹color indicus› war nach den Kreuzzügen nach Italien gekommen. Die Araber hatten den blauen Farbstoff aus Indien unter dem Namen ‹Anil› gehandelt. Nachdem Vasco da Gama in Indien Fuss gefasst hatte, gewannen die Portugiesen den

Färberröte (Rubia tinctorum), blüht gelb-violett.

Zahme Röthe. Rubia sativa.

Indigohandel für sich. (Portugiesisch ‹indigo› = indisch.) Der *Indigostrauch* (Indigofera tinctoria) lieferte schon viel früher den Chinesen ihren berühmten blauen Farbstoff. Die Holländer pflanzten ihn später auf Java, die Spanier verpflanzten ihn nach den Westindischen Inseln und Mittelamerika, die Engländer brachten ihn dann im 18. Jahrhundert in ihre Kolonien. Überall wurde er zum wichtigen Ausfuhrprodukt. In Europa verdrängte er schliesslich die einheimische Färberwaid, die heute nurmehr als schlichtes Unkraut an Wegrändern, auf Dämmen und an Flussufern in Vergessenheit blüht.

Der *Granatapfel* (Punica granatum) wurde von den Phöniziern in alle ihre Kolonien verbreitet, deshalb seine Bezeichnung ‹punica› = punisch, phönizisch. Wildformen des Baumes wachsen noch von Persien bis zum Hindukusch. Er ist eine der ältesten Kulturpflanzen der Syrer, Phönizier, Ägypter, Juden und Araber. Sie haben durch Veredlung die viel grössern ‹Äpfel› erzielt. Der Saft der Frucht ist ein erfrischendes Getränk, die Kerne sind essbar und sollen gegen den gefürchteten Bandwurm wirksam sein. Die gelben, roten und rotbraunen Farben der Orientteppiche und der Gerbstoff für das Saffianleder werden aus den Granatblüten und den Fruchtschalen gewonnen. Wirklich alte Orientteppiche weisen deshalb noch edle, harmonische Farben auf und häufig ein Muster aus stilisierten Granatäpfeln.

Der wilde *Holzapfelbaum* (Malus silvestris) nützt ebenfalls den Färbern. Mit seiner Rinde lässt sich eine schöne zitronengelbe Farbe erzielen, während eine schwarze Farbe aus den Früchten der *Deutschen Tamariske* (Myricaria germanica) gewonnen werden kann.

Die *Kermesbeere* (Phytolacca americana) wurde von Nordamerika eingeführt und häufig als Zierpflanze gehalten. Der Saft ihrer Beeren, ein roter Farbstoff, half manchen Weinen zu dunkelroter Glut und Zuckerwaren zu appetitlichem Rosa, selbst Stoff und Papier lassen sich damit färben. Wurzeln, Blätter und Beeren haben abführende Wirkung. Dieses Gewächs ist zu Unrecht verwildert, es ist eine recht dekorative Staude.

Gerbpflanzen

Die Gerber benützen vor allem Baumrinden für ihre Tätigkeit. Ihr Gewerbe konnte seit alters mit einheimischen Produkten ausgeübt werden, es standen mehrere Gerbstofflieferanten zur Auswahl:

Silberweide (Salix alba), auch Gerberweide genannt. Ihre Rinde enthält Tannin (französisch ‹tanner› = gerben). Ausserdem gibt sie das in der Heilkunde so wichtige Salicin her.

Schwarzerle (Alnus glutinosa). Nicht nur ihre Rinde, auch die Blätter sind in der Gerberei verwendbar. Das Holz war beson-

Indigostück, wie es in den Handel kam.

ders für Bauten im Wasser geschätzt, weil es im Wasser an Härte gewinnt.

Eichen. Unsere *Stiel-* oder *Sommereiche* (Quercus robur) wie auch die *Trauben-, Winter-* oder *Steineiche* (Quercus petraea) sind stark gerbstoffreich, hart und haltbar über Jahrhunderte, deshalb schätzten auch die Küfer ihr Holz zur Herstellung von Fässern.

Rosskastanie (Aesculus hippocastanum). Nach ihrer Einbürgerung traten ausser ihrer Schönheit noch weitere gute Eigenschaften zutage: Die Rinde erwies sich als brauchbarer Gerb- und Farbstoff. Aus den Kastanien lässt sich sogar ein Waschpulver herstellen.

Hainbuche (Carpinus betulus). Ihre Rinde war in der Gerberei gebräuchlich.

Mit ihren Wurzeln diente selbst die schöne *Gelbe Schwertlilie* (Iris pseudacorus) den Gerbern.

Walnussbaum (Juglans regia). Seine Blätter und die grünen Fruchtschalen enthalten viel Gerbstoff. Die letzteren färben von Gelb bis Dunkelbraun, was jedem bekannt ist, der schon frische Nüsse unter dem Baum aufgelesen und geschält hat. Das Nussöl hat nicht nur ernährt, es hat einst manchenorts auch als Lampenöl gedient.

Von den Faserpflanzen

Spinnerin; Holzmodel für Kerzen.

«Vielmal lieber wollt' ich buhlen
als vollspinnen meinen Spulen.»

Aufzucht und Verarbeitung von Flachs und Hanf waren ausschliesslich Angelegenheit der Frauen, von der Aussaat im Gemüsegarten bis zu den spinnfertigen Fasern. Die Samenköpfchen wurden abgeschnitten, die Pflanzenstengel gebündelt und in seichtes Wasser eingelegt – was man eigenartigerweise mit ‹Rösten› bezeichnete –, bis ein Gärungsprozess die Fasern freilegte. Die Stengel wurden danach in sogenannten ‹Flachsdarren› getrocknet, worauf man sie klopfte, brach und durchhechelte.

Den ‹Baslerischen Stadt- und Landgeschichten aus dem 16. Jahrhundert› von Buxtorf-Falkeisen (1863) entnehmen wir diese bildhafte Szene: «Die meisten Bürger hatten damals (1606) einen Garten, eine ‹Hanfbünte› [Bünte = eingezäuntes Land], ein Stücklein Mattland oder Reben, die sie in bescheidenem Frohgenusse bestmöglichst zu Nutzen zu bringen suchten. Wurde Anfangs Spätjahrs das Hanfreiten vorgenommen, so setzten sich die Nachbarn nach dem Nachtessen zu dieser Arbeit auf den Gassen zusammen. Die abgezogenen Hanfstengel wurden von der Jugend im Freien auf Strassen und Plätzen angezündet und um die Feuer muntere Ringeltänze gehalten. Da indessen diese nächtlichen Vergnügungen nicht ohne Feuergefahr stattfinden konnten, so wurden diese Hanffeuer mit der Zeit verboten.»

Ein uraltes Gewerbe, das leider am Aussterben ist, das Seilerhandwerk, ist ganz auf die Gaben der Natur angewiesen. Im Anfang flocht jedermann eigenhändig, was er an Schnüren und Stricken benötigte, selbst aus Hanf und anderen Fasern. Mangelnde Zeit oder Geschicklichkeit zwang die Leute, gegen Entgelt fertige Seile bei einem besonders Geschickten anfertigen zu lassen.

Flachs und Hanf

Als Faserpflanzen standen in Gebrauch:

Lein oder *Flachs* (Linum usitatissimum), eine einjährige Pflanze, stammt aus dem Orient und war schon in der mykenischen Kultur bekannt. Die Stengelfasern werden für Gewebe präpariert; die Samen sind sehr ölhaltig, das Leinöl wird verschiedentlich genutzt, nicht zuletzt auch in der Heilkunst.

Die *Grosse Brennessel* (Urtica dioica) ist ein allbekanntes ‹Unkraut› der Weg- und Waldränder. Die jungen Triebe waren einst als Salat oder wie Spinat als Gemüse beliebt. Aus den zähen Fasern der Stengel spannen die Jungfrauen ein feines ‹Nesselgarn› das, wie es im Märchen der sieben Schwäne beschrieben wird, zu Hemden gewirkt werden konnte.

Lein oder Flachs (*Linum usitatissimum*).

Lein oder Flachs. Linum.

Seegras

Ginster

Hanf (Cannabis sativa) ist gleich wie der Flachs eine einjährige, ursprünglich orientalische Pflanze, seit Urzeiten in den abendländischen Kulturen in Gebrauch. Die Stengelfasern liefern das Material zu Schnüren, Seilen und Sacktuch. Die Samen sind ölhaltig und beim gefiederten Volk sehr geschätzt. Durch die heiteren Verse Johann Peter Hebels wissen wir, dass die Seiler ihr Handwerk auf der Steinenschanze und dem Petersplatz ausübten:

«s Seilers Reedli springt
los, der Vogel singt ...»

Thomas Platter arbeitete dort einer ersten Verdienstmöglichkeit wegen als Seilergeselle, mit einem Auge das zu drehende Hanfseil überwachend, das andere im Lateinbuch.

Beim Restaurieren alter Polstermöbel kann man botanische Überraschungen erleben und dem *Seegras* (Zostera marina) begegnen, das aus einem Stuhlpolster herausquillt. Seegras kommt in den flachen Uferzonen der europäischen Meeresküsten vor, ganze Unterwasserwiesen mit kriechenden Stengeln bildend, von welchen meterlange grasartige Blätter schwimmend abstehen. Diese Blattriemen wurden geschnitten, getrocknet und zum Stopfen von Polstersitzen und Matratzen genutzt.

Der *Rohrkolben* (Typha latifolia) half mit seinen getrockneten Blättern, den Fassbindern (Küfern) die Fugen der Fässer zu dichten.

Nach der anfänglichen Begeisterung über die unzähligen und bequemen Verwendungsmöglichkeiten von Plastik regt sich doch langsam in uns allen wieder eine Sehnsucht nach natürlich gewachsenem Material. Der warme Farbton, der seidige Schimmer und der sympathische Geruch von Flechtwerk hat etwas wohltuend Lebendiges bewahrt, vielleicht weil diese uralte Kunstfertigkeit überall dort von Menschen ausgeübt wird, wo genügend Vegetation besteht. Geflochtenes im Rohzustand ist nie hässlich.

Die *Sumpfbinse* (Schoenoplectus lacustris) wurde oder wird für allerlei feines Flechtwerk, wie Körbchen, Matten usw., verwendet; das Mark diente früher zur Herstellung von Lampendochten und später von Papier. Verschiedene Arten der *Simse* (Juncus) werden in gleicher Weise genutzt.

Pfriemenginster (Spartium junceum), auch Spanischer Ginster genannt, ein bis mannshoher Strauch mit sparrigen, fast blattlosen, besenartigen Ästen, aus Südeuropa und nun in unseren Gärten eingebürgert. Im Spätfrühling fällt uns der leuchtendgelb blühende und duftende Strauch in manchen Basler Gärten

II. Spanisch Pfrimme. Spartium
five Genista Hispanica

Gräser und Palmen

Pfriemenginster *(Spartium junceum)*,
gelbblühend.

angenehm auf. Seine Äste lassen sich zu Besen binden und ihre Fasern zu Korbwaren und Netzen verwenden. Die Blüten enthalten gelben Farbstoff, doch die Samen sind giftig.
Besenginster (Cytisus scoparius), in fast ganz Europa verbreiteter, bis zweieinhalb Meter hoher, vielästiger Strauch, gelb blühend. Die Äste ergaben Besen; aus seiner Faser wurden Stricke gedreht oder grobe Stoffe gewoben.
Da wir bei den Besen angelangt sind, den Symbolen fleissiger Häuslichkeit, wollen wir noch die Herkunft des Reisbesens nennen: er ist entweder aus Reisig – Reisern von Bäumen und Sträuchern – oder aus den entkörnten Fruchtrispen der Hirse zusammengebunden, dasselbe gilt auch für die Reisbürsten.
Die ‹Bürste› der Tuchmacher, Strumpfwirker und Hutmacher war, wie wir bereits angedeutet haben, aus den Fruchtständen der *Kardendistel* (Dipsacus fullonum) hergestellt. Diese Distel, oft auch Weberkarde genannt, wurde eigens angebaut, weil ihr Verbrauch beim Aufrauhen und Verfilzen von Wollstoffen sehr gross war. Die Bürste findet man gelegentlich auf alten Firmenschildern oder Zunftwappen abgebildet.
Halfagras (Stipa tortilis) wächst an der spanischen Südküste und in den maghrebinischen Steppen Nordwestafrikas. Schon die Karthager drehten ihre Schiffstaue aus diesem Gras. Die Faser wird aus Stengeln und Blättern abgesondert. 1860 entdeckte ein Schotte, dass aus dem Halfagras vorzüglicher Rohstoff zur Papierherstellung gewonnen werden konnte. Das ‹Alfapapier› hat die besten Eigenschaften im Papierangebot aufzuweisen. Das Alfa- oder Halfagras ist ein für die Produktionsländer guter Exportartikel geworden.
Espartogras (Lygeum spartum) ist ein weiteres Steppengras aus Spanien, Sizilien, Sardinien und Süditalien, das wie das Halfagras genützt wird.
Jute (Corchorus capsularis), nach dem Sanskritwort ‹Djuta› benannt, wurde von dem englischen Schiffsarzt und Botaniker William Roxburgh bekanntgemacht. Die Faserpflanze ist in Bengalen und Assam beheimatet und wird von Bombay exportiert. Aus Jute lässt sich nicht nur Sackleinwand weben, die feinere Qualität wird sogar zu allerdings billigem Hemdenstoff verwoben.
Ramie (Boehmeria nivea). ‹Ramie› stammt aus dem malaiischen Wortschatz, englisch ‹Chinagrass›, deutsch ‹Indische Nessel›. Sie ist die längste und auch reissfesteste aller Fasern. Ihre Heimat ist Yünnan (China), die der verwandten Art, der Boehmeria utilis, Indien. In Asien wird sie seit urdenklichen Zeiten angebaut und verarbeitet. Sie lässt sich zu grobem Segeltuch über Fischernetze bis zu feinsten Geweben wie ‹Kan-

Bürste der Tuchmacher aus Distelköpfen.

tonseide› – so genannt wegen des auffallenden Seidenglanzes – spinnen und verweben. Vor der Erfindung der Nylonfaser waren die Stoffe aus Ramie die sichersten für Ballon- und Fallschirmseide! Die Holländer hatten die Ramieprodukte in den Handel gebracht, Frankreich wurde zum grössten Abnehmer, dann Deutschland und die Schweiz. Der Stoff lässt sich erst noch gut bedrucken.

Raphia (Raphia pedunculata), die Raphiapalme, auch Weinpalme, ist auf Madagaskar heimisch. Der Name ‹Raphia› ist der madegassischen Sprache entnommen. Von dieser Palmenart stammt der klassische Gärtnerbast. Sie wird auch in West- und Ostafrika angebaut, da sich ihre Faser für vielerlei Flechtwerk (Matten, Körbe) eignet. Der Madagaskarbast ist jedoch der beste.

Rotang (Calamus rotang), ein Gewächs, dem man die Zugehörigkeit zur Familie der Palmen nicht ansieht, ist eine lianenartige Kletterpflanze aus dem Malaiischen Archipel. Was sie interessant macht, sind ihre bis zweihundert Meter langen Sprosse, die im Handel als Spanisches Rohr, Meerrohr, Peddigrohr, Stuhlrohr und Manilarohr bezeichnet werden. Das dickere Rohr von Calamus caesius oder Calamus trachycoleus wird für Korbmöbel und Spazierstöcke als sogenanntes Malakkarohr ausgesucht. Rotang ist eine Lautangleichung an das malaiische ‹rotan›; der Franzose macht daraus ‹rotin›, bezeichnet aber häufig Stuhlgeflechte aus gespaltenem ‹rotin› fälschlicherweise als ‹jonc› (was Juncus = Binse bedeuten würde). Im alten Basel haben Generationen die Joncstühle durchgesessen.

Kokospalme (Cocos nucifera). Neben der primären Bedeutung der Kokosnuss als Nahrungsmittel lässt sich die Faserhülle, die ihre harte Schale umgibt, sehr nutzbringend zu Matten, Teppichen, Stricken, Bürsten usw. verarbeiten. Bei den Pflanzern wird die Faser ‹Coïr› und der getrocknete grobzerkleinerte Inhalt der Nuss ‹Copra› benannt. Bekanntlich können Kokosnüsse monatelang auf dem Meerwasser schwimmend zubringen, ohne zu faulen. So erklärt man sich ihre grosse Verbreitung auf allen tropischen Inseln. Die Faser bewahrt diese Fäulnisresistenz, was sie besonders zweckdienlich für Fussmatten macht.

Die *Panamapalme* (Carludovica palmata) stammt aus Südmexiko und Peru. Ausser in Kolumbien wird sie auch erfolgreich in Ostafrika kultiviert. Diese kleine strauchartige Palme wächst demnach nicht in Panama. Ihren Namen bekam sie nach Karl IV., König von Spanien (1748–1815), und seiner Gemahlin Ludovica, die sich beide um die Botanik verdient gemacht hatten. Geübte Flechter sollen aus sechs jungen, noch gefalteten Palmblättern einen Hut machen können, der sehr widerstandsfähig ist und vor Regen und Sonne Schutz bietet, wie zum Beispiel seinerzeit beim Bau des Panamakanals.

‹Manilahanf› aus der *Textilbanane* (Musa textilis) wurde von den Portugiesen entdeckt, die während der Weltumsegelung mit Magellan 1521 auf den Philippinen diese Faserbanane erstmals sahen. Für die Seefahrer wurde sie von grösster Wichtigkeit wegen der Leichtigkeit, Solidität und Haltbarkeit der Taue im Salzwasser. Seit 1820 wurde aus Manila von dieser Faser exportiert, daher der Name. Sie eroberte bald den Weltmarkt, und die Ostindienfahrer brachten Manilahanf als Ballast ihrer Schiffe nach Europa zurück, um die Kosten herabzusetzen. Er ist im botanischen Garten der Universität vertreten.

Sisal und Kapok

Sisalagave (Agave sisalana). Die im subtropischen Amerika beheimatete Agave war, nach Gräberfunden zu schliessen, schon vor achttausend Jahren den mittelamerikanischen Indianern bekannt, sie brauten mit ihr ein Rauschgetränk und drehten aus den Fasern Schnüre für Netze. Sie bekam ihren Namen nach dem Hauptausfuhrhafen Sisal im Golf von Mexiko. Auf afrikanischem Boden gedieh sie recht gut; es waren deutsche Pflanzer, die in Ostafrika die Sisalkultur begründeten. Die Sisalschnüre und -matten haben ihren Wert bis heute behalten.

Der *Kapokbaum* (Ceiba pentandra), auch ‹Baumwollbaum› genannt, ist ein sehr hoher Baum, der vor allem in Afrika und Amerika vorkommt; neuerdings wird er auch in Asien kultiviert. Die Kapokfiber bildet sich an den Wänden der Fruchtkapsel. Sie hat die wichtige Eigenschaft, wasserabstossend, extrem leicht und seidig-elastisch zu sein. Da sie zu kurz ist, um zu Garn versponnen zu werden, eignet sie sich in erster Linie als Füllmaterial. Ihre bekannteste Verwendung findet sie in den Schwimmwesten. Der Baum ist ausserdem beliebt als Schatten- und Stützbaum in den von Brasilien über Afrika, Madagaskar bis Indonesien verbreiteten Kaffee-, Tee-, Pfeffer- und Vanilleplantagen.

Baumwolle

Baumwolle (Gossypium, verschiedene Arten). Der deutsche Name ist eigentlich absurd, denn die Pflanze ist niemals ein Baum, sondern eine Staude oder allenfalls ein Strauch. Die Seeleute mussten bei ihren Erzählungen gewaltig ‹aufgeschnitten› haben. Die Baumwolle, welche zur Familie der Malvengewächse gehört, ist eine der ältesten Kulturpflanzen. Das englische ‹cotton› und das französische ‹coton› sind vom arabischen ‹kutun› = Kattun abgeleitet. Gossypium kommt in Asien, Afrika, Australien und Amerika vor, einerseits in typischen Trockengebieten wie Ägypten, anderseits auch in feuchtwarmen Ländern. Es gibt entsprechend viele Arten und Hybriden, von denen vor allem vier Arten Weltbedeutung erlangt haben: zwei *indisch-afrikanische* (Gossypium herbaceum und G. arboreum) und zwei *amerikanische* (Gossypium hirsutum und G. vitifolium). Im Reifezustand quellen die Samen, an welchen die Faserhaare sitzen, aus den Fruchtkapseln hervor. Die Araber brachten

Gossypium arboreum aus Indien westwärts bis auf die Iberische Halbinsel; nach ihrem Rückzug aus Spanien verschwand dort auch die Kultur der Baumwollpflanze.

807 bekam Karl der Grosse Prunkzelte als Geschenk vom Kalifen von Bagdad zugesandt. Sie waren ausserordentlich bunt und gross; bestaunt wurde aber das Material, aus welchem sie gefertigt waren, nämlich Baumwolle, die bis dahin im Abendland unbekannt war.

Allmählich wurde der Stoff in Europa gehandelt, war aber noch rar und kostbar, so dass er oft für Seide gehalten wurde. Baumwolle wurde bald zum begehrten Produkt. Schweizer Handelsleute holten sie im 15. und im 16. Jahrhundert in Lissabon. Fertige Stoffe kamen durch den Levantehandel über die Pässe nach Basel. 1661 brachten die Schiffe der französischen ‹Compagnie des Indes› buntbedruckte Baumwollstoffe von der Koromandelküste Indiens nach Frankreich. Sie fanden so grossen Anklang, dass französische Handwerker begannen, solche ‹indiennes› selbst zu drucken. Der französische Schiffahrtsminister Colbert fürchtete für die Einkünfte der ‹Compagnie des Indes› und verbot 1681 die Herstellung in Frankreich. Die Handwerkerfamilien wanderten zum Teil in die Schweiz aus und brachten ihre neue Industrie nach Neuenburg und Basel. Als die französische Regierung 1759 das Verbot aufhob, verlagerte sich die Industrie wiederum nach Nantes und von Basel ins Elsass. Das besuchenswerte Stoffdruckmuseum in Mülhausen zeigt eine wunderbare Kollektion von solchen Indiennestoffen und -tapeten.

Marco Polo sah die grossen Baumwollkulturen bei Mosul in Kurdistan (Irak), woher die Bezeichnung ‹Musselin› für besonders feine Baumwollstoffe stammt.

Papierpflanzen

Die Papierer schöpfen ihr Papier aus einer Brühe von Pflanzenfasern.

Papyrus (Cyperus papyrus). ‹Cyperus› aus griechisch ‹kypeiros› = Wasser- oder Wiesenpflanze mit süsser Wurzel. Ägypten, Sizilien, Palästina sind die Heimatländer. Aus den mannshohen, fast armdicken Stengeln wurde das Mark in Streifen geschnitten, kreuzweise übereinandergelegt und zu schmalen Papierstreifen geklopft, auf welche die Ägypter ihre Schriftzeichen schrieben. Die Papierindustrie wurde im alten Ägypten sogar für den Export betrieben. Die Wurzeln sind zudem essbar.

‹*Tapa*› ist ein ursprünglich polynesischer Stoff aus dem Bast des *Papiermaulbeerbaums* (Broussonetia papyrifera), von welchem ein Exemplar am Spalengraben frei wächst. Marco Polo beschreibt, wie die Chinesen aus diesem Bast Papiergeld herstellten. In China und Japan werden Fächer, Schirme und die Zimmerwände aus dem gleichen Papier hergestellt. Die Tapatechnik ist eine weltweit verbreitete Papierherstellungsart, von der die spätere Papyrustechnik abgeleitet wurde. Die Chinesen verbesserten sie, indem sie Fasern aus Abfällen von Hanfprodukten beimischten. Die Araber brachten diese Technik nach Europa.

In Spanien standen die ersten Papiermühlen. Papier war anfänglich so teuer und kostbar, dass Pergament (aus Tierhaut) noch lange in Gebrauch blieb.

Die Papierherstellung nahm in Basel ums Jahr 1433 ihren Anfang, erreichte dann ihre Blütezeit im 16. Jahrhundert und blieb ein wichtiges Gewerbe bis ins 18. Jahrhundert; von da an verlor sie zusehends an Bedeutung und erlosch nach dem Ersten Weltkrieg. Das Rohmaterial bestand aus ‹Hadern›, worunter man Fetzen aus gebrauchtem Leinengewebe (später auch aus Baumwolle) verstand. Auch Holzfasern wurden zur Herstellung bestimmter Papiersorten benutzt, so im besonderen vom Holz der *Zitterpappel* (Populus tremula) und der *Silberpappel* (Populus alba).

In diesem Zusammenhang muss auch die *Banane* erwähnt werden. Die wichtigste der Bananensorten ist eine Kulturhybride, welche aus dem südostasiatischen Inselraum stammt; sie ist im allgemeinen unter dem Namen *Pisang* bekannt nach dem javanischen ‹peesang ambon›. Die Bananen sind in den Tropen erstaunlich vielfältig verwendbar: ihre Früchte dienen als Nahrung, der Blütenkolben gibt ein Gemüse, die Blätter sind Flecht-, Abdeck- und Packmaterial, aus dem vertrockneten Stamm lässt sich eine ausgezeichnete Rohfaser zur Papierherstellung gewinnen. Unter dem früheren Namen ‹Musa paradisiaca› ist sie im Gewächshaus des botanischen Gartens der Universität zu finden.

Refugianten
und eine Basler Renaissance

Erasmus von Rotterdam schreibt 1516 an einen Freund: «Ich glaube mich hier in Basel geradezu in dem angenehmsten Museum (lateinisch ‹museum› = Ort für Studien und Gelehrsamkeit) zu befinden, um Dir nicht alle die vielen und sehr bedeutenden Gelehrten zu nennen, mit denen ich verkehre. Lateinisch und Griechisch versteht jedermann, die meisten auch Hebräisch. Dieser zeichnet sich in der Geschichte aus, jener in der Theologie. Hier ist ein trefflicher Mathematiker, dort ein fleissiger Altertumsforscher, dort ein Rechtsgelehrter. Wie selten dies alles beisammen ist, weisst Du selbst. Mir wenigstens ist bis dahin ein so glückliches Zusammentreffen noch nirgends zuteil geworden. Aber um davon nicht zu reden, welche Redlichkeit waltet auch überall, welche Freundlichkeit, welche Eintracht! Du würdest schwören, dass alle nur ein Herz und eine Seele hätten.»

Nehmen wir uns ein Beispiel an diesen löblichen Gelehrten unserer damaligen Stadt. Das Kompliment, das ihnen Erasmus gemacht hat, ist sehr gross, hatte er doch den Vergleich mit Paris und London, wo er sich ebenfalls aufgehalten und studiert hat. Desiderius Erasmus von Rotterdam war entschieden Basels berühmtester Gast.

In der zweiten Hälfte des 16. Jahrhunderts kam der erste grosse Refugiantenstrom nach Basel. Es waren hauptsächlich Familien aus Frankreich und dem Piemont, die den reformierten Glauben angenommen hatten und deshalb Verfolgungen und Repressalien ausgesetzt waren.

1543 war Jean Bauhin als einer der ersten mit seiner Familie aus Amiens geflüchtet. Da er von Beruf Arzt war, fand er gnädige Aufnahme. Die Stadt beschloss 1546, nur solche ‹Welsche› anzunehmen, die ‹etwas› mitbrachten.

Geistige und wirtschaftliche Impulse

1501 beginnt mit dem Anschluss an den Schweizerbund für Basel ein Goldenes Zeitalter: die Universität, der Humanismus, die Buchdruckerkunst, das religiöse Leben, Handel und Gewerbe erfahren einen Aufschwung durch die Refugianten aus Frankreich, Holland, und Italien. Sie wurden allerdings mit grosser Vorsicht in Basel eingelassen. So wurde ihnen nicht gestattet, den Kaufmanns-, Spezierer- oder Apothekerberuf auszuüben. Also schufen sie den Zwischenhandel, ihre Beziehungen zu Frankfurt, Hamburg, Amsterdam oder Antwerpen nützend. Sie importierten Rohmaterial, das in den Hafenstädten ankam. Weil sie mit ‹Materie› und ‹Drogen› handelten, nannte man sie ‹Materialisten›. Für die Drogen, wie man nach dem flämischen Ausdruck ‹druyghe waar› für trockene Ware sagte, war Basel ein geeigneter Handels- und Umschlagsplatz zwischen Italien und Frankreich einerseits und den deutschen

Kränze und Girlanden als beliebtes Dekorationselement. Portal von 1779 am Falkensteinerhof, Münsterplatz 11.

und flämischen Handelsstädten anderseits. Der Ausdruck Droge wurde in Frankreich zu ‹drogue›, in Italien zu ‹droga›, in Basel und weiter nordwärts wurde das entsprechende Geschäft zur ‹Droguerie›. Seit dem Jahr 1606, als die ersten damit begannen, blieb es durch das ganze 17. Jahrhundert hindurch ein ausschliesslich von den Refugianten betriebenes Geschäft. Im 18. Jahrhundert wurden die ‹Farbdrogen› zur Spezialität der ‹Materialisten›.

Bau- und Gartenkultur

Bei dem blühenden Handel und den weltmännischen Gewohnheiten wurde es den ehemaligen Refugianten und neuen Basler Bürgern allmählich zu eng in den gotischen Stadthäusern. Anstelle von jeweils zwei oder drei alten Häusern entstanden, teils in der Altstadt, vor allem aber in den Vorstädten, geräumige, prächtige Barockhäuser mit Höfen und Gärten, in denen neben den Blumenbeeten oft auch Gemüse Platz fand. Auf Repräsentation und künstlerische Ausgestaltung der ganzen Anlagen wurde viel Wert gelegt. Steinerne Blumen und Früchte zierten die Fassaden, und kunstvoll geschmiedetes Rankenwerk die Fenstergitter, Haustüren und Hofportale. Während zur Zeit des Barocks vor allem Blumen- und Gemüsemotive (wie Rosen, Chrysanthemen, Anemonen, Artischocken, Granatäpfel und dergleichen) vorherrschen, sind diese später von strengeren Formen, wie Eichen- und Lorbeerblättern, abgelöst worden.

Auch ausserhalb der Stadt wurde im 17. und im 18. Jahrhundert fleissig gebaut. Es entstanden die bekannten Landgüter am Fuss des Bruderholzes, Brüglingen und die Gundeldinger Schlösser, weiter westlich das Binninger und das Holeeschlösschen, bei Kleinhüningen das Obere und das Untere Klybeckschlösslein. Auch Riehen wurde sehr beliebt. Mehr und mehr wurden die Landhäuser im französischen Stil gebaut, oft als ‹Lusthaus›, flankiert von den Wirtschaftsgebäuden als Seitenkulissen, die eine ‹cour d'honneur› formierten, die gegen den Garten durch ein prunkvolles Gittertor abgeschlossen wurde.

Seidenindustrie

Im 18. Jahrhundert bahnte sich langsam die Industrialisierung manches Handwerks an. Mit den französischen Refugianten war auch die Seidenindustrie nach Basel gekommen. Der Handel mit Farbdrogen und Rohseide hatte das Stofffärben und den Stoffdruck im Gefolge. Die meist importierten, mit bunten Blumen- und Tiermustern bedruckten feinen Baumwollstoffe aus Indien waren eine äusserst begehrte Ware. So lag die Idee nicht fern, solche ‹indiennes› selbst zu fabrizieren. Ursprünglich wurden die Stoffe von Hand bemalt, die Vielfarbigkeit wurde mit Wachsreserventechnik erreicht. Die Farben waren alle pflanzlicher Natur und doch mehr oder weniger licht- und waschecht.

Die Jesuiten und die Kapitäne der ‹Compagnie des Indes› hatten nach und nach diese ganze Färbewissenschaft nach Europa gebracht. Interessanterweise entstand in Nantes eine ‹Indiennagefabrikation› durch einstige französische Fabrikantenfamilien, die nach einem Jahrhundert in der Schweiz nun als protestantische Schweizer um 1760 zurückgekehrt waren. Die Verbindung zur Schweiz, besonders zu Neuchâtel und Basel, wo noch lange Indiennageindustrie betrieben wurde, blieb lange Zeit recht lebhaft. Mit Vorliebe stellten sie in ihren Firmen Schweizer an, und so bildete sich in Nantes dank diesem Gewerbe eine starke Schweizerkolonie. Namen wie Favre, Petitpierre, Bourcart (die französisierte Form von Burckhardt), Hunziker, Kuster, Rother, Schweighauser u.a., welche in den dortigen Firmenakten und auf den Friedhöfen anzutreffen sind, belegen diese Tatsache zur Genüge[25].

Die ältesten Dessins der Indiennage waren vor allem stilisierte Blumen aus der reichen Flora Indiens: Mohn, Tulpe, Granatapfel, Anemone, Nelke, Chrysantheme, Rose, Pfingstrose, Magnolie, Stechapfel. Dazu kamen mit der Zeit auch exotische Früchte, Schmetterlinge und Vögel. Anfänglich wurden diese indischen Muster tel quel kopiert, das Angebot später mit eigenen Motiven erweitert; es entstanden Landschaftsszenerien mit meist marinen Sujets aus damals aktuellen historischen oder literarischen Begebenheiten.

Die neben der Seidenbandfabrikation noch einige Zeit betriebene Indiennage war im Basel des 18. Jahrhunderts eine bedeutende Einnahmequelle. 1790 wird als Pionierzeit des Basler Grosshandels angegeben. Die verschiedenen erwähnten Industrien brachten grossen privaten Reichtum. Nun florierten auch Speditions- und Bankgeschäfte. Die Basler findet man in aller Welt in ihren Handelshäusern: La Rochelle, Le Havre, Nantes, Marseille, Lyon, Paris, London, Brüssel, Amsterdam, Hamburg, Kiel, Kopenhagen, Wien, Moskau, New York und Rio de Janeiro. 1815 entstand die ‹Basler Missionsanstalt›, die aber zugleich Missionshandelsgesellschaft wurde; also ganz nach dem klassischen Vorbild der Portugiesen festigte man das christliche Bibel- und Botschaftswerk mit dem Handel. Christoph Merian stiftete den Bau des Missionshauses.

Kleine Gartengeschichte

Garten — Die sprachlichen Ahnen unseres Wortes ‹Garten› sind altnordisch ‹gardr›, gotisch ‹garda›, altsächsisch ‹gard›, nordfränkisch ‹gardin›. Diese Bezeichnungen galten für einen Platz, der mit einem Zaun versehen war, altnordisch ‹tûn›, althochdeutsch ‹zûn›. Der Zaun bestand aus Weidengeflecht. Man sagt vom Garten auch, er sei ‹umfriedet›; innerhalb der ‹Einfriedung› galt bei den Germanen ‹Friede›. Aus der indogermanischen Urform ‹ghor-to› leiten sich auch das lateinische ‹hortus› und das ‹orto›, ‹ortum› des Kirchenlateins ab.

Park — Das Wort ‹Park› kommt aus dem vorderasiatischen Sprachgebiet, vom armenischen ‹pardes›, das im Althochdeutschen als ‹parch›, ‹pfarch› erscheint und ein Tiergehege im Walde bedeutet. Der heutige ‹Pferch› ist ein Sammelgehege für Vieh auf der Weide geworden.

Die persischen Könige liessen entlang den Reiserouten ihres Riesenreiches von Ägypten bis Indien ‹pairidaeza› genannte umzäunte Gärten anlegen. In diesen ‹Paradiesen› konnten sich die Reisenden erholen. Sie enthielten Pavillons mit Terrassen, Teiche mit Springbrunnen, Blumenbeete, Vogelhäuser und Rosengärten im lockeren Wald verstreut. Man zieht unwillkürlich den Vergleich mit den unpoetischen Rastplätzen an heutigen Autobahnen. Jene Paradiese der Könige und Fürsten umfassten auch den eingezäunten Wildpark für das Jagdvergnügen. Der Pflanzenwelt massen die Fürstlichkeiten viel Gewicht zu, weil sie passionierte Gärtner waren. Die persischen Miniaturen zeigen Pavillons, umgeben mit sorgfältig und deutlich erkennbar gemalten Pflanzen, die von der grossen Blumenliebe der Perser zeugen. Auch die Teppiche sind oft stilisierte Gärten, für Kenner deutbar.

Garteneinteilung — Die mittelalterlichen Burg-, Kloster- und Bauerngärten sind zur Hauptsache nur noch auf Abbildungen und in Schriften erhalten. Gärten sind eben sehr vergänglich, doch Traditionen erweisen sich als langlebig, so auch die Gartenkunst. Aus den indischen, persischen, ägyptischen, arabischen und römischen Gärten sind die Einteilung in rechteckige Beete, Beeteinfassungen, Spalier, Lauben, Baumreihen, Topfpflanzen, Pavillons, Gartenbänke, Weiher und Springbrunnen bis auf unsere Zeit gekommen. Die Modeströmungen haben sich dieser Elemente bedient und sie variiert. Die Römer erfanden das Pflanzen von Bäumen in versetzten Reihen, den sogenannten ‹quicunx› (französisch ‹en quinconce›), das sie in Obstgärten anwendeten. Als ihre Beschützerin waltete die Göttin Pomona, während die Göttin Flora sich des Blumengartens, das heisst des Blumenflors annahm.

Gartenpflege — Die Gartenwerkzeuge sind seit dem Mittelalter praktisch diesel-

Gartenhaus des Reberschen Landgutes an der heutigen Elsässerstrasse, Ende 18. Jahrhundert. Ausschnitt aus einer Radierung von Christian von Mechel. Kupferstichkabinett.

ben geblieben, einzig die Giesskanne ist eine Erfindung der Neuzeit. Zuvor leerte man einfach einen Krug voll Wasser über die Pflanzen aus, wie dies aus alten Holzschnitten ersichtlich ist. Hinter dem Haus gab es den Obst- und Gemüsegarten, auch Baum-, Wein- und Krautgarten (Kraut = Gemüse), zu welchem sich meist auch ein Wurzgarten (Gewürz- und Heilkräuter) gesellte. Vor dem Haus befand sich ein kleiner Garten, ‹gartelîn› geheissen, später der Vorgarten oder Heimgarten (Hengert, Hangart, Hogarte) mit einem Sitzplatz. Dies war der Ort, an welchem sich am Feierabend die Familie zusammenfand, oft mit den Nachbarn.

Die Pflege des Gartens oblag den Frauen, was heute noch für die Bauerngärten gilt. Die Namen Hiltgart, Luitgart, Irmgard erinnern an diese germanische Sitte.

Mit zunehmendem Besitz erschien neben dem Nutzgarten der Ziergarten. Im Mittelalter entstand durch die wachsende Ver-

Ausschnitt aus dem unter der grossen Münsterbalustrade durchlaufenden 68teiligen Rosenornament, Ende 14. Jahrhundert. Durchmesser der einzelnen Rose etwa 50 Zentimeter!

Rosengärten

breitung der Gartenrosen die Idee der Rosengärten: von Rosenhecken eingefasste Plätze zum Abhalten von Frühlingsfesten, Rosenfesten und andern Versammlungen.
Die Kreuzritter Thibaud IV. de Champagne und Robert de Brie sollen die ersten orientalischen Rosen nach Frankreich gebracht haben. Thibaud kam 1240 mit einer roten Rose nach Provins, seiner Heimatstadt. Man sprach ihr (wie jeder neuen Pflanze) Heilkräfte zu und kultivierte sie für die Apotheken bis ins 19. Jahrhundert. Sie wurde *rose de Provins* (Rosa gallica), auch ‹rose des apothicaires›, Essigrose oder Zuckerrose genannt. Sie blüht dunkelrot, ist ungefüllt und hat Blätter mit fünf Fiedern.
Im 16. Jahrhundert gelangten aus Vorderasien zwei weitere Rosen, die Hundertblättrige Rose, *Zentifolie* (Rosa centifolia) und die *Damaszener Rose* (Rosa damascaena) in den Westen, die zusammen mit der Rosa gallica die Ahnformen der meisten heutigen Buschrosen sind. Die Zentifolie blüht weiss bis rosa bis dunkelrot und hat ebenfalls fünf Fiederblätter. Anfänglich gedieh sie vor allem in Südfrankreich. Sie hiess deshalb ‹rose de Provence›, was immer wieder zu Verwechslungen mit der oben

Tulpenbild, der ‹Ehrenzunft zu Schäreren› vom Markgrafen von Baden geschenkt. Aquarell der Malerin A. S. Baumeister von 1736.

Chinesenzimmer im Haus ‹Zur Sandgrube›, Riehenstrasse 154. Mitte 18. Jahrhundert. Panneaux mit echten handkolorierten Holzschnittdrucken aus dem Fernen Osten.

Pflanzenmotive im Rokokozeitalter: Türpartie von etwa 1760 am Haus Nadelberg 23a.

erwähnten ‹rose de Provins› führte. Aus der Zentifolie wurde die *Moosrose* (Rosa gallica ‹Muscosa›) gezüchtet, die sehr lange, wie bemoost aussehende Kelchblätter aufweist und ebenso gut duftet wie die Zentifolie. Die Damaszener Rose ist stark stachelig, duftend, rosa bis rot, oder hat rot-weiss gestreifte Blüten und im Unterschied zu den vorherigen sieben Fiederblätter.

Weitere alte Rosen sind: die *Zimtrose* (Rosa cinnamomea, jetzt majalis), die in Mittelrussland heimisch ist, grosse karminrote Blüten aufweist und kugelige Hagebutten produziert. Sie ist im westlichen Europa eher selten; die *Bisamrose,* auch *Moschusrose* genannt (Rosa moschata), die mehr baumartige Gestalt hat. Sie stammt aus dem Orient und dem nördlichen Afrika und wird dort zur Gewinnung von Rosenöl und Rosenwasser kultiviert; die *Türkische Rose* (Rosa lutea, jetzt foetida), deren Blätter nach Tee duften, während die Blüten wanzenartig riechen und gelb blühen oder innen rötlich und aussen gelb.

1809 bekam Sir Abraham Hume eine nach Tee duftende Kletterrose aus Kanton zugeschickt, die unter den verwirrenden Namen Indische Rose, Bengalrose, *Teerose* (Rosa indica) lief. Ihre grosse gefüllte Blüte war zart rosa. Leider ist diese ursprüngliche Art verschwunden, doch gelang es, aus ihr die vielen schönen Sorten von Teerosen zu züchten, die heute unter der Bezeichnung Rosa indica ‹Odorata› geführt werden und weisse, rosarote oder gelbliche Blüten aufweisen.

1830 brachte Philipp von Siebold, Gründer einer Baumschule für japanische Gewächse in Leiden, aus Japan die Rosa rugosa nach Holland. Diese Rose hat eine einfache, rot- bis rosafarbene Blüte, sieben stark gefältelte Fiederblätter, ist auffallend stachelig und sehr resistent gegen Ungeziefer und Frost und deshalb geeignet für Anlagen und Promenaden (siehe zum Beispiel Zolli-Promenade).

Die Rosen haben bei den Dichtern Dornen und bei den Botanikern Stacheln.

Der Rosenanbau war ursprünglich nur in Persien gepflegt worden. Die Griechen und die Römer entpuppten sich später auch als grosse Rosenliebhaber. Sie entwickelten Sitten, die einen gewaltigen Verbrauch an Rosen mit sich brachten: Kränzeaufsetzen und Blätterstreuen bei Festen, Ausbreiten von Unmassen von Rosenblütenblättern auf den Ruhelagern und Einlegen von Blütenblättern ins Badewasser, Verwendung von Rosenblüten selbst in der Heilkunst.

Aus dem deutschen Rosengarten werden Liebesgärten, Minnegärtlein und Frauengärten, intime Gärten mit üppigen Blumenwiesen (wie sie auf den Bildteppichen und Miniaturen dargestellt sind), mit Rasenbänken – mit Graspolstern bedeckte Mäuerchen (diese Polster mussten laufend ersetzt werden) –, mit Steintischen und Springbrunnen, mit Rosen- und Weinlauben und häufig mit Nelken in Tontöpfen. Die erhöhten Blumenbeete waren ‹geschachzabelt›, das heisst schachbrettartig angeordnet.

Wein- und Hagrosenranken in den
Bogenläufen am Westportal des
Münsters, um 1270.

Zu der Rose gesellte sich die Lilie als beliebte Gartenblume. Die Wichtigkeit, die man dem Duft der Gartengewächse beimass, ist ersichtlich aus den Ratschlägen Francis Bacons (1561 bis 1626, Lordkanzler Königin Elisabeths I. von England), der in seiner Schrift ‹On gardens› schreibt, dass der Hauch der Blumen in der Luft wie Musik hin und her flute, wenn man folgende Pflanzen halte: die Moschusrose, die absterbende Erdbeere, die Blüte der Weinrebe, Hagedorn, Goldlack, Nelke und Levkoje, die Blüten der Linde und des Geissblatts. Den süssesten Duft spricht er einem weissen gefüllten Veilchen zu, welches zweimal im Jahr blüht: Mitte April und im Spätsom-

Kaiserkrone *(Fritillaria imperialis).*

Königs-Krone. Corona Imperialis.

mer. Von Pimpinelle, Thymian und Pfefferminze solle man ganze ‹Alleen› pflanzen, um sich den Genuss ihres Wohlgeruchs zu gönnen, der, wenn sie zertreten würden, am köstlichsten aufsteige.

Die Renaissance ist die grosse Zeit jener Gartenkunst und -architektur, die Haus und Garten miteinander verbindet. Im 16. und im 17. Jahrhundert herrscht der italienische Stil vor: eine Landschaftsarchitektur, der die Gewächse eingeordnet wurden, Wasserspiele in Terrassen, Blumenbeete, die im Laufe der Jahreszeiten stets neu bepflanzt wurden, Grotten, Geheimgarten (‹giardino secreto›) und Theater. Die klassischen Buchseinfassungen, Lorbeerhecken und beschnittenen Bäume nach römischer Manier wurden weitergeführt.

Die Lieblingsblumen der Renaissance waren: Tulpe, Ranunkel, Kaiserkrone, Hyazinthe, Ringelblume, Tagetes, Kapuziner und Sonnenblume, Vertreter aus dem Osten und der Neuen Welt im Westen. Zum Geist der Renaissance gehörte die Lust am Universalen.

In Frankreich entwickelte sich langsam ein eigener Gartenstil in den weiten Ebenen der Ile-de-France mit ihrem atlantisch feuchten, so unitalienischen Klima. Der Gartenarchitekt Ludwigs XIV., André Le Nôtre (1613–1700), schuf in Versailles den französischen Gartenstil, den Barockgarten, der in ganz Europa Nachahmung finden sollte. Die Bäume bilden grüne Wände und Kulissen, die Blumen werden zu ganzen Farbflächen vereint, das Ornament und die Form der Beete dominieren. Die Orangerien mit ihren in Reihen aufgestellten Kübelpflanzen, die weiten Terrassen und Wasserflächen schenken dem Besucher wechselnde Empfindungen und Aussichten.

Stadtgärten

In den engen räumlichen Verhältnissen der Stadtgärten musste man solche Ideen umwandeln. So überspielte man den Mangel an Fläche mit Laubengängen, kleinen Pavillons und ‹trompe-l'œil›-Verzierungen aus Holzlatten, die perspektivisch die Laubengänge an Mauern und Häuserwänden vortäuschten. Obstbäume in Zwergform, kugelig geschnittene Johannisbeer- und Stachelbeersträucher wurden als Akzente in die Beete gesetzt; für die Hecken wählte man Eichen, Flieder, Kirschlorbeer, Geissblatt, Schneeball, Liguster und Jasmin. Die Lieblingsblumen der städtischen Barockgärten waren: Rosen, Iris, Narzissen, Lilien und die sieben wichtigsten Treibhausblumen der Blumenzüchter: Nelken, Tulpen, Hyazinthen, Anemonen, Ranunkeln, Primeln und Aurikeln.

Immer noch auf französischen Gartenstil ausgerichtet, übernahm man auch dessen Fachausdrücke wie ‹Cabinet›, ‹salon de verdure›, ‹parterre› (Beet), ‹point-de-vue›, ‹bosquet› (Lustwäldchen) usw. Die harmlosen kleinen Gartenhäuschen hiessen ‹Lusthäuschen›, da sie der Lustbarkeit, dem Vergnügen, dienten.

Zur Lieblingsblume des 18. Jahrhunderts wird die *Nelke* (Dianthus caryophyllus), ‹œillet des Indes›, wie der Name sagt, aus Indien stammend. Die Nelkenzüchter hatten bis zu tausend Sorten von Grasnelken und Federnelken vorrätig. Die Farbvarianten mit Hunderten von Nuancen bekamen ebenso viele Namen: hagelweiss, flohviolett, chamois mit cramoisi, aschblau usw.

Alexander von Humboldt brachte von seiner Expeditionsreise aus Mexiko eine strauchartige Pflanze mit, die ‹Georgine› und später *Dahlie* geheissen wurde. Mit dem Einzug der südamerikanischen Gartenblumen: Sonnenblumen, Zinnien, Begonien, Tagetes, Fuchsien, Ziertabak, Petunien, Kapuzinerkresse, Feuerbohne und Eschscholtzia kamen die feurigen roten, gelben, orangen und braunen Farben in die Gärten, aber auch eine aufwendige Gartenarbeit. Diese Südamerikaner und auch die Südafrikaner, die Pelargonien und Geranien, mussten in Töpfen gehalten oder als einjährige Pflanzen jeden Sommer neu gezogen werden. So entstanden wieder speziell geformte Blumenbeete, Pflanzengestelle für die Topfpflanzen (Jardinieren, Etageren), die man im Haus und im Garten plazieren konnte. Im ‹Gartenzimmer› des passionierten Blumenliebhabers stand die ‹Blumenkommode›, auch ‹Samenkabinett› geheissen, ein Möbel mit unzähligen Schubladen zur Aufnahme der Sämereien. Die Gartenleidenschaft ging durch alle Stände vom Fürsten bis zum bescheidenen Handwerker.

Englische Gärten

Im 18. Jahrhundert erobert der englische Stil das Festland. Der englische Landschaftsgarten lehnte die Vergewaltigung der Natur ab. Buchten von Sträuchern und Baumgruppen, die natürlich wachsen durften, umsäumten breite Rasenflächen, und gewundene Wege führten zu romantischen Akzenten, wie Hügel mit Blumenflor und versteckte Pavillons; Brücklein schwangen sich über Wasserläufe und Schluchten. Viele Ideen wurden mitsamt prächtigen Bäumen und Blumen von China übernommen, die Mode der Chinoiserien von europäischen Künstlern verbreitet: Pflanzendarstellungen à la chinoise auf Porzellan, Lackarbeiten, Stoffen und Tapeten.

Teppichgärten

Mitte des 19. Jahrhunderts kam in den Stadtgärten die sogenannte Teppichgärtnerei auf, komplizierte Zierbeete mit beträchtlichem Aufwand an Pflege, die eigentliche Repräsentationsstücke der Gärtnerkunst darstellten. Im Vororts- und Schrebergarten hat der Städter die sinnvolle Idee des Bauerngartens, welcher Nutz- und Ziergarten im kleinen vereint, wieder aufgegriffen und fortgesetzt.

Der ‹lustbarliche› Garten

Nach Erasmus von Rotterdam soll ein Garten der Ort sein, der ehrbare Freuden bietet, die das Auge beglücken und den Geist erneuern durch erfrischende Wohlgerüche.
Gewiss wurde diese Vorstellung eines Gartens in Basel beherzigt. Konrad Gessner begegnete hier Rosmarinstauden, die «unter der Scheere gehalten waren» und allerlei Formen aufwiesen. Bauhin sah in den Basler Gärten die halb weiss, halb rot gemischten Nelken blühen. Diese Œillets des Indes waren über Strassburg nach Basel gekommen und wegen ihres Duftes sehr geschätzt.

Aurikelzüchterei

Seit Ende des 16. Jahrhunderts betätigten sich viele Basler als passionierte Züchter von *Aurikeln* (Primula auricula). Diese Blumenmode war damals sehr verbreitet. In den Florilegien (Abbildungen von Gartenblumen) findet man einige der vielen Zuchtvarianten von berühmten Malern porträtiert. Die Mode dauerte bis ins 19. Jahrhundert. So erzählt Paul Koelner in seinen Basler Anekdoten (1926) von einem Magister Samuel Schneider (1756–1847). Der an der Rebgasse domizilierte Musiklehrer und Organist züchtete Nelken und Aurikeln zum ‹Zeitvertreib›, wie man damals so viel ehrlicher sagte. Er erzielte mit den Jahren so schöne Exemplare, dass sie weiterum von fürstlichen Hofgärtnern aus Deutschland, England, Russland und Dänemark gefragt wurden. Nur mit Mühe konnte er alle Wünsche befriedigen, so dass er schliesslich auch seine Gemüsebeete in Aurikelkulturen umwandelte. Heute hat die in vielen Farben gezüchtete Primula vulgaris die Aurikel, die einst aus den Alpen geholt worden war, völlig verdrängt.

Basler Renaissance- und Barockgärten sind nur noch in Plänen und Zeichnungen auf uns gekommen. Dem fleissigen und begabten Zeichner Emanuel Büchel (1705–1775) verdanken wir die genauen Ansichten der Basler ‹Lustgärten› der Sandgrube an der Riehenstrasse (heutiges Lehrerseminar), vom Bäumlihof zwischen Basel und Riehen und dem Wenkenhof zwischen Riehen und Bettingen u. a. Für heutige Begriffe inmitten der Stadt, damals in den Vorstädten zwischen innerer und äusserer Stadtmauer, war ebenfalls reichlich Platz zur Anlage solcher herrschaftlichen Gärten.

Tulpenleidenschaft

Der Markgraf Karl Wilhelm von Baden-Durlach, der im markgräflichen Hof an der Hebelstrasse (alter Spitaleingang) ein Pied-à-terre in Basel besass, liess dort 1735 einen Hofgarten anlegen. Er musste dem damaligen botanischen Garten der Universität in drei Terrassen, die bis zur Spitalstrasse reichten, seitlich ausweichen. Der Markgraf war, wie viele Gartenliebhaber, von der Tulpenleidenschaft befallen. In seinen Gärten in Karlsruhe und in Basel wurden Tausende von Tulpensorten

Aurikel, zur Biedermeierzeit eine der beliebtesten Basler Gartenblumen. Aquarell von Johann David Labram (1785–1852), aus: Zierpflanzen, nach der Natur gezeichnet.

gepflanzt. Besonders schöne Exemplare liess er malen; zwei solche ‹Porträts› hängen im Kirschgartenmuseum. Diese ‹Duliba›- oder ‹Markgrafentulpen›-Helgen hat er aus Anlass der Erneuerung seines Basler Bürgerrechts an Zünfte verschenkt.

Nun müssen wir schnell einen Sprung zurück und nach Konstantinopel tun. Von dort schickte 1576 der österreichische Gesandte Ogier de Busbecq an den Hof nach Wien, wo gerade

Gartentulpe *(Tulipa gesnerana)* mit Fruchtkapseln.

Tulpe. Tulipa.

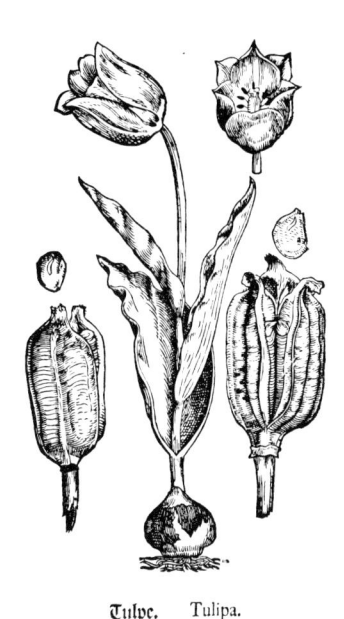

Tulpenarten

der Arzt und Botaniker Karl Clusius (1526–1609) weilte, Zwiebeln von Tulpen, Hyazinthen und Kaiserkronen. Im Wiener Hofgarten gediehen diese türkischen Wunderblumen zur Freude der fürstlichen Gartenbesucher. Schon der Vorgänger von Clusius, Peter Andreas Matthiolus, hatte vom österreichischen Gesandten in der Türkei Pflanzen erhalten. Die neuen Zwiebelblumen gelangten bald nach Deutschland an befreundete Fürstenhöfe und auch zu den finanzgewaltigen Fuggern in Augsburg, die sich kostbare botanische Gärten leisteten. Wie Clusius als Professor an die Universität Leiden in Holland berufen wurde, bemühte er sich, die ‹Türken›, das heisst Ranunkeln, Anemonen, Hyazinthen, Kaiserkronen, gelbe Frühlingskrokus, Tulpen, kalzedonischen Türkenbund und kalzedonische Lichtnelke im dortigen botanischen Garten zu ziehen. Ihm verdankt Holland die Tulpenzucht. Zwinger gab den Tulpenliebhabern den weisen Rat, die Pflanzen persönlich in den Gärten aufzusuchen und blühend samt der Zwiebel einzukaufen, um nicht unangenehme Überraschungen zu erleben.

Werfen wir einen kurzen Blick auf die einheimischen Wildtulpen und die ersten gehandelten Kulturformen: *Weinbergtulpe* (Tulipa silvestris), goldgelb blühend und wild wachsend; im südlichen Europa heimisch, selten nördlich der Alpen, in den Weinbergen der Oberrheinischen Tiefebene jedoch anzutreffen. *Südalpine Tulpe* (Tulipa australis), gelbe Blütenblätter, aussen rötlich angehaucht, wild in Bergwiesen (Portugal, Spanien, Südfrankreich, Oberitalien und vereinzelt im Wallis). *Clusius-Tulpe* (Tulipa clusiana), diese nach Clusius benannte Wildtulpe stammt aus Westasien, hat sich aber längst in den Mittelmeerländern bis Portugal eingebürgert. Sie hat spitze rote Blütenblätter mit weissen Rändern. *Gartentulpe* (Tulipa gesnerana), so benannt nach Konrad Gessner, der sie zum erstenmal in Augsburg in den Prachtgärten der Fugger gesehen und 1559 erstmals beschrieben hat. Die erste Abbildung ist in seinem ‹de hortis Germaniae liber› (1561) enthalten. Sie ist Sammelbegriff für die seither kultivierten Gartentulpensorten. *Böotische Tulpe* (Tulipa boeotica), Wildtulpe mit roten Blütenblättern und gelber Zone an deren Grund, im Zentrum sternförmig angeordnet schwarze Flecken, schwarze Staubbeutel, stark gewellte Blätter. Sie stammt aus Griechenland (vor allem bei Delphi).

Östliche Hyazinthe (Hyacinthus orientalis), Blüten blau und stark duftend, in lockerem Blütenstand, wildwachsend auf Feldern und an steinigen Orten von der Türkei bis Palästina, in anderen Mittelmeerländern eingebürgert und kultiviert. Es wird angenommen, dass diese Hyazinthe ‹die Lilie auf dem Feld› in der Bibel sei[26].

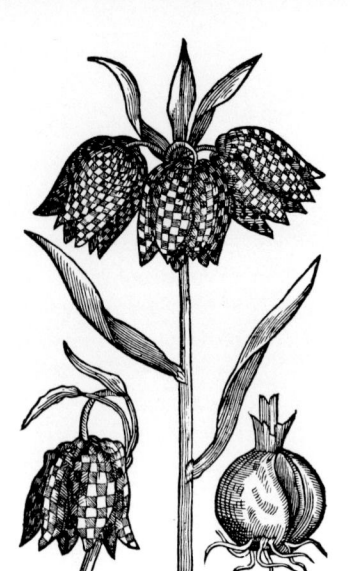

Schachbrettblume *(Fritillaria meleagris)*.

Fritillarie.   Fritillaria.

‹Türkische› Sträucher

Gartentopographie

Schachblume (Fritillaria meleagris). Lateinisch bedeuten ‹fritillus› Würfelbecher, ‹meleagris› Perlhuhn. Die Blütenblätter der Wildform haben tatsächlich eine gewisse Ähnlichkeit mit dem Perlhuhngefieder. Sie wird auch wegen der Ähnlichkeit mit Kiebitzeiern Kiebitzblume genannt und wurde bereits im 16. Jahrhundert zur Gartenblume gezüchtet, kommt aber auch heute noch wild auf feuchten, im Frühjahr überschwemmten Wiesen vor. Ihre Zwiebeln sind giftig. Zusammen mit ihrer grossen Kusine, der *Kaiserkrone* (Fritillaria imperialis) war sie ein Liebling der Blumenmaler der Barockzeit.

Diese Ahnen unserer Gartenformen, die übrigens alle Liliengewächse sind, kann man noch heute an ihren natürlichen Standorten antreffen. Doch sind sie leider von den überall in Scharen auftretenden Menschen so stark bedroht, dass sie während ihrer Blütezeit geradezu bewacht werden müssen. Auch wenn die Blumen ohne Zwiebeln gepflückt werden, wird eine Vermehrung durch Blütenpollen verhindert und eine Ausbreitung an neue Standorte verunmöglicht.

Die österreichischen Gesandten in Konstantinopel schickten auch ‹türkische› Sträucher nach Wien, die über Deutschland bis in die Schweiz gelangten. Ein anderer Verbreitungsweg führte über die italienischen Händler aus der Türkei nach Italien, Südfrankreich und der Schweiz. So war der berühmte Luzerner Apotheker und Botaniker Renward Cysat (1545 bis 1614) wohl der erste Schweizer mit selbstgezogenen Tulpen und Hyazinthen in seinem Garten (1599). Er verschenkte einige weiter an Felix Platter, der als Basler Stadtarzt einen reichhaltigen Garten unterhielt.

Von solchen ‹türkischen› Sträuchern sah Johann Bauhin den Hibiskus erstmals im Jardin royal in Paris und später bei Daniel Jakob Zwinger in dessen Garten in Basel. Zwinger besass daneben auch den *Kirschlorbeer* (Prunus laurocerasus) aus dem Balkan und dem Vorderen Orient, einen immergrünen Strauch, «der sich gut in Töpfen halten lässt und soweit nördlich gedeiht, wo noch Wein wachsen kann», also auch in Basel. Der *Hibiskus* (Hibiscus syriacus), auch Roseneibisch genannt, stammt aus dem Orient, er hat weisse, rosa oder violette Blüten. *Flieder* (Syringa vulgaris), gut baslerisch ‹Lila› genannt, ist in Südosteuropa und Persien bis China beheimatet. Der *Pfeifenstrauch* (Philadelphus coronarius) läuft auch unter den Namen Falscher Jasmin, Spanischer Holder. Seine Heimat erstreckt sich von Südeuropa bis zum Kaukasus.

1705 gibt der Basler Arzt Emanuel König in seiner ‹Georgica Helvetica curiosa› eine Anleitung für die Gestaltung des Blumengartens: In die Mitte und die Ecken setzt man einen

‹Jerusalemli› *(Lychnis chalzedonica)*.

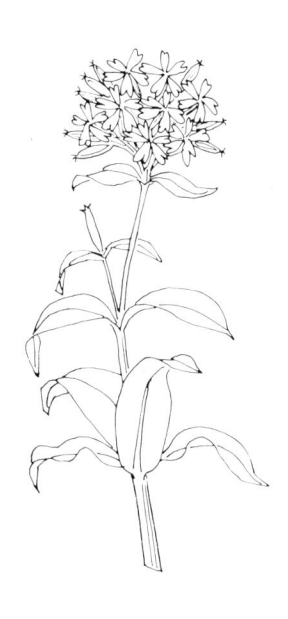

‹Musterbaum› (in den französischen Gärten ‹buisson› genannt); es eignen sich dafür Buchsbaum, Wacholder, auch Rosensträucher oder Zypressen. Als Blumen für die Beete rät er zu ‹Veyel› (Goldlack), Schlüsselblumen, Narzissen, Hyazinthen, Tulpen, Kaiserkronen, Anemonen, Lilien, Begonien, Türkenbund, Rosen, Levkojen, Fingerhut, Akelei, Schwertlilien, Rittersporn, Löwenmaul, Eisenhut, Lavendel, Thymian, Wegwarte, Salbei, Königskerze, Angelika, Habichtskraut und Passionsblume. Diese Zusammenstellung zeigt, wie viele unserer heutigen Gartenblumen damals für die Gärten erhältlich waren und was sich an alten Heilpflanzen immer noch hatte behaupten können. Von den vielen bereits vorhandenen neuweltlichen Pflanzen empfiehlt er jedoch nur die Begonie und die Passionsblume.

Clusius erwähnt 1582 die *Passionsblume* (Passiflora) und schreibt, dass sie seines Wissens zusammen mit der *Blasenkirsche* (Physalis peruviana) von den Kanarischen Inseln nach Europa gelangt sei. Beide Pflanzen haben die Spanier aus Mittelamerika dort eingeführt.

Die von E. König aufgezählten Pflanzen stammen mehrheitlich aus dem Mittelmeerraum, dazu kamen noch Krokus, Szillen, Asphodelen, Teufelsauge (Adonis) und Schwarzkümmel (Nigella); auch Akanthus wurde häufig gepflanzt. Sehr beliebt war bei den Baslern sodann die Lychnis chalcedonica, die sie *Jerusalemli* nannten, ferner die bauchige *Glockenblume* (Campanula medium), die *Stockrose* (Alcea rosea), die schwarzpurpurne *Skabiose* (Scabiosa atropurpurea) und *Magsamen* (Papaver somniferum), dessen Samen als Futter für die Kanarienvögel diente.

Sträuchergruppierung und Grünlauben gehörten seit alters zum Stadtgarten. Der *Perückenstrauch* (Cotinus coggygria) war schon Gessner bekannt, der sein wildes Vorkommen am Langensee feststellt. Er wurde zu jener Zeit recht häufig in den Stadtgärten gehalten. Im Wallis ist er offenbar schon früh aus den Gärten entwichen. Heute fällt er im Oktober an den heissen, südexponierten Felswänden östlich von Leuk durch seine intensiv rote Herbstfärbung auf. Holz und Blätter enthalten Färbe- und Gerbstoffe, die früher genutzt wurden.

Typisch für Barockgärten ist die *Eibe* (Taxus baccata). In den engen Verhältnissen der Stadtgärten hielt man noch lange an den geschnittenen Taxushecken und Buchsbäumchen fest. Weisse und rote *Friesli* (Dianthus plumarius) ergaben wirkungsvolle Beeteinfassungen. Auf den Landgütern behielt man nach guter Basler Art vorerst noch eine zentrale Gartenpartie im französischen Stil vor dem Haus und liess nur die äusseren Parkpartien nach englischen Vorstellungen umgestalten.

Die Orangerie der ‹Sandgrube›, Mitte 18. Jahrhundert. Riehenstrasse 154.

Die Gartenansicht, die Emanuel Büchel von Kleinriehen (Bäumlihof) gezeichnet hat, erschien 1752 in den ‹Merkwürdigkeiten der Landschaft Basel› von Daniel Bruckner und zeigt den französischen Garten. Der neue Besitzer von Kleinriehen, Samuel Merian-Kuder, liess dort 1802 einen englischen Park anlegen. Dies besorgte ihm der Hofgärtner des Markgrafen, Johann Michael Zeyher. Zeyher, der auch dem fürstlichen Park in Schwetzingen vorstand, war ein grosser Kenner ausländischer Bäume. Vermutlich verdankt man seinem Wirken manche Baumart in Basel, bei der in den Fachbüchern die Anmerkung ‹selten in grossen Gärten und Sammlungen› steht. Der Kleinriehenpark mit seinen Wiesenflächen, Baumgruppen und Sitzplätzen endete bei einem Hirschgehege, das mit einigen Rosskastanien bepflanzt war, die Schatten und zugleich Futter spendeten. Ein dorisches Tempelchen diente als Bienenhaus. Die schönen langen Baumalleen durften ebenfalls nicht fehlen.

Die ‹Sandgrube› an der Riehenstrasse zeigt eine ähnliche Entwicklung mit französischem Garten im Le-Nôtre-Stil und Alleen, die zum Tierpark überleiten; ausserdem werden Volieren und ‹Ananashäuser› erwähnt. Im Treibhaus brachten die Gärtner auf Weihnachten Primeln und Kamelien zum Blühen.

Topf- und Kübelpflanzen

Auch in den Stadtgärten hielt man an der Kübel- und Topfpflanzenhaltung fest. Das Angebot an neuen Gewächsen und

Familie Hieronymus Bischoff-Bischoff beim Botanikstudium. Öl auf Leinwand, von R. Braun 1832. Kirschgartenmuseum.

die Möglichkeit, auch die Höfe zu verschönern, macht sie – eigentlich bis auf den heutigen Tag – begehrenswert. Die Stadtgärten im 19. Jahrhundert waren, wo immer möglich, mit Gartenhäuslein und Goldfischteich ausgestattet, über welchem sich eine Miniaturgrotte aus Tuffsteinen erhob. Lauben und Bögen mit rankenden Rosen und hochstämmigen Rosenbäumchen, *Goldregen* (Laburnum anagyroides), *Schneeball* (Viburnum opulus) wurden Mode. Am Haus liess man entweder den *Chinesischen Wilden Wein* (Parthenocissus tricuspidata), der mit Haftfüsschen selbst klettert, emporwachsen, oder man zog die nordamerikanische, fünffingrige *Jungfernrebe* (Parthenocissus quinquefolia) an Drähten an der Wand hoch. Beide waren früher unter dem Gattungsnamen Ampelopsis bekannt. Die *Glyzinie* (Wisteria sinensis) aus China und Japan wurde erst in der zweiten Hälfte des 19. Jahrhunderts bekannt. Damals kam der ganze Reichtum der so lang geheimgehaltenen chinesischen und japanischen Gartenkunst nach Europa; darunter auch der japanische *Spindelstrauch* (Euonymus japonicus), ein Verwandter unseres Pfaffenhütchens, und die *Hortensie* (Hydrangea horten-

Wege und Hecken	sia), die beide anfänglich in Kübeln gehalten wurden, weil die Winter zu jener Zeit noch kälter waren.

Um 1900 wurden die Gartenwege oft mit Gerberlohe ausgelegt. Neben dem üblichen Taxus als Heckenpflanze wählte man neuerdings *Liguster* (Ligustrum vulgare), einen Verwandten des Olivenbaums, oder die *Hagebuche* (Carpinus betulus), die beide das häufige Geschnittenwerden ertragen. Die Buchseinfassung der Blumenbeete überlebte bis in die Mitte des 20. Jahrhunderts. Heute ist sie eine Seltenheit, höchstens noch in bewusst gepflegten Stilgärten und vereinzelt in Bauerngärten zu sehen.

Die kalten Winter bedingten, dass die Rosen kunstvoll mit Tannenreis eingebunden wurden. Die Kronen der Rosenbäumchen wurden zu Boden gebogen, oft sogar ins Erdreich eingeschlagen. Die Beete wurden ebenfalls mit Tannenzweigen bedeckt; der Kies auf den Gartenwegen, der bald einmal die Lohe ersetzt hatte, wurde sorgsam zu Haufen gerecht. So bekam der Garten absonderliche Formen, die der Schnee zum Winterschlaf überdeckte. Einzig das stark besuchte Vogelhäuschen und die ‹Zinken› auf den Gläsern zwischen den Vorfenstern belebten die winterliche Szenerie des Basler Hauses.

Zur Augenweide

‹Indianisch Negelein› oder ‹Stinkende Hoffart› *(Tagetes patula)*.

Große Thunis-Bluhme.
Flos Tunetanus major.

Eigenheiten
der Wildpflanzen

«Man sagte auch, dass einer einen Garten von Tulipanen gehabt, für welchen samt den Blumen, ihm 70 000 Gulden wären angeboten worden. Er aber habe die nicht annehmen, sondern seinen Garten mit den Blumen behalten wollen ... Soviel vermag nehmlich die Natur mit ihrer holdseligen Zierde bey grossen Liebhabern auszurichten, dass sie die Beschauung solcher Blumen höher als ihre Schätze achten und lieber ihren Reichtum, dann ihre Lust vermindern wollen.» In dieser Vorrede zum ‹Neuen Blumenbuch› von Maria Sibylla Merian (1647–1717), «nach dem Leben gemalet und zu Kupfer gebracht in Nürnberg 1680», wird auf die ‹Tulpomanie› hingewiesen, die epidemieartig Blumenliebhaber und Spekulanten packte. Das Blumenbuch wurde in meisterhafter Weise von Sibylla Merian gemalt, um als Stick- oder Malvorlage zu dienen. Sie porträtiert in natürlicher und doch äusserst dekorativer Weise die beliebtesten Gartenblumen ihrer Zeit einzeln oder als ‹Gebänd› zu einer wahren Augenweide.

Historisch betrachtet, sind ihre bunten Sträusse sehr aufschlussreich, denn sie weisen vergessene oder verschwundene Blumensorten auf und zeigen auch erste Formen der neuen amerikanischen Gartenblumen. Aus den vielen Darstellungen mit Tulpen ersieht man ausserdem, dass die gestreiften und geflammten Tulpensorten, die Anfang des 17. Jahrhunderts entstanden sein mussten, zu jener Zeit besonders beliebt waren. Heute weiss man, dass diese Streifung die Folge einer Virusinfektion ist: Bei der Tulpenvermehrung setzt sich diese Krankheit von der Mutter- auf die Tochterzwiebel fort, so dass die Veränderung erhalten bleibt. Eigentlich ist es also eine ‹Entartung› einer Kulturpflanze, an welcher der Mensch Gefallen fand und findet.

Die Wildpflanzen und ihre Samen, welche die Botaniker von den Forschungsreisen mitbrachten, behielten auch unter den günstigen Bedingungen der Gärten ihre Eigenschaften, wie kleineren Wuchs, rasches Verblühen und rasche Samenbildung, Aufspringen der Samenkapseln und aktives Aussäen, das heisst, sie verbrauchten ihre verfügbaren Kräfte, um die oft kurze Saison im Lebenskampf auszunützen. Dem steht gegenüber, dass der Gartenfreund lange Blühzeiten und eine Vielfalt von Erscheinungen wünscht. Die Wildarten bleiben aber stets einheitlich in Wuchs und Blühzyklus. Durch gute Erde und geregelte Pflege konnte daher nur das Wachstum gefördert werden, die Wildeigenschaft des raschen Verblühens blieb vorerst noch bestehen. Erst durch ständige Auswahl der besten Pflanzen konnten die durch zufällige Mutationen günstig veränderten Eigenschaften herausgezüchtet werden. Damit entstand auch die Formenvielfalt, ein typisches Merkmal der Kulturpflanzen.

Aus China und Japan

Die Chinesen und Japaner sind die Züchter einer grossen Zahl unserer heutigen Gartenblumen. Die Teerosen sind bereits erwähnt worden. Die berühmtesten chinesischen und japanischen Gartenblumen sind gewiss die *Chrysanthemen* (von griechisch ‹chryseos› = golden, und ‹anthemon› = Blume, Kraut). Anfänglich blühten sie nur weiss bis gelborange, seither haben die Züchter die Farbskala bis zu Rot und Violett erweitert.

Aus Samensendungen, die Pater d'Incarville um 1700 von China nach Paris sandte, liessen sich *Pfingstrosen* (Paeonia), *Sommerastern* (Callistephus hortensis), grosser *Rittersporn* (Delphinium grandiflorum) und die Gartenchrysantheme aufziehen.

Philibert de Commerson (1727–1773), passionierter Botaniker und Begleiter von Capitaine Louis Antoine de Bougainville (1729–1811) auf dessen Weltumsegelung, hat nach seiner Rückkehr die aus Ostasien stammende Hortensie (Hydrangea hortensia) bekanntgemacht. Den holländischen Ostindienfahrern gab Engelbert Kämpfer (1651–1716) die ersten japanischen *Zierkirschen* und *Magnolien* mit. Anno 1830 brachte Philipp Franz von Siebold (1796–1866) erste japanische *Kamelien* nach Holland. Vor über tausend Jahren hatten die chinesischen Kaiser schon Kamelien züchten lassen und Varianten gesammelt. Diese Spezialität übernahmen dann die Japaner. Unter den vielen Zuchtsorten ist heute die eigentliche Wildform nicht mehr erkennbar.

Auch der *Feuerbusch* (Chaenomeles lagenaria, einst Cydonia japonica geheissen), eine ‹Zierquitte›, stammt aus Japan. Liliengewächse, wie die *Tigerlilie* (Lilium tigrinum) aus China und die *Funkie* (Hosta undulata) aus Japan, und Kletterpflanzen, wie die *Glyzinie* (Wisteria sinensis) und der *Winterjasmin* (Jasminum nudiflorum), der schon im Winter die Blüten öffnet, schickten die Jesuiten in die französischen Akklimatationsgärten.

Grossblütige *Clematissorten* wurden von den unermüdlichen chinesischen Gärtnern gezüchtet und sind erst in neuerer Zeit zu uns gelangt. An Sträuchern stammen aus China die *Forsythie* (nach dem englischen Botaniker William Forsyth benannt), die *Abelie* (nach dem englischen Arzt, Naturforscher und Chinareisenden Clarke Abel), die *Deutzie* (nach dem Amsterdamer Ratsherrn und Förderer der Naturwissenschaft Johann Deutz), die *Weigelie* (nach dem deutschen Chemiker, Pharmazeuten und Botaniker Christian Ehrenfried von Weigel) und der schöne *Schmetterlingsstrauch* (Buddleja), vom französischen Botaniker Jean André Soulié in der chinesischen Provinz Szetschuan entdeckt. Alle die hier erwähnten Pflanzen aus China sind im Laufe des 19. Jahrhunderts zu uns gekommen.

Aus dem Himalajagebiet

Einige der schönsten Magnolien und Rhododendren fand Sir Joseph Hooker (1817–1911), Sohn des Direktors von Kew Garden und Amtsnachfolger seines Vaters. Er durchforschte um 1850 Sikkim und das mittlere Himalajagebiet und kehrte mit grosser Ausbeute nach London zurück. Die *Magnolien* sind sowohl in Asien wie in Nordamerika vertreten. Die meisten von ihnen wachsen zu Bäumen heran; wir haben sie deshalb im Kapitel über ‹Lusthaine› und Anlagen im 19. Jahrhundert (S. 205 ff.) erwähnt.

Die *Rhododendren* (Alpenrosen, Azaleen) sind hauptsächlich in den Berglandschaften Asiens, Europas, Amerikas und Australiens zu Hause; im allgemeinen bevorzugen sie die feuchten Nebelzonen. Nur in Afrika kommen sie nicht vor. Die Gärtner nennen die immergrünen Sträucher mit eher ledernen Blättern Rhododendren und die sommergrünen, das heisst laubwerfenden Arten Azaleen; botanisch gehören sie, zusammen mit unseren Alpenrosen, alle in die gleiche Familie (griechisch ‹rhodon› = Rose, ‹dendron› = Baum). Bei den heute verwendeten Gartenformen handelt es sich meistens um Hybriden, in denen man die Winterhärte einer amerikanischen Art (Rhododendron catawbiense) mit der Blütenpracht der Himalajaart (Rhododendron arboreum) vereinigte.

Aus Amerika

Die Inkas in Peru und die Azteken in Mexiko waren wie die Asiaten leidenschaftliche Gärtner, die viele Pflanzen kultiviert hatten. Als die Spanier in ihre Länder eindrangen, waren sie nicht wenig erstaunt über die Pracht der Inka- und Aztekengärten. So brachten sie es fertig, neben dem begehrten Gold und den Edelsteinen, doch auch eine erste, besonders imposante Pflanze, die *Sonnenblume* (Helianthus annuus), 1569 nach Spanien zu bringen. Dieser ersten Blume folgten weitere nach: die *Zinnien* (Zinnia elegans), die *Fuchsien* (Fuchsia; zu Ehren des deutschen Botanikers Leonhard Fuchs 1501–1566), *die Kapuzinerkresse* (Tropaeolum; aus lateinisch ‹tropaeum, trophaeum› = Siegeszeichen, Trophäe, weil das Blatt wie ein Schild, die Blume wie ein darübergehängter Helm aussieht). Der spanische Arzt Nicolás Monardes hatte die ‹Kapuzinerli› als peruanische Kresse mitgebracht. Die *Dahlie* (Dahlia pinnata) verdankt Europa dem Leibarzt Philipps II. von Spanien, Francisco Hernandez, der beauftragt worden war, einen allumfassenden Bericht von Neuhispanien zu verfassen. Hernandez bereiste 1570 bis 1577 das Land der Azteken und untersuchte besonders die ‹materia medica›, die er sogar an sich selbst ausprobierte, was ihn beinahe ins Jenseits beförderte. Er fand die Dahlie, die bei den Azteken sowohl als Zier- wie auch als Heilpflanze galt. Die Spanier fanden auch an der *Tigerblume* (Tigridia pavonia), dem *Ziertabak* (Nicotiana alata) und an der *Begonie* (Begonia; nach Michel Bégon, Gouverneur auf Santo Domingo) Gefallen. Seit 1784 werden in den europäischen Gärtnereien die Dahlien, die *Stinkende Hoffart* (Tagetes patula), die früher so nett ‹Indianisch Negelein› hiess, und die *Petunien* (Petunia; nach dem brasilianischen ‹petun› für Tabak) zum Verkauf gezogen und in allen Farben variiert. Nach Monardes wurde die *Indianernessel* (Monarda didyma) genannt, die bis heute noch als Teelieferantin in den Bauerngärten alle Blumenmoden überlebt hat.

Palmlilie *(Yucca gloriosa).*

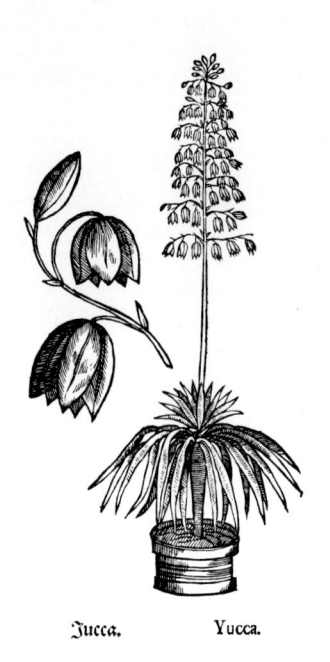

Jucca. Yucca.

Die *Passionsblumen* (Passiflora) sind aus ihrer Heimat Südamerika heute überallhin verbreitet worden. Pater Charles Plumier mit dem Titel Botaniste du Roi wurde von Ludwig XIV. mehrmals auf die Antillen geschickt, um neue Medizinalpflanzen zu finden. Er begeisterte sich für die grossen Farne, beschrieb und zeichnete Hunderte von weiteren Pflanzen, darunter die schönen Passionsblumen, die in der Pharmazie Verwendung fanden. Aus den Farnen, die er nach Paris schickte, entstanden viele unserer heutigen Wintergarten- und Zimmerfarne. Seine ‹Description des plantes de l'Amérique› von 1693 ist mit ihren Illustrationen noch heute eine Augenweide. Einzelne Arten der Passionsblume sind soweit akklimatisiert, dass sie an geschützten, südexponierten Hausmauern sogar in unserem Basler Klima ganzjährig im Freien gehalten werden können (zum Beispiel beim Haus Ecke Neubadstrasse/General Guisan-Promenade).

Auch die stacheligen Ungeheuer der Pflanzenwelt erweckten Staunen und Anteilnahme bei den Spaniern. In Mexiko hatte Hernandez den *Feigenkaktus* (Opuntia ficus-indica) erstmals angetroffen; er hatte gesehen, wie die Indianer die Kaktusfeigen assen, und machte in Spanien auf ihren Nutzen aufmerksam. Heute sind die mitgebrachten Opuntien im ganzen Mittelmeergebiet verwildert. Die *Agave* (Agave americana) wurde zum beliebten Zierstück in den europäischen Gärten, oft aus Blecheisen nachgebildet in Vasen die Steinsockel der Eingangstore zierend. Weil die Agaven erst im hohen Alter von zehn bis zwanzig Jahren einmal blühen, wurden sie in Deutschland Hundertjährige Aloe genannt, was endlosen Verwechslungen Tür und Tor öffnete. Die Agaven sind verwandt mit den Amaryllidazeen und in Amerika heimisch, werden aber heute zu einer eigenen Familie (Agavazeen) zusammengefasst. Die *Aloe* (Aloe vera) hingegen ist eine Liliazee und Afrikanerin.

Auch die *Palmlilie* (Yucca gloriosa) aus Mittel- und Nordamerika hat sich in Europa gut eingelebt. Sie hält sogar den Basler Winter aus, wenn sie an geschütztem Platz in der Nähe von Mauern wachsen kann. Aus Nordamerika stammt eine bunte Fülle von Gartenblumen: alle *Nachtkerzen* (speziell Oenothera biennis und die niederliegende Oenothera missouriensis), die *Weidenaster* (Aster paniculatus), der *Phlox* (Phlox), die *Goldrute* (Solidago canadensis und Solidago gigantea) und das *Berufskraut* (Conyza canadensis), die beide aus den Gärten verwildert sind, ferner die *Gaillardie* (Gaillardia) und die *Rudbeckie* (Rudbeckia; nach Olaus Rudbeck, 1660–1740, schwedischer Arzt und Botaniker, Lehrer Linnés), die in England ‹Black eyed Susan› heisst. Eine besonders geliebte Pflanze ist noch immer das *Frauenherz* (Dicentra formosa) aus Amerika oder Dicentra spectabilis aus Japan, auch Tränendes, Flammendes oder Fliegendes Herz genannt. Griechisch ‹dikentros› bedeutet ‹mit zwei Stacheln, Spornen›; bei den Engländern heisst die Pflanze Dutch breeches – herrlich, wie vielseitig eine Blume interpretiert werden kann!

Passionsblume auf dem Winterthurerofen von Ofenmaler David Sulzer (1716 bis 1792) im Parterre des Kirschgartenmuseums.

Steinernes Reblaubdekor im 20. Jahrhundert: Erkerpartie des Hauses Leonhardsstrasse 3.

Links und unten: Blüte und Frucht des Zitronenbaums *(Citrus limon)*.

Rechts: Altes Hauszeichen ‹Zum Pomeranzenbaum› im Hausgang des Hauses Steinenvorstadt 24.

Wolf-Gottesacker, der letzte der älteren Basler Friedhöfe, der noch seinem ursprünglichen Zweck dient.

Elisabethen-Anlage mit Musikpavillon, noch bis ins 19. Jahrhundert Areal des Elisabethen-Gottesackers.

Rosenbeete vor der Matthäuskirche. Anlage um 1900 erstellt.

'Solitude-Park, einstiger Landhausgarten aus der Mitte des 19. Jahrhunderts.

Früchte des Storchschnabels *(Geranium spec.)*.

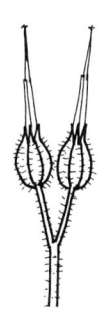

Aus Afrika

Die *Strohblume* (Helichrysum), die ‹Immortelle›, darf nicht vergessen werden, ist sie doch eine alte Bekannte, die einst in den meisten Gärten gezogen wurde, um die trockenen Winterbouquets zu bereichern.
Afrika blieb bis fast ins 19. Jahrhundert ein weitgehend unbekannter Erdteil. Die Küstenländer waren zwar schon früh bekannt, doch zum Landesinnern verschlossen die Araber den Zugang und liessen die geheimnisvolle Tier- und Pflanzenwelt nur erahnen. Die Zahl der Forscher, die auf Expeditionen ins Landesinnere umkamen, war unheimlich gross. Allmählich verbreiteten sich aber auch die afrikanischen Pflanzen, teils durch das Einwirken der Araber selbst im Mittelmeergebiet, teils durch die Portugiesen von ihren Stützpunkten an der afrikanischen Küste auf die atlantischen Inseln. Manche Pflanzen verwilderten wieder, so zum Beispiel der *Kapernstrauch* (Capparis spinosa) und verschiedene Arten der *Pelargonien* (Pelargonium).
Die beliebteste Zierde unserer Schweizer Fenstersimse, besonders effektvoll an den dunkeln Holzhäusern der Innerschweiz, ist ausgerechnet eine Afrikanerin vom Kap der Guten Hoffnung; diese Vorstellung ist wirklich amüsant. Das Pelargonium ist mit unserem einheimischen wilden Geranium und dem Erodium in der Familie der Geraniazeen (Storchschnabelgewächse) vereint. Griechisch ‹pelargos› = Storch, ‹geranos› = Kranich, ‹erodios› = Reiher. Alle Storch-, Kranich- und Reiherschnäbel werden wegen ihrer schnabelartigen Früchte so bezeichnet. Eigentlich müsste man, strenggenommen, die Kulturgeranien nur Pelargonien nennen, denn sie unterscheiden sich von den richtigen Geranien und Erodien durch ihre ungleich langen Blütenblätter und die am Grunde verwachsenen Kelchblätter. Die Geranien und Erodien weisen einen gleichmässigen Kranz von fünf Blütenblättern auf. Aus dem Pelargonium zonale schufen die Gärtner die vielen heutigen Zuchtformen. Die gefüllten Blumen zeigen natürlich keinerlei Schnäbel mehr, da die Samenbildung zugunsten der zusätzlichen füllenden Blütenblätter verloren ging.
Alle afrikanischen Pflanzen sind bei uns typische Topf- und Kübelpflanzen, welche nur während des Sommers im Freien gehalten werden können. Die meisten stammen aus der Gegend des Kaps der Guten Hoffnung: Der *Agapanthus* (Agapanthus africanus) aus griechisch ‹agapan› = lieben und ‹anthos› = Blume, ist mit seinen blauen oder weissen Blütendolden wirklich eine schöne und liebenswerte Pflanze. Mitte des 18. Jahrhunderts gelangte er durch Engländer nach Kew Garden und wurde dann zu einer beliebten Gewächshauspflanze in ganz

Blatt des *Pelargonium zonale* mit seiner typischen dunklen Zonierung.

Europa. Die *Amaryllis* (Amaryllis belladonna) gelangte 1712 über Portugal nach England und von dort nach Mitteleuropa. Eine weitere Kapbewohnerin ist die *Clivia*, von der bei uns vor allem die Clivia miniata und die Clivia grandiflora bekannt sind; auch sie sind Amaryllidazeen. Die *Freesie* (Freesia refracta), auch ‹Kap-Maiglöckchen› genannt, verrät mit diesem Namen ihre Herkunft. Sie ist nach dem deutschen Arzt Freese benannt und eine Verwandte unserer Iris (Iridazeen), wie auch die aus Südostafrika stammende zarte *Montbretie,* von der es dort zahlreiche Arten gibt. Zu uns kam die ziemlich winterharte Crocosmia × crocosmiflora. Eine andere hübsche Gartenblume, die sich relativ gut angepasst hat, ist die *Gazanie* (Gazania rigens). Die Holländer brachten sie aus Südafrika in ihre Heimat und entwickelten sie zu einer ‹europäischen› Gartenblume. Die *Glimorezie* (Glimoretia supposita) ist heute leider aus unseren Salons verschwunden, während das dankbare kleine *Usambaraveilchen* (Saintpaulia ionantha), welches eine Waldbodenpflanze aus Ostafrika ist, bei uns in einer Vielfalt von Varianten angeboten wird. Ebenfalls Waldbewohner, aber aus Südafrika, ist die *Zimmerlinde* (Sparmannia africana, nach dem schwedischen Naturforscher Anders Sparmann so benannt); sie war einst die Zimmerpflanze par excellence, zu der Zeit, als man sich auch für die *Zierspargel* (Asparagus sprengeri) aus Westafrika, für die *Metzgerpalme* (Aspidistra elatior) aus Japan und für die *Zimmertanne* (Araucaria heterophylla) aus Neuseeland begeisterte.

Als letzte ‹Augenweide› möchten wir die *Paradiesvogelblume* (Strelitzia reginae) erwähnen, einst eine Kostbarkeit der Gewächshäuser, heute eine vielgefragte Schnittblume. Es war der berühmte Botaniker Joseph Banks, der diese aussergewöhnliche Pflanze vom Kap der Guten Hoffnung nach England spedierte und die Königin damit ehrte, welche als Charlotte, Prinzessin von Mecklenburg-Strelitz, im Jahr 1761 eben Gattin Georgs III., des Königs von Grossbritannien, geworden war. Diese königliche Blume ist eine nahe Verwandte der Bananen (Musazeen); es gibt ausser den Staudenformen auch baumartige Strelitzien (Strelitzia nicolai, ebenfalls aus Südafrika), die bis zu zehn Meter hoch wachsen können.

Orangerie

Pomeranzenbäumchen

«Die Stadt Basel hat 21 Kornmühlen, wie auch 6 Papier-, zwei Säge- und zwei Schleifmühlen. In ihren Gärten wachsen allerley Frücht und viel Fuder Weins. Man pflanzet auch da Feigenbäum und wohlriechende Pomeranzen.» So schreibt Matthäus Merian Anno 1652 in seiner ‹Anmüthigen Städtechronik›.
Basels Pomeranzenbäumlein haben die Chronisten sichtlich überrascht und beeindruckt. Auch der Botaniker Konrad Gessner bewunderte bei Besuchen in Basel «verschiedene Arten aus dem Geschlecht der Zitronen, ausgewachsene Pomeranzen- und Limonenbäume». Er selbst hält ebenfalls welche neben Feigenbäumen zu Arzneizwecken und empfiehlt «dickes, fettiges, stinkiges Wasser aus Bschüttilöchern», um sie zu begiessen.
Der Besitz der ersten Orangenbäumchen in Basel wird dem Stadtarzt Felix Platter zugeschrieben. Er zog in seinem privaten botanischen Garten nach und nach so viele, dass er sie sogar an fürstliche Gärten veräussern konnte. Sie erfüllten im Arztgarten neben dem rein ästhetischen Zweck, Wohlgerüche zu verbreiten, noch immer den Nebenzweck, Arznei abzugeben. Der Maler Hans Bock hat Felix Platter neben einem Orangenbäumchen stehend als Stadtphysikus porträtiert (das Bild hängt im Regenzzimmer der Basler Universität, ist daher der Öffentlichkeit leider nicht zugänglich, siehe S. 193).
Zu der gleichen Zeit, da Matthäus Merian seine schönen Basler Ansichten schuf «begegnet man in Basel ganzen Schiffsladungen der italienischen Pomeranzenhändler[22]». Basel war, wie schon erwähnt, ein geeigneter Stapel- und Umschlagplatz für die Waren, die zu Schiff in die Rheinländer verteilt wurden. In der Schar der italienischen Grosshändler reisten Wurzel- und Theriakkrämer mit; sie betrieben auf der ganzen Reiseroute Hausierhandel. In Basel liess sich um diese Zeit der erste Südfrüchtehändler nieder. Vielleicht ist das hübsche Hauszeichen des Hauses ‹Zum Pomeranzenbaum› in der Steinenvorstadt (Nr. 24) ein Zeuge dieses ersten Orangenhandels. Leider ist es in den Hauseingang des Neubaus verbannt worden.
Ludwig XIV. in Frankreich und Friedrich der Grosse in Deutschland förderten als Gartenliebhaber die Mode der Orangenbäume. Man zog sie zu hochstämmigen Bäumchen, gab ihnen einen kugeligen Schnitt und richtete sie auf den Parkterrassen zu strammen Reihen aus. Alle Darstellungen fürstlicher Gärten des 17. und des 18. Jahrhunderts zeigen die Mannigfaltigkeit und das Ausmass dieser Kübelgärtnerei. Vor den Orangerien entstanden im Sommer eigentliche Orangengärten. Anfänglich waren Genua und Lissabon die Lieferanten von Pomeranzenbäumchen, wie sie auch Granatbäumchen, Myrten, Oleander, Lorbeer und – als besondere Kostbarkeit – Aloe

Topfpflanzen auf einem Prospekt des Gasthofs ‹Zu den drei Königen› (Ausschnitt), Radierung von Emanuel Büchel, 1753. Kupferstichkabinett.

beschafften. In Basel fanden die Modeströmungen eigene Interpretationen. Eine Reklame aus dem Jahr 1753, von Christian Mechel gestochen, zeigt eine ‹Vue de la Salle ouverte des Trois Rois à Bâle›. Der Hotelwirt tut den Herren Ausländern kund, dass man in seinem Gasthaus angenehm auf einer gedeckten Terrasse über dem Rhein speisen kann, die mit einem Springbrunnen und Kübelpflanzen verschönert ist.

Ein Jahrhundert später entstand auf der Kleinbasler Seite das neue Gesellschaftshaus der drei Ehrengesellschaften. Willhelm Theodor Streuber vermeldet: «Es wurde 1833–40 im neubyzantinischen Stile der Münchner Schule aufgeführt, enthält im Stockwerke einen schönen Gesellschaftssaal und im Erdgeschosse ein Café-Restaurant, dem zur Sommerszeit eine mit Blumen verzierte und mit einer Orangerie eingefasste Terrasse besondere Annehmlichkeit verleiht.» Nach weiteren hundert Jahren schreibt Siegfried Streicher (Basel, Geist und Antlitz einer Stadt. Basel 1937) seine Beobachtungen aufgrund vieler Spaziergänge nieder: «Der Pflanzenfreund entdeckt in Basels Umgebung einzelne auffallend südliche Pflanzentypen, die sich in dem milden Klima wohlfühlen: am Fuss des Tüllinger Hügels die Rebbergtulpe und den Winterling, an geschützten Orten, wie auf dem ‹Wenken› ob Riehen mögen Orangen, Oleander, Feige und Lorbeer gedeihen.» Nicht nur der Wenkenhof, auch der Bäumlihof, die Sandgrube und das Brüglinger Gut von Christoph Merian unterhielten heizbare Orangerien.

Zedrat-Zitrone *(Citrus medica).*

Citronen-Baum. Malus Citria.

Zitrone

Die europäische Geschichte der Orangen geht auf Alexander den Grossen zurück. Im Gefolge seines indischen Feldzuges (327–325 v. Chr.) wurden sie in den Mittelmeerländern bekannt. Der Ausdruck ‹Agrumen› ist eine schon sehr alte Bezeichnung für Zitrusfrüchte. Lateinisch ‹citrus› und griechisch ‹kitron› bedeuten Zitrone; ‹citrus› soll aus ‹kedros› hergeleitet sein, dem Sammelbegriff der Zedern, Wacholder und Lebensbaumarten, deren stark aromatisches Holz nicht von Gewürm angegriffen wird und deshalb für mottensichere Truhen und Särge sehr geschätzt war. Ebensolche aromatische und Insekten abstossende Eigenschaften fielen bei der Frucht der Zedrat-Zitrone auf, die als erste, aus Asien kommend, nach Europa eingeführt wurde; man nannte sie deshalb ‹Cedromelos›, also Zedernapfel.

Die *Zedrat-Zitrone* (Citrus medica) ist um einiges grösser als die Zitrone; sie gibt wenig Saft, dafür liefert ihre ausserordentlich dicke Schale das bekannte Zitronat. Einst legte man sie als Insektenschutz in die Kleiderkisten, doch besondere Bedeutung erhielt sie als Schutzmittel gegen Vergiftungen, bewahrte sie doch angeblich denjenigen, der sie gegessen hatte, einige Stunden vor jeglichem Gift, sei es aus Menschenhand, sei es vom Schlangenzahn. Die Meder hegten diese Pflanzen in Tonkübeln, weshalb sie als ‹Medische Äpfel› (medica) bekannt wurden. Juden und Christen nannten die Zedrat-Zitrone auch ‹Adamsapfel› oder ‹Paradiesapfel›. Nach ihrer Vorstellung war er die verbotene Frucht aus dem Paradies. Zu dieser Vorstellung haben sicher die lange Lebensdauer, die immergrünen Blätter, die grosse Fruchtbarkeit – sie blühen und fruchten gleichzeitig – der starke Duft sowie die gute Haltbarkeit der Früchte beigetragen.

Die Zitrusarten sind in den Monsunwäldern des indischen und südwestchinesischen Himalaja beheimatet. Wie so schön und einfach in den Pflanzenbüchern steht, wurden sie schon vor urdenklichen Zeiten in China und den indischen Gebirgstälern gezüchtet. Dreihundert Jahre nach der Zedrat-Zitrone – etwa zu Beginn unserer Zeitrechnung – kam erst die jetzt gebräuchliche *Zitrone* (Citrus limon) nach Osteuropa; ‹limon› aus arabisch ‹laimun›, persisch ‹limun›, ‹leimun› wird zu französisch ‹limon›, italienisch ‹limone›, englisch ‹lemon›. Sie ist kälteempfindlicher als die Orange. Die Zitrone galt seit alters als Zeichen von Trauer und Sterben, diente aber auch zur Abwehr finsterer Mächte. Nicht nur die Leichenträger hielten einst Zitronen in der Hand, aus Basel wird berichtet, dass auch zum Tode Verurteilte auf ihrem letzten Gang eine solche in der Hand hielten. Zu Recht zählte die Zitrone zu den Heilpflanzen, nur erkannte man leider ihren unschätzbaren Wert zur Verhütung von Skorbut, der entsetzlichen Plage der Seeleute, erst sehr spät. Noch Mitte des 18. Jahrhunderts war ihr Gebrauch in der Seefahrt nicht üblich. Kapitän James Cook, der um ihre Wirkung wusste, musste auf seinen Forschungsreisen von 1768 bis 1780 die Mannschaft zur Einnahme von Zitronensaft zwingen und erzielte einen durchschlagenden Erfolg. Seit 1795 gab dann die britische Marine an ihre Mannschaften täglich Zitronensaft zur Rumration aus; die englischen Seeleute wurden deshalb von den Matrosen anderer Länder als ‹lime juicers› verspottet.

Orange

Im 10. Jahrhundert hatten die arabischen Kaufleute eine weitere Verwandte, die *Sauerorange* (Citrus aurantium), die sie ‹nareng› nannten, auf die Iberische Halbinsel gebracht. Die Perser pflegten sie schon eifrig in ihren Gärten und nannten sie ‹naranje›, woraus die Portugiesen dann ‹laranja›, die Spanier ‹naranja› und die Italiener ‹arancia› bildeten, bis sie schliesslich in Frankreich zur ‹orange› wurde. Schon der griechische Arzt Theophrast hatte ihren antiseptischen Saft als Heilmittel beschrieben. Sie wurde in die mittelalterlichen Kräuterbücher übernommen als ‹Pomum aurantium›, woraus die ‹Pomeranze› entstand. Eine Variante der Sauerorange ist die *Bergamotte* (Citrus aurantium, var. bergamia), die das Bergamottöl liefert, welches in der Heilmittelindustrie, der Parfümerie und zu Zwecken der Likörherstellung (Curaçao) verwendet wird. Auch das berühmte ‹Kölnisch Wasser› enthält Bergamottöl. Die Sauerorangen liessen sich in allen subtropischen Breiten und somit auch auf den Antillen ansiedeln.

Erst nach den Entdeckungsreisen der Portugiesen brachten diese die *süssen Orangen* (Citrus sinensis) Ende des 15. Jahrhunderts aus Macao, ihrer Handelsniederlassung in China, nach Europa. Die Chinesen hatten sie bereits viele Jahrhunderte v. Chr. zu essbaren Früchten gezüchtet. Sie wurden in Europa als die goldenen Äpfel der Hesperiden, also ebenfalls verbotene Früchte aus dem Göttergarten, oder schlicht als ‹Apfelsinen› (Äpfel aus China) begrüsst. «La sagesse des peuples de la Méditerranée dit: que le jus de l'orange est de l'or le matin, de l'argent à midi et du bronze le soir.» (Maurice Mességué: Mon Herbier, 1976.) Die Blüten als ‹eau de fleur d'orangers› sind ein gutes, beruhigendes Getränk vor dem Schlafengehen.

In Basel hat sich ein besonderer Brauch eingebürgert: das fasnächtliche Werfen von Orangen, das man durchaus auf einen Fruchtbarkeitskult zurückführen könnte. – Zur Sommerszeit beleben stattliche Orangenbäume, in Kübeln gehalten, in klassischer Weise den Innenhof des Kunstmuseums.

Die *Pampelmuse* oder *Pomelo* (Citrus grandis) nannten die Holländer ‹Pomplemus›. Das indische ‹pum-pali-mas› hat zu diesem Namen geholfen. Sie gedeiht nur im tropisch und subtropisch feuchten Klima und kann daher in Europa nicht angebaut werden. Ein schottischer Kapitän brachte im 17. Jahrhundert

Exemplare auf die Barbados in den Antillen. Seither hat sich das Schwergewicht ihrer Kultur auf die Westindischen Inseln verlagert. Eine Frucht kann bis zu zehn Kilogramm wiegen. Da sie ziemlich bitter schmeckt, wird sie ausschliesslich zur Fruchtsaftgewinnung gezüchtet.

Die *Grapefruit* (‹Citrus paradisi›) ist nur eine Kulturmutation der Pampelmuse, botanisch ist kaum ein Unterschied zu erkennen, wenn man von Grösse und dem etwas ausgewogeneren Geschmack absieht. Dafür ist sie eine echte ‹Amerikanerin›, auf den dortigen Plantagen ‹geboren›, und kommt in ganz Asien, der Heimat aller Zitrusfrüchte, nicht vor.

Mandarine

Die *Mandarine* (Citrus reticulata) hat ihre Heimat am Südfuss des Himalaja bis Ostasien; ihre Veredlung muss offenbar schon im Altertum im Gebiet von Indien und Nepal an die Hand genommen worden sein. Von dort hat sie sich rasch bis China ausgebreitet, jedenfalls ist sie in einer chinesischen Schrift von 1178 als Kulturpflanze zitiert, die schon lange angebaut und sehr geschätzt wurde. Erst um 1820 erschien sie im Mittelmeerraum, vor allem in den westlichen Mittelmeerländern, wo sich bald eine eigene Sorte herausbildete, die man heute vielleicht sogar als neue Art ansprechen kann: die *Klementine* (Citrus deliciosa), von der es bereits verschiedene Sorten gibt. – Mandarinenbäume sind sehr dornig und relativ widerstandsfähig gegen Kälte.

Nahe Verwandte sind die Fortunella- und Poncirusarten, die *Zwergorangen* der Chinesen und Japaner. Fortunella japonica ist uns eher unter ihrem indischen Namen ‹Kumquat› als Büchsenfrucht bekannt. Im 17. Jahrhundert brachten die Portugiesen aus Ostindien erstmals einen dicken Sirup aus Kumquat und feingeschnittenen Schalen der Bergamotte, den sie ‹marmelada› nannten. Bei den Engländern fand dieser dann grossen Anklang und wurde zur traditionellen Bitterorangenkonfitüre (marmalade).

Zwergzitrone

Wächst bei uns ein ‹Zitronenstrauch› im Freien, der den Winter übersteht, und hat er kleeartig dreiteilige Blätter, die im Winter abfallen, so dass nur noch die horrend dornigen Äste zu sehen sind, so haben wir eine *Zwergzitrone* (Poncirus trifoliata) vor uns. Im Frühsommer duften ihre grossen, weissen Blüten, aus denen sich kleine gelblich-grüne Zitrönchen entwickeln. Auch von diesem in unseren Breiten seltenen Strauch kann Basel prächtige Exemplare aufweisen: das grösste in der Theodorsgraben-Anlage, weitere im Zolli vor dem Raubtiergehege und am Spalengraben beim Werkhof des botanischen Universitätsgartens. Nach allgemeiner Regel kann er überall dort gedeihen, wo Weinklima herrscht.

Anatomie im Winter –
Botanik im Sommer

Kaspar Bauhin wurde 1589 vom Rat der Stadt Basel zum ersten ordentlichen Professor für Anatomie und Botanik an der Universität ernannt, mit dem Auftrag, Anatomie im Winter und Botanik im Sommer zu lehren. Mit dieser Regelung folgten ihm noch manche Professoren, bis dann im Jahr 1866 der Botanikunterricht definitiv von der Medizin getrennt wurde und ein Ordinarius ganzjährlich Botanik lehrte. Die Medizin- und die Pharmaziestudenten absolvierten ihren Pflichtteil an botanischen Vorlesungen und Übungen, «dass die Dozenten ihren Jungen sollend in Sommerszyt die Krüter zöigen».

Kaspar Bauhin (1560–1624) war der zweite Sohn des Jean Bauhin, Arzt von Amiens, der 1541 als Refugiant in Basel eine neue Heimat gefunden hatte. Kaspar studierte Medizin in Basel, mit sechzehn Jahren wurde er Magister. Er wandte sich der Anatomie und Botanik zu, lehrte zuerst noch privat, bis er dann neben zwei Medizinprofessoren den dritten Lehrstuhl der Medizinischen Fakultät erhielt. Er installierte ein ‹anatomisches Theater› und bemühte sich sehr erfolgreich um eine moderne anatomische Terminologie. Um Material für seine Studien und für die Demonstrationen in seinen Vorlesungen zur Verfügung zu haben, legte er eine Pflanzensammlung, ein ‹herbarium›, an. Es ist heute das älteste in den Sammlungen der Universität. Neben den trockenen Pflanzen liess er einen ‹hortus medicus›, eine lebende Pflanzensammlung, auf den Rheinterrassen beim ältesten Universitätsgebäude am Rheinsprung anpflanzen – eine der ersten Pflanzensammlungen an einer Universität nördlich der Alpen. Nun begann er die damals bekannten Pflanzen nach ihrer Ähnlichkeit zu ordnen und gab ihnen, wie zuvor schon Clusius, einen Gattungsnamen und einen charakterisierenden Beinamen (Artnamen). Diese binäre Nomenklatur machte ihn zum ersten grossen Pflanzensystematiker. Er beschrieb und benannte rund sechstausend Pflanzen in seinen botanischen Werken ‹Phytopinax› und ‹theatrum botanicum›. Er war auch der erste, der die Kartoffel genau beschrieb und sie abbildete. Er gab ihr den wissenschaftlichen Namen Solanum tuberosum, den sie bis heute trägt; er hat sie gepflanzt und vermutlich auch als erster Basler gegessen.

Sein älterer Bruder *Johann Bauhin* (1541–1613) war ebenfalls Arzt und Botaniker; er wurde nach seinen Studien- und Wanderjahren im Ausland 1563 nach Lyon berufen und zum Pestarzt ernannt, als dort eine Pestepidemie ausbrach. Ausserhalb der Stadt legte er einen privaten botanischen Garten an, in welchem er die Apotheker in Kräuterkunde unterwies. 1572 folgte er einem Ruf Friedrichs I., Herzog von Württemberg, um die Amtsstelle als dessen Leibarzt in Montbéliard anzunehmen.

Kaspar Bauhin. Holzschnitt aus Kaspar Bauhin: Phytopinax. Henric Petri, Basel 1591.

Auch dort gründete er einen botanischen Garten; besonderes Gewicht legte er auf die Verbesserung der Obstbäume und Einführung neuer Kulturpflanzen. Er kannte den Garten Felix Platters und viele andere Basler Gärten; stets gab er von allen neuen Pflanzen, die er für den herzoglichen Garten geliefert bekam, an Liebhaber weiter. Daneben fand er auch Zeit, sein Riesenwerk, die ‹historia plantarum universalis› vorzubereiten, deren Publikation sich jedoch finanzieller und drucktechnischer Schwierigkeiten wegen bis 1650 verzögern sollte. – Charles Plumier benannte eine Gattung sehr schön blühender Bäume aus der Familie der Caesalpiniazeen ‹Bauhinia›; weil der Baum zweilappige Blätter trägt, sah Plumier das Brüderpaar Bauhin auf sinnige Weise verewigt.

Johann Kaspar Bauhin

Johann Kaspar Bauhin (1606–1685), Sohn des Kaspar, war seit 1629 ebenfalls Professor für Anatomie und Botanik in Basel. Er vollendete das Werk seines Vaters, das ‹theatrum botanicum›; es wurde unter seiner Aufsicht in Basel 1658 herausgegeben.

Hieronymus Bauhin

Hieronymus Bauhin (1637–1667), Sohn des Johann Kaspar, fuhr in der Familientradition fort und gab das nochmals überarbeitete Kräuterbuch des J.T. Tabernaemontanus heraus, das sich noch immer grosser Beliebtheit erfreute. – Unbegreiflich ist es, dass Basel die weltweit berühmten Bauhins bisher mit keinem Strassen- oder Platznamen geehrt hat.

Felix Platter

Felix Platter (1536–1614) ist der Sohn des bekannten Wallisers Thomas Platter, der mit heroischem Fleiss über viele Umwege schliesslich in Basel Rektor der Lateinschule ‹Auf Burg› geworden war. Nach seinem Medizinstudium in Basel und Montpellier wurde Felix 1557 Doktor der Medizin in Basel, und 1571 erhielt er die Professur der praktischen Medizin und zugleich das Amt des Stadtarztes. Diese beiden Ämter übte er mit grossem Eifer und Erfolg bis zu seinem Tod aus. In Gundeldingen vor den Toren der Stadt hatte der Vater Platter 1549 das Landgut Brunnmatt erworben, das vor wenigen Jahren mit knapper Not gerettete ‹Thomas-Platter-Haus› an der Gundeldingerstrasse (Nr. 280). Die Landwirtschaft weckte bei Felix Platter das Interesse an der Natur. In Montpellier hatte er den berühmten französischen Arzt und Botaniker Guillaume Rondelet als Universitätslehrer, der von Henri II. 1550 den Lehrstuhl für Medizinalpflanzen erhalten hatte. Rondelet begnügte sich nicht mit der Lehre der Heilpflanzen des Vorderen Orients aus den Schriften der Klassiker, sondern begann selbst die Umgebung Montpelliers botanisch zu erkunden. Aus seiner Schule gingen die berühmtesten Botaniker jener Zeit hervor, wie Charles l'Ecluse (Clusius), Johann und Kaspar Bauhin, Leonhard Rauwolf (der später die arabischen Länder bereisen

Sandgänsekresse *(Cardaminopsis arenosa)*. Einst ‹Baslerische Rauke› genannt und in den umliegenden Weinbergen häufig.

Baslerische Raucke.
Eruca Basiliensis coerulea.

Konrad Gessner

und die Kaffeepflanze mit heimbringen sollte). Bei Rondelet lernte Felix Platter das Anlegen einer Naturaliensammlung und eines Herbars. Platter wohnte bei dem Apotheker Catalan, Kenner arabischer Schriften und vertraut mit der Alchemie, und lernte bei diesem auch das Zubereiten von Heilmitteln (u.a. von Theriak). Die Montpellier-Zeit prägte Felix Platter begreiflicherweise für sein ganzes Leben. So legt er ein Herbar der Pflanzen aus der Umgebung Basels an. Er erwarb Pflanzendarstellungen aus dem Nachlass Konrad Gesners; in seinem Haus ‹Zum Samson› (Petersgraben Nr. 18) stieg mancher berühmte Gast ab, um den weltmännischen Basler Stadtarzt zu besuchen, mit ihm über wissenschaftliche Fragen zu diskutieren, seinen botanischen und teilweise sogar zoologischen Garten und die Naturaliensammlung zu besichtigen.

Trotz all seinen Liebhabereien war er ein sehr gewissenhafter Arzt, der die Armen unentgeltlich pflegte und während der Pestzeit ein genaues Stadtverzeichnis der Häuser und ihrer Bewohner führte. Sein Lehramt nahm er sehr ernst. In seiner Jugend hatte Platter den berühmten Anatom Andreas Vesal (1514–1564) gesehen; er wurde ein eifriger Anhänger der neuen Vesalschen Lehre. Sogar für Musik und Dichtkunst hatte Platter Begabung; so liebte er es, die Laute, das Spinett und sogar die Orgel zu spielen oder seine Freunde mit Versen zu erheitern.

Aus Montpellier hatte er seinem Vater auf dessen Wunsch Granatäpfel, verschiedene Sorten von Zwiebeln, Kürbisse und Gurken geschickt, die danach auf dem Gut in Gundeldingen vorzüglich gerieten. In seinem eigenen Garten zog er neben den bekannten Pomeranzenbäumlein auch einen Feigenbaum, der Früchte hervorbrachte. Selbst in der Seidenraupenzucht, die er in Frankreich gesehen hatte, unternahm er einige Versuche, und schliesslich hielt er den ersten Kanarienvogel in Basel.

Konrad Gessner (1516–1565), den man neuerdings mit Recht mit unseren Fünfzigfrankennoten ehrt und wieder bekannt macht, war einer der führenden Schweizer Naturforscher. Als Zürcher absolvierte er sein Medizinstudium teilweise in Basel. Zwischendurch führte ihn eine kurze Studienreise nach Frankreich. In Paris lernte er den bedeutenden Botaniker Pierre Belon kennen. Eine kurze Zeit verbrachte er in Lausanne als Griechischlehrer, daneben mit welschen Ärzten und Apothekern botanisierend. 1541 schloss er sein Studium in Basel ab und war anschliessend in Zürich als Stadtarzt tätig. Er publizierte verschiedene Werke über Pflanzenkunde, eine Überarbeitung der Klassiker Dioskorid, Theophrast und Plinius, weiter einen ‹catalogus plantarum› mit den Namen der Pflanzen in Griechisch, Latein, Deutsch und Französisch. Er war stets darauf bedacht, praktische Hilfswerke zu schaffen. In diesem Sinne schrieb er auch die ‹horti Germaniae›, eine Art Katalog, der den Sammlern den Austausch erleichtern sollte, verbunden mit einer praktischen Anleitung zur Gartenarbeit. Er entfaltete ein aussergewöhnliches Talent in der zeichnerischen Wiedergabe der studierten Pflanzen. Seine ‹historia animalium›, geschmückt mit kräftigen Holzschnitten, gelangte zu seinen Lebzeiten zur Veröffentlichung, doch leider war dies seinem nächsten grossen Werk, der Pflanzenhistorie, nicht beschieden. Viel zu früh, im Alter von neunundvierzig Jahren, starb er, von der Pest hinweggerafft. Sein Nachlass, der etwa fünfzehnhundert aquarellierte Pflanzenzeichnungen zu der geplanten ‹historia plantarum›, seinen Briefwechsel und andere Aufzeichnungen umfasste, zerstreute sich, und erst 1929 wurden zwei Kodizes mit Gessners Zeichnungen in der Universitätsbibliothek von Erlangen zutage gefördert. Seit 1972 werden diese nun mit grösster Sorgfalt geordnet und, botanisch kommentiert, im Faksimiledruck herausgegeben[28]. Konrad Gessner stand in regem Briefverkehr mit den namhaften Gelehrten seiner Zeit; Besuche verbanden ihn besonders häufig mit seinen Basler Freunden. Die Ausbeute seiner vielen Wanderungen, die oft in die Alpen führten (etwa fünfhundert entdeckte Pflanzen!), wurde in Herbarien und in seinen Gärten eingeordnet. Mit Johannes Bauhin hatte Gessner eine grosse Alpenwanderung bis ins Veltlin durchgeführt.

Theodor Zwinger II. (1658–1724), ein Ururenkel des gleichnamigen Arztes Theodor Zwinger (1533–1588), hat seine Medizinstudien in Lyon, Orléans und Paris betrieben. Nach den Wanderjahren wurde er in Basel zum Professor für Anatomie und Botanik ernannt. Der Markgraf von Baden-Durlach machte ihn als Leibarzt zu seinem Hofrat. Zugleich war er Leibarzt des Herzogs von Württemberg und weiterer deutscher Fürsten. Eine seiner Reisen führte ihn bis Wien. Die Universitäten von Leiden und von Berlin offerierten ihm Lehrstühle, doch entschied er sich, in Basel zu bleiben, und schuf neben seiner Lehrtätigkeit das prächtige Kräuterbuch ‹theatrum botanicum›. Sein Sohn *Friedrich* wurde Doktor der Philosophie und Medizin und ebenfalls Hofrat des markgräflichen Hauses Baden-Durlach. Er besorgte zwei weitere Ausgaben des offenbar vielgefragten ‹theatrum botanicum› (1744 und 1764).

Johann von Muralt, Stadtarzt von Zürich und Verfasser des ‹Eidgenössischen Lustgartens› (1715), pflegte ebenfalls häufigen Verkehr mit den Basler Botanikern. Aus Anlass eines Besuches berichtet er, wie er zusammen mit Johann Kaspar Bauhin die Wasserfalle ob Reigoldswil bestieg, ‹um zu kräutlen›, wie man damals so gemütlich sagte. Sie fanden Bärenklau, Enzian, Eberwurz, blauen Eisenhut und andere Purgierkräuter, «daher die Herren Professores und Studenten zu Basel, die sich auf Arzney legen, die löblich Gewohnheit haben, zur Erlangung genauer Erkenntnuss dieser Kräuter jährlich dahinauf spazie-

Büste des um die Botanik in Basel hochverdienten Werner de Lachenal im botanischen Universitätsgarten an der Schönbeinstrasse.

ren, dergleichen auch am Berge zu Grenzach, Muttenz, Mönchenstein und Dornech und andere mehr geschiehet».

Im 18. Jahrhundert hatte man an der Basler Universität die gute und originelle Idee, Theologen, die später eine ländliche Pfarrgemeinde betreuen wollten, an den Kursen über Heilpflanzen und der Behandlung der wichtigsten Krankheiten durch Hausmittel teilnehmen zu lassen. Sie wurden mit den Medizinern und Apothekern in die Anfangskenntnisse eingeführt[23].

Werner de Lachenal

Werner de Lachenal (1736–1800) war der Sohn eines Basler Apothekers. Seine Grossonkel Zwinger veranlassten ihn, Medizin zu studieren. Im Verlauf seines Studiums überwog bei ihm bald das Interesse für Botanik. Nachdem er Professor für Anatomie und Botanik geworden war, reorganisierte er den Medizingarten, lehrte Materia medica, Chemie und Ars pharmaceutica. Er stand mit Linné in Verbindung und befasste sich speziell mit der Pflanzensystematik. Über seine Verdienste um den botanischen Garten und über seine Vergabungen berichten wir im nächsten Kapitel.

Karl Friedrich Hagenbach

Karl Friedrich Hagenbach (1771–1849) war der letzte der Universitätslehrer, die im Winter Anatomie und im Sommer Botanik zu dozieren hatten. Er war zugleich Apotheker und Mediziner.

Von seiner Lehrtätigkeit zog er sich schon 1818 auf seine Apotheke an der Schneidergasse zurück, um sich ganz seinem grossen Werk, dem ‹tentamen florae Basiliensis› (Versuch einer Basler Flora) zu widmen.

Karl Friedrich Meissner

Die vom Basler Rat beschlossene Verlegung des botanischen Gartens und dessen Neuanlage vor dem Aeschentor hatte dann der spätere Botanikprofessor *Karl Friedrich Meissner* (1800–1874) zu besorgen. Er stammte aus Bern, hatte in Genf unter dem berühmten A.P. de Candolle botanisch gearbeitet und wurde 1828 nach Basel berufen, um Physiologie, Pathologie und Botanik zu lehren. Bei der Neuregelung der Medizinischen Fakultät im Jahr 1836 wurde Meissner von seiner medizinischen Lehrtätigkeit befreit und konnte sich als erster vollamtlicher Botanikprofessor ganz seinem Lieblingsfach und dem neuen botanischen Garten widmen. Er ordnete die Anpflanzungen nach dem de Candolleschen System: Kräuter, Stauden und Sträucher in Beeten, wobei der medizinische Teil gesondert blieb, und die Bäume in einem ‹Arboretum› gruppiert. Als Mitarbeiter botanischer Publikationen von de Candolle und einer Flora Brasiliensis des Münchner Botanikers Martius sowie durch sein eigenes Werk ‹plantarum genera› hat sich Karl Friedrich Meissner einen bleibenden Namen in der Welt der Botanik geschaffen.

Damit haben wir die Zeit erreicht, in welcher sich die Botanik in Basel endgültig von der Medizinischen Fakultät getrennt hat und zu einer eigenen wissenschaftlichen Disziplin als Teil der Naturwissenschaftlichen Fakultät geworden ist.

Botanische Gärten in Basel

«Ein botanischer Garten ist eine lehrhafte Zierde,
die der Stadt zur Ehre gereicht.»
Peter Ochs (1752–1821).

Die botanischen Gärten gehen auf die mittelalterlichen Kloster- und Apothekergärten zurück. Um 1300 entstanden in Italien die ersten europäischen Medizingärten neben den Medizinschulen. Bis ins 16. Jahrhundert existierten nur ganz wenige derartige Gärten an Universitäten, so in Salerno, Bologna, Pisa, Padua und Montpellier. Den ersten botanischen Garten schuf Clusius 1594 an der Universität in Leiden (Holland).

Bei der Predigerkirche

Im Verlauf der Reformation lösten sich die Klostergemeinschaften in Basel auf. Das Gotteshaus der Prediger am Totentanz überliess der Stadtrat der Französischen Kirche Basels zur Abhaltung von Gottesdiensten. Der Klostergarten kam in die Obhut der Medizinischen Fakultät. Wie aus einer späten Ausgabe (1757) von Wurstisens ‹Kurzer Begriff der Geschichte Basels› ersichtlich ist, geschah anfangs nicht viel im ehemaligen Klostergarten: Der Garten «ist zu einem medicinischen Garten seit 1692 gewidmet, auch erst im Jahr 1756 mit schönen kommlichen Gebäuden sowohl zur Wohnung eines Gärtners als zu den botanischen Demonstrationen ganz neu durch die Freygebigkeit der Obrigkeit versehen worden». Von Peter Ochs erfährt man, dass der Staat alljährlich hundert Neutaler zum Unterhalt des Gartens eingesetzt hatte, der Grosse Rat den botanischen Garten zum Eigentum des Publikums erklärt und die Oberaufsicht der Kommission übergeben habe, welche auch die Apotheken kontrollierte. Das Jahr 1776 war mit dem Einzug des Anatomie- und Botanikprofessors Werner de Lachenal (1737–1800) sicherlich zu einem ‹Hauptmoment der Baslerischen Geschichte› geworden, wie sich Pfarrer Markus Lutz 1809 rückblickend äussert. Trotz der medizinischen Kommission hatte der Garten zwanzig Jahre lang vernachlässigt dagelegen. «... Sein erstes, worauf der Professor sein Augenmerk richtete war, diesen Garten zu seiner Bestimmung zu erheben. Er bot seine ansehnliche Kräutersammlung und Bibliothek nebst einer Summe baren Geldes dem medizinischen Garten an, wenn man diesen herstellen und ein Haus dazu bauen wollte, welches der jeweilige Professor der Botanik und Anatomie zu bewohnen hätte. Die Obrigkeit entsprach diesem uneigennützigen Anerbieten und das Haus kam zustande. Dieser vortreffliche Mann starb 1800 mit dem Nachruhme eines guten und gelehrten Arztes und verdienstvollen Bürgers.» Seine Büste hat einen hübschen Platz im heutigen botanischen Garten der Universität, von wo der systematische Teil des Gartens zu übersehen ist.

Private botanische Gärten

Viele der frühern Ärzte-Botaniker und Apotheker besassen ihre privaten medizinisch-botanischen Gärten, die ihnen Material zu Studienzwecken und zur Herstellung von Arzneien hergaben. Die von ihnen verfassten Kräuterbücher basierten grösstenteils auf diesen lebenden Sammlungen. Beim Aufzeichnen der Pflanzengeschichte sind Kräuterbücher die einzigen Dokumente, weshalb wir wiederholt ihre Angaben zitierten. Die Gelehrten waren natürlich berufen, als erste neuentdeckte Pflanzen in ihre Hände zu bekommen, sie zu pflanzen, zu beobachten und, wie es viele mit einigem Risiko taten, zu ‹schmecken›.

Der Zürcher Gelehrte Konrad Gessner (1516–1565) hat bekanntlich viele dieser privaten Gärten in Basel besucht, die noch alle in die Zeit vor dem städtischen Garten fielen. Bei den Basler Kollegen findet er sechserlei Sorten *Coloquinten*. Bei Theodor Zwinger entdeckt er ein besonders prächtiges Exemplar der *Eselsdistel* (Onopordum acanthium). Zwinger hatte von Padua viele Samen südlicher Pflanzen mitgebracht, um den Garten seines Stiefvaters zu bereichern. Er blieb mit Gessner stets in Kontakt. Dem Luzerner Apotheker Renward Cysat, der in seinem sonnigen Garten an der Musegg seltene Pflanzen zog und vor allem bessere Obstsorten ausprobierte, verdankt Basel gewiss viel wegen der Freundschaft, welche ihn mit Felix Platter verband. Ausser der Anleitung zur gewinnbringenden Pomeranzen- und Limonenzucht erhielt Platter von seinem Freund «grosse Barillen, Pfersich, gar grosse Küttenen und grosse schöne schwarze Weggiser Kirsen». Man könnte vermuten, dass diese Weggiser Kirschensorte die baslerische verbessert hat. Die neuen Raritäten aus Amerika sah man zuerst in Platters Garten: die Gartenbohne (Phaseolus vulgaris), zwei Arten von Sonnenblumen (Helianthus), die Maispflanze (Zea mays), das Blumenrohr (Canna indica) und die Agave americana.

Botanischer Garten beim Aeschenplatz

Der ‹Doctor-Garten›, wie der erste öffentliche botanische Garten bei der Predigerkirche von den Baslern genannt wurde, musste bei der Verlegung des Spitals in den Markgräflerhof weichen; der Name Gartenstrasse erinnert noch heute an den vor das Aeschentor verlegten zweiten botanischen Garten. Er dehnte sich von der St. Jakobs-Strasse bis zum Parkweg und der Gartenstrasse aus. Im ehemaligen Pförtnerhäuschen, dem einzigen noch erhaltenen Souvenir an diesen Garten, ist heute der Polizeiposten beim Aeschenplatz untergebracht. Lassen wir nochmals W. Theodor Streuber in seiner Stadtbeschreibung zu Wort kommen: «Unweit des Aeschentors ist der 1836 errichtete botanische Garten mit dazugehörigem Gewächshaus. In demselben befindet sich die Wohnung des Professors der Botanik. Die botanischen Sammlungen haben durch das von Erben des 1849 verstorbenen Professors K. Fr. Hagenbach der Universität geschenkte ausgezeichnete Herbarium, welches mehr als 8000 Arten europäischer Pflanzen enthält, eine äusserst wertvolle Bereicherung erhalten.» Vergeblich erwarten wir eine Erwähnung besonderer Pflanzen aus dem Garten. – Vermutlich stehen

Botanisierender junger Mann. Titelvignette aus Taschenbuch für den Schweizerischen Botaniker, bearbeitet von J.C. Ducommun. Selbstverlag, Solothurn 1869.

auf dem letzten grünen Areal neben dem Polizeiposten noch einige Zeugen aus jener Gartenzeit: man findet dort einen stattlichen Mammutbaum (Sequoiadendron), verschiedene Scheinzypressen (Chamaecyparis), einen mehrstämmigen Ginkgobaum, die Hemlockstanne (Tsuga), die spanische Tanne (Abies pinsapo) und einige weitere Baumarten, die sonst nicht gerade zur üblichen Umgebungspflanzung von Wohnblöcken gezählt werden können.

Nach weitern sechzig Jahren, wie die Chronisten festhielten, wurde der Garten wiederum verlegt, diesmal zum Spalentor auf den ehemaligen Spalengottesacker. In diesem dritten Garten an der Schönbeinstrasse entstand die Botanische Anstalt, ein Gärtnerhaus und die Gewächshäuser (1896–1898). «Trotz des beschränkten Areals enthält der Garten mehr Species an höheren Pflanzen als die ganze floristisch reiche Schweiz; dies verdankt er dem Samenaustausch mit beinahe 200 der bedeutendsten Gärten der ganzen Welt», schreibt 1960 Professor Max Geiger-Huber in der Festschrift der Universität Basel zur Zeit ihres fünfhundertjährigen Bestehens. Seinen Bericht abschliessend, zitiert er die weise Mahnung, die der berühmte Daniel Bernoulli (1733–1750 Professor für Anatomie und Botanik) an zwei Kandidaten bei ihrer Doktorpromotion gerichtet hat: «Vermeiden Sie, wenn Sie die Werke der Natur erforschen und erklären, ohne Notwendigkeit, an Wunderwirkungen zu glauben! Die Natur ist überall und in allen ihren Werken schon so wunderbar, dass sie keiner Übersteigerung bedarf; wer richtig und verständig zu urteilen vermag, wird alles staunenswert finden.»

Das Mikroskop und das Experimentieren veränderten die botanische Forschung. Es kommen heute die niederen Pflanzengruppen, die Bakterien, die Algen, die Pilze, hinzu. Langsam wandelt sich die Gestalt des klassischen Botanikers mit umgehängter Botanisierbüchse und En-tout-cas (grosser Schirm und zugleich Bergstock). Pflanzenphysiologie und Pflanzengeographie werden neue Wissenschaftszweige; die Algenforschung wird geradezu eine Tradition des Basler Instituts; nicht nur Süsswasser-, auch die Salzwasseralgen werden erforscht. Die Basler Botaniker ziehen wieder nach Frankreich, doch weiter als Montpellier, bis zur Meeresküste in die ozeanographischen Forschungsstationen von Banyuls oder Roscoff in der Bretagne. Die Tradition des Samenaustauschs lebt weiter in der vielseitig ausgebauten Samensammlung samt Samenkatalog, einer vergleichend-musealen Sammlung. Ein weiterer Zweig ist die Pollenanalyse geologisch älterer Erdschichten, welche massgebende neue Erkenntnisse zur prähistorischen Klima- und Vegetationsgeschichte der Schweiz beiträgt. Neu ins Gesichtsfeld rückt heute die Ökologie, das heisst die Erforschung der gegenseitigen Beeinflussung von Pflanzen, Tieren und Umweltfaktoren, welch letztere ja durch die oft masslosen Aktivitäten des Menschen manchenorts unverantwortlich verändert werden.

Oben links: Blütenstand der gelbblühenden Pavie *(Aesculus flava)*. (Photo H. P. Rieder.)

Unten links: Sumpfzypresse *(Taxodium distichum)* in Herbstfärbung.

Oben rechts: Früchte der Catalpa.

Unten rechts: Astwerk des Mammutbaumes *(Sequoiadendron giganteum)*.

Blühende Soulange-Magnolien vor der Pauluskirche an der Arnold Böcklin-Strasse.

Felix Platter mit exotischen Pflanzen.
Porträt von Hans Bock d. Ä. (um
1550 bis 1623/24). Im Regenzzimmer
des Kollegienhauses am Petersplatz.

Petersplatz-Eingang des botanischen Universitätsgartens beim Spalentor.

Victoria-regia-Haus des botanischen Universitätsgartens, vom Ende des 19. Jahrhunderts.

Illuminierte und getrocknete Kräuter

«Drei Dinge haben zur Entwicklung der Arzt- und Apothekerkunst schon frühzeitig wesentlich beigetragen: die Gärten, die Pflanzenabbildung und die Sammlung getrockneter Pflanzen, das Herbarium.»
Joseph Häfliger (1873–1954)

Antike und Mittelalter

Lange bevor der Ausdruck ‹Herbal› oder ‹Herbar› entstand (16. Jahrhundert), gab es bereits Schriften über die Pflanzen für medizinische Zwecke. Die ältesten bekannten Aufzeichnungen stammen von Sumerern, Ägyptern und Chinesen. Pflanzen waren als Gottesgaben angesehen, den Menschen zum Wohl gegeben.

Die frühesten Pflanzenabbildungen sollten ein Wiederauffinden und Erkennen in der Natur erleichtern. Die Abbildungen in den ersten Handbüchern der Heilkunst waren ganz naturgetreu, sehr einfach, aber das Wesentliche betonend. Es waren Handschriften mit gemalten Pflanzendarstellungen. Durch die Kopierarbeit in den Klöstern, die nicht immer in Verbindung mit den Pflanzen im Klostergarten geschah, nahmen die Bilder stereotype, oft unverständliche Formen an, besonders wenn es sich um fremde, dem Kopisten unbekannte Pflanzen handelte. So hatten die Mönche der Klöster nördlich der Alpen die orientalischen Pflanzen der persischen, griechischen und arabischen Autoren getreulich registriert, aber mit ähnlichen einheimischen Pflanzen verwechselt, auf welche sie die Heilwirkungen übertrugen. Als Beispiel diene die Kräuterhandschrift aus der Basler Universitätsbibliothek *De simplici medicina* aus dem 14. Jahrhundert, geschrieben und gezeichnet auf Pergament. Die Pflanzen sind alphabetisch geordnet, je sechs auf einer Seite, Text und Bild in Aquarelltechnik mit gummiarabikumfixierter Farbe. Die Handschrift basiert auf dem *Circa instans* des *Platearius aus Salerno* und ist, wie der Titel besagt, eine Sammlung einfacher Basispflanzen für die Heilmittelzubereitung, der ‹simplices›.

Das Werk *De materia medica* von *Dioskorides*, der im ersten Jahrhundert unserer Zeitrechnung gelebt hat, wurde nach demjenigen von Theophrast die wichtigste illustrierte Pflanzensammlung mit medizinischem Kommentar. Bis ins 15. Jahrhundert richteten sich die nachfolgenden Kräuterbücher nach diesem Vorbild.

Gedruckte Bücher

Infolge der mächtigen Entwicklung des Bürgerstandes sowie der Erfindung des Buchdruckes und Holzschnitts entstanden Mitte des 15. Jahrhunderts neue Kräuterbücher. Ihr Text war lateinisch, manchmal auch noch griechisch abgefasst. Erst die Kräuterbücher des 16. Jahrhunderts brachten Übersetzungen in

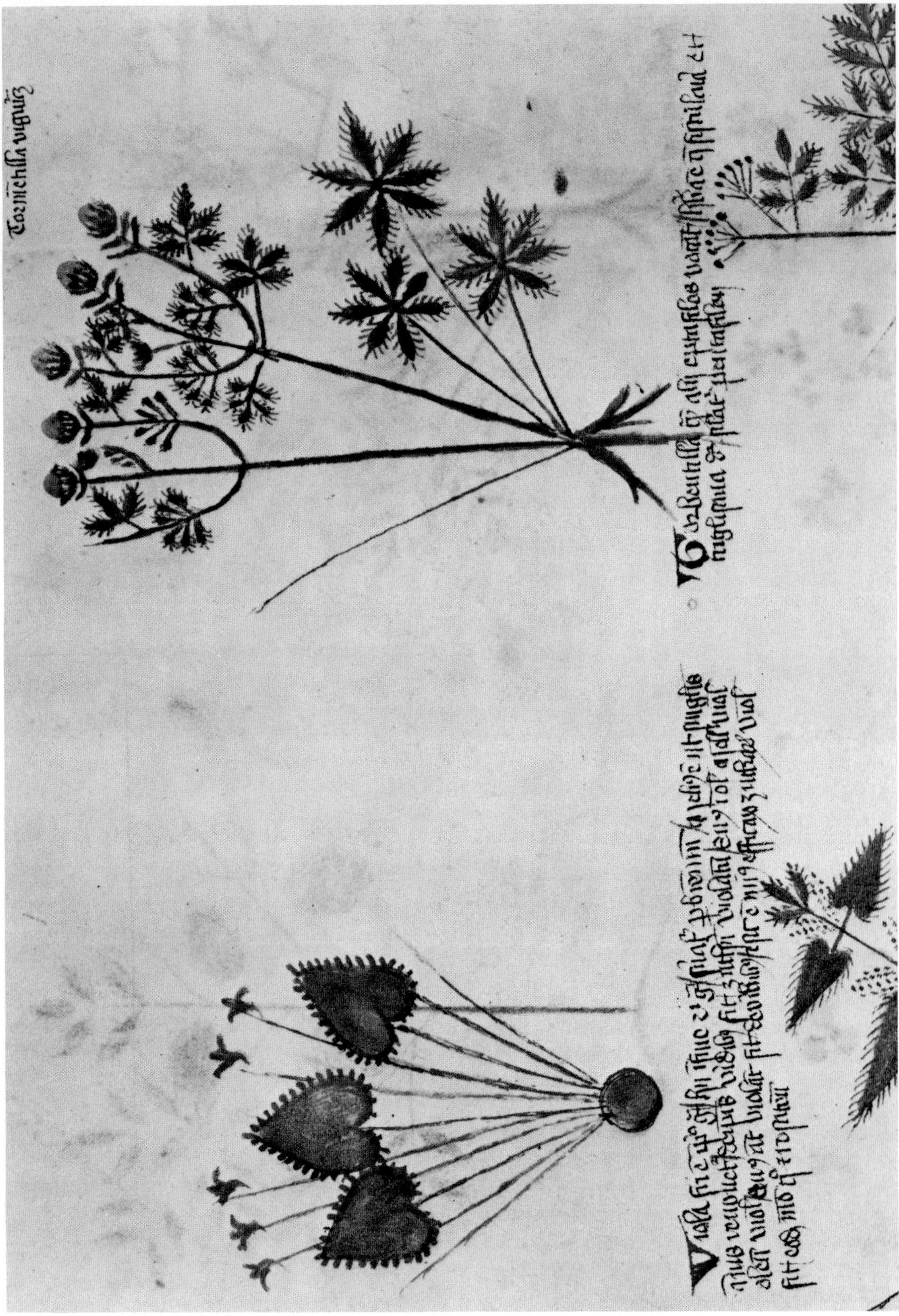

In der pergamentenen Kräuterhandschrift ‹De simplici medicina› aus dem 14. Jahrhundert sind die einzelnen Heilpflanzen trotz starker Stilisierung klar erkennbar: Veilchen und Tormentill. Universitätsbibliothek.

‹Gart der Gesundheit›

die landesüblichen Sprachen und eine Fassung, die nicht mehr ausschliesslich für Ärzte und Apotheker, sondern auch für den allgemeinen Hausgebrauch gedacht war, wie etwa Kaspar Bauhin in seiner Neuausgabe des Tabernaemontanus zu verstehen gibt: «New vollkommentlich Kreuterbuch, allen Ärzten, Apothekern, Wundärzten, Schmieden, Gärtnern, Köchen, Kellnern, Hebammen, Hauss-Vätern und allen anderen Liebhabern der Artzney sehr nützlich.» (J. A. Häfliger.) Die Holzschnitte waren noch recht ungefüge und phantasievoll.

Solche Bücher erfreuten sich bald grösster Beliebtheit. Die Basler Druckerherren waren deshalb eifrig darauf bedacht, Editionen von Kräuterbüchern zu übernehmen. In der Konkurrenz mit den Offizinen in Paris, Lyon, Venedig, Strassburg, Köln, Mainz, Frankfurt, Antwerpen, und London nahm Basel eine bedeutende Stellung ein, nicht zuletzt dank Holbeins und Urs Grafs grossartigen Initialen, Buchtiteln und Randleisten.

Berthold Ruppel schuf um 1470 in Basel die erste gedruckte Ausgabe von *De proprietatibus rerum* eines Engländers, *Bartholomäus Anglicus*, der in Paris und vermutlich bei Albertus Magnus Naturwissenschaften und Theologie studiert hatte. Es ist eine Universalgeschichte, eine Kosmologie vom Himmel bis zur Erde, in der auch den Pflanzen ein beträchtlicher Teil gewidmet ist. Ihr Erfolg war gross; sie wurde aus dem Latein ins Italienische, Französische, Englische, Holländische, Spanische und Bayrische (!) übersetzt.

Bei *Michael Furter* in Basel kam 1487 die fünfte Auflage von Peter Schoeffers ‹Gart der Gesundheit› heraus, ein Kräuterbuch mit Holzschnitten reich illustriert. Der ‹Gart› wurde ein Bestseller und erlebte ungezählte Auflagen in Deutschland und den Niederlanden. Das Buch enthielt bereits 435 in- und ausländische Pflanzen nebst Anleitung zur Zubereitung von Hausmitteln. Die Illustrationen passten nicht immer zu den beschriebenen Pflanzen, auch wurden gleiche Holzschnitte wiederholt verwendet. Man nahm es in dieser Hinsicht nicht peinlich genau, sondern sah mehr auf das Dekorative. Druckstöcke zu Illustrationen waren teuer, wurden beliebig kopiert und verkauft. Man kannte zudem noch keine Autorenrechte. Die Künstler waren Handwerker, die zusammen in den Werkstätten arbeiteten und sich je nach Geschick spezialisierten und ergänzten. Die einzige Autorität war diejenige der Zunft, deren Gebote streng befolgt werden mussten, wenn man ihren Schutz geniessen wollte.

Hermann Christ in seiner hervorragenden ‹Geschichte des Bauerngartens› stellt fest, dass in Basel im 16. und im 17. Jahrhundert trotz Kriegszeiten mit ständiger Bedrohung und Unsicherheit eine Reihe Kräuterbücher entstanden, die wieder für einige Jahrhunderte von massgebender Bedeutung wurden. Sie setzten die alte Tradition der klassischen Kräuterbücher fort als botanisch-medizinische Pflanzensammlungen, bereichert durch haus- und landwirtschaftliche Ratschläge und begleitende Illu-

Sciroch sil psilissel tribenstoup

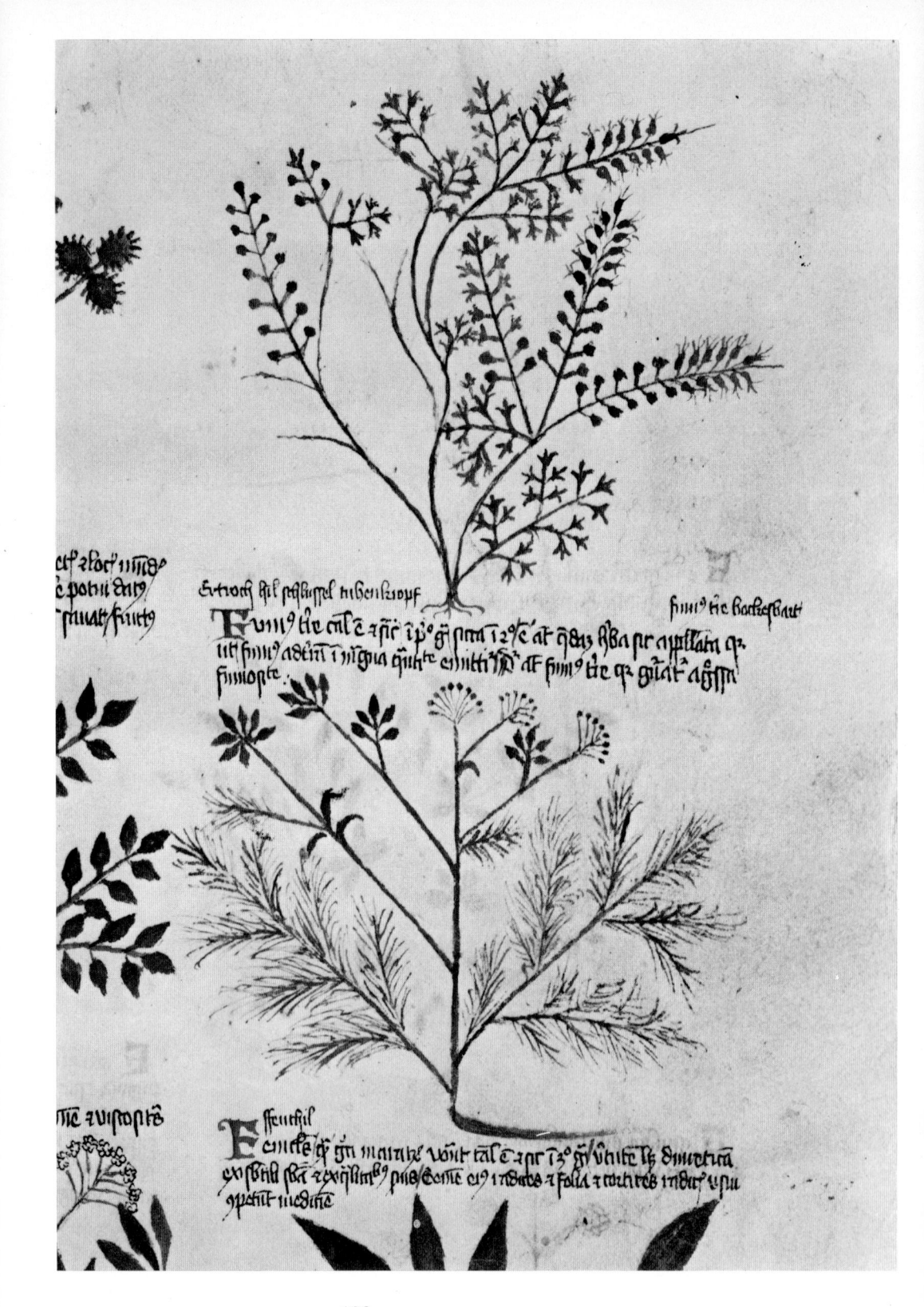

F̄uiꝯ ꝇc calꝰ ⁊ sic ĩ iꝑo. gꝛ sim ſ ʒc ẽ̄. at hēꝰ ſba pr cpillam ex
iſt siuꝯ adem ⁊ nigꝛa quĩte exiſtit ſb̄. d̄ siuꝯ ꞇic ex̄ gſat̄ affim
sim ꝗte.

finꝰ ꞇie Rockesbait

Escuthil
Emlte d̄ gn mauthe voiut tal ⁊ ar ĩꝑo gñ whilte lh dmertuā
exhil ſba ꞇexiſtim̄ꝯ puis ſeitte cꝑ ĩ baes ⁊ foliā ⁊ twitxes ĩ duʳ ꝙ
qpxit medine

‹De simplici medicina›: Erdrauch und Fenchel.

strationen. Dabei ging man sorgfältig mit dem Wissen der Alten um und übernahm noch immer getreulich überalterte Vorstellungen und Irrtümer in die neuen Drucke. Heute sind sie gerade deshalb beredte Zeugen der damaligen Zeiten, die wir nur mit Mühe ganz verstehen können.

1527 entstand eine Ausgabe des Lehrgedichtes *Hortulus* von *Walahfried Strabo,* Abt des Benediktinerklosters zu Reichenau um 838, das zuvor nur in Handschriften existiert hatte. Die Benediktiner hatten die Pflanzenkenntnis und Gartenkunst über die Alpen nach Mitteleuropa gebracht.

1534 wurde ebenfalls in Basel das Werk des Franzosen *Ruellius* ‹De natura stirpium› gedruckt. Ruellius (Jean de la Ruelle) lebte von 1474 bis 1537 und war Theologe, Botaniker und Leibarzt von Franz I., König von Frankreich. Er gab mehrere Klassiker der medizinischen Botanik heraus.

1557 ging eine *Dioskorides*-Ausgabe, in Latein übersetzt und kommentiert von *Janus Cornarius* (Hans Hagenbutt), bei J. Bebel in Druck. Die simplifizierten Abbildungen sind nicht aus zeichnerischem Unvermögen entstanden, sondern wollen eine Art Geheimzeichen für Eingeweihte sein. In der Stilisierung wurden nur die wichtigsten Details, die für die Pflanze typisch sind, festgehalten. Eine noch lange Zeit beibehaltene Methode war, neben den Pflanzen, die bei Stichen oder Bissen heilend wirkten, die entsprechenden Tiere klein daneben figurieren zu lassen.

Leonhard Fuchs

1542 kam die erste lateinisch abgefasste Ausgabe von *Leonhard Fuchs* ‹De historia stirpium› bei Michael Isengrin in Basel heraus. Leonhard Fuchs (1501–1566), gebürtiger Bayer, lehrte an der Universität von Tübingen Medizin und Botanik; Johann Bauhin hatte einige Semester bei ihm studiert. In Basel überwachte Fuchs den Druck seines Werkes persönlich; er hatte die besten Maler und Formschneider in den Personen von Albrecht Meyer, Heinrich Füllmaurer und Veit Rudolph Speckle beauftragt: «… läbliche Abbildung und Contrafeytung aller Kreuter» (905 an der Zahl) vorzunehmen. Dass sie nach der Natur gearbeitet hatten, war offensichtlich; die ganzseitigen Zeichnungen – fast ohne Schraffur und Schatten, damit die Möglichkeit bestand, sie nach Wunsch zu kolorieren – waren von ungewohnter Schönheit und Qualität. Sie wurden einzig vom Illustrator *Hans von Weiditz* übertroffen, den *Otto Brunfels* für sein Kräuterbuch ‹Herbarium vivae eicones› entdeckt hatte. Dieses prächtige Werk kam leider nicht in Basel, sondern in Strassburg bei Johann Schott 1530 erstmals heraus. Weiditz schuf nach der Natur Pflanzenbilder von hohem künstlerischem Wert. Man hatte sie lange Zeit für Arbeiten Albrecht Dürers gehalten, dessen Zeitgenosse er auch war. Wenn man diese beiden prächtigen Ausgaben mit den alten Handschriften und Erstdrucken vergleicht, die über Jahrhunderte ohne grosse Veränderungen der Medizin gedient hatten, so erfasst man erst, welch gewaltigen Schritt Brunfels und Fuchs getan hatten.

Kaspar Bauhins Bestimmungstafel

1596 konnte *Kaspar Bauhin* seine ‹Phytopinax› in Basel bei

Henric Petri herausgeben. Es ist eine Art Bestimmungstafel. 1622 wurde sein ‹Catalogus plantarum circa Basileam›, ein Verzeichnis aller wildwachsenden Pflanzen in Basels Umgebung, bei Johann Jacob Genath gedruckt. Diese Taschenflora, wie man sie heute nennen würde, war für die Studenten des Medizin- und Apothekerstudiums als praktisches Handbuch konzipiert. 1623 druckte Ludwig König das eigentliche Lebenswerk Kaspar Bauhins, die ‹Pinax theatri botanici›, ein Kräuterbuch, geordnet nach seinem neuen System der Pflanzenbenennung – wesentliche Grundlage für die kommenden Botaniker.

Johann Bauhins Pflanzengeschichte

Die dreibändige ‹Historia plantarum universalis› von *Johann Bauhin* war von ihm für den Druck mit Hilfe seines Schwiegersohns, des Baslers Johann Heinrich Cherler, bereitgestellt, doch wurden beide vom Tod ereilt. Das anspruchsvolle Werk konnte später nur dank grosser finanzieller Beteiligung der Freiherren von Graffenried und von Erlach, eines Berner Anwaltes Nicolaus Dachselhofer, eines Prinzen von Neuchâtel und Valangin und letztlich noch der dreizehn damaligen Stände der Alten Eidgenossenschaft gedruckt werden. Ein Nachfolger Johann Bauhins im Amt als Hofrat in Montbéliard, der Genfer Arzt Dominique Chabrey, besorgte die Herausgabe in Yverdon, woselbst er die Stelle als Stadtarzt angenommen hatte, um den Druck überwachen zu können. Die drei Bände kamen 1650–1651 heraus. Die Illustrationen bestanden zum Teil noch aus Druckstöcken von L. Fuchs, weitere stammen von einem Illustrator Weigand Striegel aus Basel.

Kräuterbuch des Matthiolus

1678 wurde in Basel die letzte deutsche Version der ‹Commentarii› zum Werk des Dioskorides als ‹New Kreuterbuch› von *Pier Andrea Matthioli* gedruckt. Matthiolus (1501–1577) aus Siena kam als Leibarzt des Erzherzogs Ferdinand nach Prag und nach dessen Tod zu Kaiser Maximilian II. nach Wien. Matthiolus war begeisterter Botaniker; er war es, der die schon erwähnten Pflanzen und Kopien der Dioskorides-Handschriften aus Konstantinopel erhielt.

Theodor Zwingers ‹Theatrum botanicum›

1696 erscheint *Theodor Zwingers II.* ‹Theatrum botanicum›, und sein Sohn Friedrich gibt 1744 bei Jakob Bischoff in Basel eine ergänzte Neuauflage des Werkes heraus.

Die Fortschritte der Pflanzenkenntnis in der zweiten Hälfte des 16. Jahrhunderts können am folgenden nüchternen Zahlenvergleich abgelesen werden: Fuchs (1542) zitiert 500 Pflanzen, Matthiolus (1562) 1200 Pflanzen, Bauhin (1623) 6000 Pflanzen.

1680 verlegte der Basler Arzt und Professor Emanuel König in der väterlichen Druckerei (Ludwig König) ein ‹Regnum vegetabile ...›; er ergänzte damit den Pflanzenkatalog der Flora um Basel von Kaspar Bauhin. 1706 gab er sein bereits erwähntes Hausbuch ‹Georgica helvetica curiosa› bei seinem Vater heraus. Er hatte den ‹Pflanzgart› des Berners Daniel Rhagor zum Vorbild genommen. In der volkstümlichen deutschen Ausgabe stand die Verheissung: «güldener Artzneischatz neuer, niemals entdeckter Medikamenten.»

‹Hausväter›

Man nannte die Verfasser dieser Hausbücher des 16. und des 17. Jahrhunderts sehr gemütlich *Hausväter*. Ihre in barockem Stil verfassten Anleitungen zu Haus-, Land- und Forstwirtschaft enthielten den wichtigen Kalender mit den Bauernregeln und medizinische Anweisungen für Krankheitsfälle in Haus und Stall. Diese Bücher wurden sehr beliebt; sie fanden ihren Platz auf dem bescheidenen Bücherbrettlein der Bauern- und Bürgerhäuser neben der Bibel, einer Hauspostille (Gebetssammlung) und häufig einem Kräuterbuch. Durch die ‹Hausbücher› zog nützliches Wissen ins Bewusstsein der Bevölkerung ein[29].

Herbarien

Mitte des 16. Jahrhunderts entdeckte der Mediziner Luca Ghini aus Pisa (?) die Möglichkeit, Pflanzen zu pressen und getrocknet mit Fischleim auf Papierbogen aufzukleben. Dadurch wurde es möglich, lebende Pflanzen zu sammeln und zu jeder Jahreszeit für Studien präsent zu haben. So entstanden die *Herbarien*. Wissenschafter von Montpellier kamen zu Luca Ghini, um die neue Technik zu erlernen. Felix Platter und die Brüder Bauhin haben sich in Montpellier mit dieser Technik vertraut gemacht und brachten sie nach Basel. Kaspar Bauhin und Felix Platter ergänzten ihre Herbarien mit gekauften Zeichnungen und Holzschnitten und kombinierten so getrocknete und illuminierte Sammlungen (illuminieren = ausmalen).

Um 1930 entdeckte man in der Universität Bern mehrere Originalaquarelle des Hans von Weiditz; sie waren dem Herbar Felix Platters einverleibt, der sie offenbar gekauft hatte. Dieses älteste und berühmteste Basler Herbar war lange Zeit verschollen gewesen; nun besitzt es der botanische Garten in Bern. In Basel werden die historischen Herbarien Kaspar Bauhins, Werner de Lachenals, Karl Friedrich Hagenbachs und etliche aus neuerer Zeit aufbewahrt, die langsam ebenfalls historisch werden.

Albrecht von Haller (1708–1777) schreibt über einen Besuch in Basel: «Nach Überschreitung der rauhen Strecke (Hauenstein) kamen wir über sanfte Hügel nach Basel, dessen ich stets in Dankbarkeit gedenke, denn hier hörte ich Johann Bernoulli und trat in Freundschaft mit Dollinger, Staehelin und König, sammelte die ersten Pflanzen, als ich die Anfangsgründe der Botanik lernte, und fasste den kühnen Entschluss zur ‹Geschichte der Pflanzen› meines Vaterlandes ... Hier bewahrt die Familie der Bauhine ein kostbares botanisches Denkmal, den ‹Getrockneten Garten›, den ‹hortum siccum› des Kaspar Bauhin auf.» (Aus dem Lateinischen übersetzt von Hermann Christ.)

Werner de Lachenal, den wir schon mehrfach erwähnt haben, hinterliess 1776 der Universität Basel ein beträchtliches Herbar, in welchem auch Pflanzen von seinem Freund Albrecht von Haller enthalten sind. Lachenal verfasste das erste schweizerische Arzneibuch, in welches er nur nachgewiesenermassen wirksame Medikamente aufnahm. Albrecht von Haller besorgte die Herausgabe.

202

Botanische Forschungsreisen

◁
Blatt aus dem neuzeitlichen Herbar Ch. Simon der Basler Botanischen Gesellschaft.

«Wer reist, sollte Botaniker sein,
denn Pflanzen sind die grösste Zierde jeder Landschaft.»
Charles R. Darwin (1808–1882)

Im Europa des 18. Jahrhunderts nahm das Interesse an den Naturwissenschaften ständig zu. Viele Fürsten begannen exotische Pflanzen in ihren Gärten zu ziehen. Künstler wurden engagiert, die Blumen zu porträtieren. Die Académie des Sciences in Paris und die Royal Society in London rüsteten Expeditionen aus. Die Zeit zwischen 1760 und 1850 war die Epoche der grossen wissenschaftlichen Reisen.

Bougainville und Commerson
An der ersten französischen Weltumsegelung unter Antoine Louis de Bougainville nahm der Botaniker Philibert de Commerson teil. Auf ihrer Durchreise in Brasilien entdeckte er die wunderschöne violettrote oder orangerote Kletterpflanze *Bougainvillea* und benannte sie nach seinem Kommandanten Bougainvillea spectabilis.

Cook
Es folgen die berühmten englischen Expeditionen unter James Cook. Auf der ersten Reise mit der ‹Endeavour› 1768–1771 begleiteten ihn der grosse englische Botaniker und Mäzen Sir Joseph Banks und der Schwede Daniel Solander, ein Schüler Linnés. Ihnen verdankt man vor allem die Kenntnis der australischen und der polynesischen Flora. Auf der zweiten Reise kamen die deutschen Naturwissenschafter Vater und Sohn Forster mit; ihr Forschungsziel waren vor allem Neuseeland und die antarktische Region.

Humboldt
Alexander von Humboldt liess sich auf seiner grossen Forschungsreise ins Amazonas- und Orinokogebiet und dann nach Mexiko vom französischen Botaniker Aimé Bonpland begleiten; sie entdeckten viele der heute so beliebten Orchideen.

Hooker
Der Engländer Sir Joseph Hooker wurde zu einem der grössten Pflanzenforscher im Himalaja, im Libanon, im Atlas und in den Rocky Mountains. Von 1865 bis 1886 stand er den Kew Gardens vor und gab den Pflanzenkatalog ‹Index Kewensis› mit 375 000 bereits bekannten Pflanzennamen heraus.

Forschungsschiffe
1800 liefen die zwei Schiffe ‹Géographe› und ‹Naturaliste› einer grossen französischen wissenschaftlichen Expedition aus Le Havre aus, um Australiens Küsten und Meere weiter zu erforschen. Die Schiffe führten eine speziell ausgedachte Ausrüstung mit, um gesammelte Pflanzen in geeigneter Weise transportieren zu können. Ausser den Botanikern wurden auch Gärtner mitgeschickt, welche die Aufgabe hatten, schon auf dem Schiff in speziellen Kästen die Samen auskeimen zu lassen. So verwandelten sie das Zwischendeck in einen schwimmenden Garten. Im Expeditionsbericht schreibt einer der Wissenschafter: «Unsere

Aufzucht- und Transportkisten für
überseeische Pflanzen um 1800.

Baumschulen

Gärtner haben eine reiche Ernte von neuen Pflanzen eingebracht. Sie bezahlten sie mit Weizen-, Mais- und Gerstenkörnern und Setzlingen von Obstbäumen – welch rührender Austausch, der eigentlich die Grundlage zur Völkerverständigung hätte sein sollen.»

Dieser Satz kann uns heute noch bewegen mit seinem Ausdruck beschämten Bedauerns. Er zeigt uns jedoch, dass die Europäer nicht einfach nur einheimsten, sondern auch mitbrachten, obzwar nach ungleichem Maßstab. Cook hat stets europäische Sämereien und Tiere auf seinen Reisen mitgenommen; manches Auftreten fremder Pflanzen an unerwarteten Orten mag auf diese Weise erklärbar sein.

Infolge dieser intensiven Forscher- und Sammlertätigkeit entstanden in Kanada, England, Frankreich und Holland Baumschulen und Gärtnereien, die alle europäischen Länder beliefern konnten. Die exotischen Bäume, die akklimatisierbar waren, wurden zu Handelsobjekten. Mit dem wissenschaftlichen Austausch verfeinerte sich auch die Gartenbaukunst, und nicht wenige der Pflanzen, die wir heute in unseren Privatgärten und Parkanlagen halten, verdanken wir dieser wissensdurstigen Zeit.

‹Lusthaine› und Anlagen im 19. Jahrhundert

Die Beurteilung der Basler Promeniermöglichkeiten durch Aussenstehende fällt von jeher recht unterschiedlich aus. Lob und Tadel hört man bis in unsere Zeiten. Eines ist gewiss: die Basler hatten zum Promenieren nur Musse am Feierabend und an Sonntagnachmittagen; dazu genügten die Plätze, die Rheinufer und die Wälle ihren Ansprüchen. Flanieren während der Arbeitszeit war noch bis ins 20. Jahrhundert verpönt. Die Stadtgräben wurden, wo nicht Hirsche und Rehe sprangen, bis zur Mitte des 19. Jahrhunderts als Pflanzgärten vermietet, die Wälle boten Spazierwege mit Aussicht ins Nachbarland.

Im Anschluss an die Umgestaltung des Petersplatzes erfuhr auch die Schanze beim St. Johanns-Tor eine Umwandlung zur Aussichtsterrasse, «die eine herrliche Sicht nach den beyden Rheingestaden bot und deren Fuss die Wellen des Stroms umrauschten. Bis zu dieser Terrasse führten angenehme Alleen den Lustwandeler. Diese Alleen sind erst in den neuesten Tagen angelegt, und zum Vergnügen derer, die sie besuchen, die hohen Ringmauern mit ihren Zinnen, soweit diese die Aussicht nach den nächsten Umgebungen der Stadt verhinderten, abgetragen worden.» So erfährt man aus der Chronik des Pfarrers Markus Lutz: ‹Hauptmomente der Basler Geschichte› (1809).

Wilhelm Theodor Streuber sah die Verhältnisse mit anderen Augen. Er schrieb 1853 in seiner ‹Stadt Basel historisch-topographisch beschrieben›: «Vor dem Spalentor befindet sich die Schützenmatte, die zu Militär- und Schiessübungen dient. Die schönen Anlagen und Spaziergänge, welche eine wahre Zierde vieler deutscher Städte sind, muss man in Basel nicht suchen! Der Fussgänger, welcher nicht weit gehen will, befindet sich des Sommers in verzweifelter Lage; es bleibt ihm wenig anders übrig als auf der offenen Landstrasse in Staub und Sonnenhitze einherzuwandeln. Bloss vor zwei Thoren befinden sich angenehme Spaziergänge: vor dem Steinentor nach St. Margarethen hin und vor dem Bläsitor in einer Entfernung von einer kleinen halben Stunde zu beiden Seiten der Wiese.»

Anlagen statt Befestigungen

Ganz unerwartet ist es die Eisenbahn, welche die grösste Veränderung in Basel bewirkte, nämlich das Schleifen der Befestigungen. Herr Streuber hatte sich leider acht Jahre zu früh in Basel umgetan. Als erste dampfte die französische Eisenbahn nach Basel auf der Linie von Strassburg bis St.-Louis und 1844 bis zum St. Johanns-Bahnhof. Die Badische Bahn von Schliengen–Efringen–Haltingen her lief 1855 in den ersten Badischen Bahnhof ein, der sich an der Stelle der heutigen Mustermesse befand. 1860 vereinte der Centralbahnhof die beiden Linien über die Birsfelder Eisenbahnbrücke. Die Reisenden traten vom Bahnhof auf einen weiten Platz hinaus, in dessen Mitte ein Springbrunnen zwischen Blumenteppichen plätscherte.

Auf den danach endgültig beseitigten Ringmauern und aufgefüllten Gräben entstand, ähnlich wie in vielen Großstädten (beispielsweise Wien und Paris) ein ‹grüner Ring›: die St. Alban-Anlage, der Aeschengraben, die Elisabethenschanze, die Steinenschanze, der Steinengraben, der Holbeinplatz, der Schützengraben, der ehemalige Schanzengraben bei der Schönbeinstrasse. Ein grüner Weg führte der Klingelbergstrasse entlang, um die Strafanstalt herum bis zur St. Johanns-Schanze. Im Kleinbasel beschied man sich mit den sonnigen Rheinufern, der Claramatte und einer kleinen Anlage entlang dem Riehenteich an der Riehenstrasse. Der Stadtrand zergliederte sich in kleine Häuschen und Gartenland. Das Haus ‹Zur Sandgrube› lag noch wirklich auf dem Land, umgeben von Wiesen und Äckern.

Die Umwandlung des alten Befestigungsgürtels in Anlagen ist vor allem dem Ratsherrn Karl Sarasin (1815–1886) zu danken, an den eine Büste in der St. Alban-Anlage neben dem Tor erinnert.

Zoologischer Garten

Eine weitere angenehme Promenade entstand sodann im Nachtigallenwäldchen. 1873 wurde der Zoologische Garten gegründet und der alte, einheimische Baumbestand mit vielen fremden Bäumen und Sträuchern bereichert, als exotische Pflanzensammlung neben der Tiersammlung. Einen grossen Gewinn für die Städter bedeuteten zwei 1896 der Stadt geschenkte Privatbesitzungen, die Solitude und der Margarethenpark. Neu hinzugekommen sind seither der Rosenfeldpark und der Christoph Merian-Park hinter dem ehemaligen Sommercasino.

Friedhöfe als Grünanlagen

Mit der Umwandlung der Schützenmatte und der ehemaligen Stadtfriedhöfe (Elisabethen, Spalen, Rosental, Horburg und Kannenfeld) besitzt Basel nun endlich manchen ‹Lusthain›, den man ohne allzu grosse ‹Verzweiflung› zu Fuss erreichen kann, doch sind ihrer keineswegs zu viele für die Grösse der heutigen Stadt. Schade nur, dass die grossen Ringanlagen wieder verlorengingen, indem sie gerade gut genug waren, um als Expreßstrassen für den alles überflutenden Verkehr zu dienen. – Doch zurück zu den Anlagen!

Seit dem 18. Jahrhundert orientierte sich Europa nach dem englischen Gartenstil: «Le Jardin Anglais n'est pas simplement un jardin retour-à-la-nature, c'est un jardin philosophique.» In diesem Sinne könnte man die erfolgte Befreiung der Stadt von ihren einengenden Mauern als eine philosophische Öffnung zur Natur deuten. Nach englischem Vorbild wurden nun die Anlagen der Schanzen und Promenaden ohne Strenge angelegt, mit gewundenen Wegen, scheinbar zufällig verstreuten Baum- und Buschgruppen, Musikpavillons, Grotten als Hintergrund zu Fischteichen und Sitzplätzen in Nischen.

Alle Zeiten hatten ihre Modebäume. So holten die Romantiker die Birke in die Stadt, die sich nun folgsam zum Stadtbaum entwickelte; es ist eine ausgewählte Art, die ohne Moorboden auskommen kann. Zu dem alteingesessenen Baumbestand gesellten sich die Exoten.

Ursprünglicher Baumbestand

Der ursprüngliche Bestand setzt sich zur Hauptsache aus folgenden Arten zusammen: *Stieleiche* (Quercus robur), *Traubeneiche* (Quercus petraea), *Sommerlinde* (Tilia platyphyllos), *Winterlinde* (Tilia cordata), *Bergulme* (Ulmus glabra), *Feldulme* (Ulmus carpinifolia), *Schwarzerle* (Alnus glutinosa), *Grauerle* (Alnus incana), *Rotbuche* (Fagus silvatica), *Weissbuche* (Carpinus betulus), *Silberpappel* (Populus alba), *Schwarzpappel* (Populus nigra), *Silberweide* (Salix alba), *Aschgraue Weide* (Salix cinerea), *Salweide* (Salix caprea), *Hasel* (Corylus avellana), *Esche* (Fraxinus excelsior), *Bergahorn* (Acer pseudoplatanus), *Feldahorn* (Acer campestre), *Spitzahorn* (Acer platanoides), *Stechpalme* (Ilex aquifolium), *Buchs* (Buxus sempervirens), *Holunder* (Sambucus nigra), *Wildkirsche* (Prunus avium), *Vogelbeere* (Sorbus aucuparia), *Mehlbeere* (Sorbus aria), *Eibe* (Taxus baccata), *Föhre* oder *Kiefer* (Pinus silvestris), *Rottanne* (Picea abies).

Die *Blutbuche* (Fagus silvatica ‹Atropunicea›) ist eine Mutante, die zufällig um 1700 auftrat. Besonders in der Schweiz, in Ostfrankreich und in Bayern wurden häufig rotblättrige Schosse beobachtet. Man begann, sie in den Baumschulen aufzuziehen und durch Stecklinge zu vermehren, da diese Variante bei den Baumliebhabern grossen Gefallen fand. Rottönungen und Blätterformen können variieren; Jungpflanzen beginnen oft vielversprechend rot und grünen im Laufe des Sommers nach, während alte Bäume umgekehrt im Spätsommer nachdunkeln. Blutbuchen sind auch in unserer Basler Gegend nicht selten anzutreffen; eine besonders schöne Gruppe steht im ehemaligen Sommersitz Christoph Merians, im jetzigen botanischen Garten in Brüglingen.

Auswärtige Bäume

Mit der Entdeckung und Beschreibung fremdländischer Bäume wurde das Interesse vieler europäischer Gartenbesitzer geweckt. Anfänglich sammelten die ausgeschickten Forscher nur für botanische Gärten; die Akklimatisierung und Aufzucht zu Tauschzwecken entwickelte sich bald zu einem regelrechten Handel, es entstanden private grosse Baumschulen – ‹Seminarien›, wie sie einst geheissen wurden. Um den Anforderungen der Käufer zu entsprechen, mussten spezielle Eigenschaften herausgezüchtet werden. Städtische Verhältnisse verlangten nach robusten Bäumen; sie durften keine problematischen Früchte fallen lassen, keine Veranlagung zu brüchigem Holz zeigen, mussten tiefgehendes Wurzelwerk besitzen, das den Boden nicht aufwarf, durften keine klebrigen, tropfenden Säfte ausscheiden und bei Stürmen möglichst nicht umstürzen. So entstand zum Beispiel die Zuchtform der gefüllten Rosskastanie, die anstelle des herniederprasselnden Kastanienhagels einen duftenden Blütensegen fallen lässt. Diese gefüllte Kastanie ist sogar eine Schweizer Zucht von 1820: *Aesculus Baumannii* (anzutreffen u.a. in der Allee des St. Galler-Rings).

Abseits von Wegen und Sitzplätzen sind vielfältig blühende und fruchtende Bäume und Büsche eine notwendige Bereicherung für den Stadtmenschen, weil sie unzähligen Vögeln, Insekten und kleinen Nagetieren das Leben inmitten der Stadt ermöglichen. Gut ausgesuchte Bäume und Büsche können ausserdem in unserem Klima in jeder Jahreszeit zu einem Genuss für den Beschauer werden. Nur in ausgedehnten Anlagen ist es möglich, einen vielfältigen, repräsentativen Baumbestand zu entwickeln, der jedermann zur Wohltat und Freude gereicht. In diesem Sinn wollen wir auf einige besondere Bäume und Sträucher in unseren Parkanlagen hinweisen, eher die ‹Lust zur Schönheit› betonend als das botanische Detail. Sollte diese Lust den Weg zum Wissensdurst fördern, existieren zu dessen Stillung viele Bücher von berufenen Fachleuten.

Rosskastanie

Johann Bauhin (1511–1581) bekam als Rarität ein Rosskastanienblatt vom französischen Botaniker Belon geschenkt, welcher es von seiner Forschungsreise (1547) im Nahen Orient aus Kreta mitgebracht hatte. Etwas später erhielt er von Theodor Zwinger einen Zweig mit ‹Schoreniggeli› aus der Gegend von Padua. Wie wir wissen, wurden 1732 die ersten Rosskastanienbäume versuchsweise auf dem Münsterplatz gesetzt. Offenbar gefiel es den Bäumen dort so gut, dass sie schon zwei Jahre später blühten und Früchte trugen. Die Rosskastanie erwies sich inzwischen als idealer Stadtbaum. Wenn man bedenkt, dass damals kein Baum in ganz Basel eine so üppige Blütenpracht entfaltete, so schöne, grosse Blätter besass und im Herbst den Kindern einen reichen Kastaniensegen ausschüttete, so mussten diese ersten Bäume eine wahre Sensation gewesen sein.

Die *Rosskastanie* (Aesculus hippocastanum) stammt aus den östlichen Balkanländern. Ihre Blüte ist weiss mit roten Tupfen. In Amerika ist die Gattung mit einer eigenen Linie vertreten durch die *hellrotblühende Pavie* (Aesculus pavia), die *gelbblühende Pavie* (Aesculus flava) und die zierliche strauchförmige *Zwergpavie* (Aesculus parviflora), die man bei uns alle relativ selten sieht, etwa im Schützenmattpark, im Horburgpark; eine schön entwickelte gelbe Pavie steht am Mühlenberg (Allee zur St. Alban-Kirche). Die grosse *rotblühende Rosskastanie* (Aesculus × carnea) wurde aus Aesculus hippocastanum und Aesculus pavia durch Kreuzung gezüchtet. Ausserdem gibt es noch die *Indische Rosskastanie,* der ‹Marronnier des Indes› der Franzosen (Aesculus indica), die mit ihren siebenfingrigen Blättern und weiss-rosa-gelblichen Blüten besonders elegant ist. Leider bevorzugt sie ein milderes Klima als das unsrige.

Platane

Die *Platane* war, wie der mit ihr verwandte Amberbaum, zur Tertiärzeit über ganz Europa, Nordasien, Nordafrika bis Grönland und Spitzbergen verbreitet. Von diesem Urahnen (Platanus aceroides) stammen die heutigen: die altweltliche Platanus orientalis (Türkei, Griechenland bis Südjugoslawien) und die neuweltliche Platanus occidentalis (Nordamerika) ab. Aus diesen beiden entstand ein Bastard, der seit 1663 in London

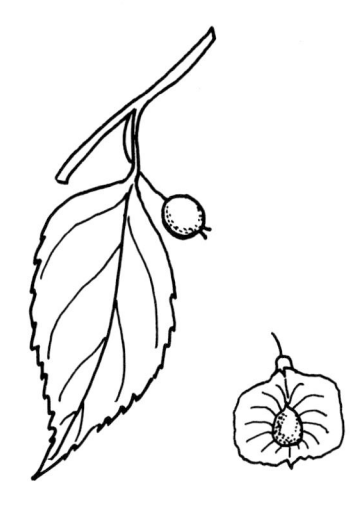

Blatt und Beere des Zürgelbaums
(Cellis occidentalis); zum Vergleich
eine Frucht der Ulme *(Ulmus glabra)*.

nachgewiesen ist und *Gewöhnliche Platane* (Platanus × hybrida) heisst, früher auch Platanus hispanica genannt wurde, weil diese Kreuzung unbeabsichtigt in Spanien entstanden war. Die Engländer nennen sie natürlich ‹London plane›, denn sie ist der häufigste Alleebaum Londons und von ausserordentlicher Vitalität. Die ersten beiden Bäume leben noch heute, sind somit gut dreihundert Jahre alt. In ganz Europa haben sich vor allem diese Hybriden behauptet. Auch im Winter sind die unbeschnittenen, alten Platanen mit ihren im feinen Geäst hängenden Kugelfrüchten sehr imposant. Als Beispiel einer unversehrten Allee darf der Schützengraben zwischen Schützenmattstrasse und Holbeinplatz nicht unerwähnt bleiben. Exemplare von Platanus orientalis sind in der Schweiz selten. In Basel stehen längs der Mustermessehalle am Riehenring einige gut gedeihende Bäume; ihre Blätter sind viel tiefer eingeschlitzt als diejenigen der Hybride, und sie tragen mindestens vier Kugelfrüchte am gleichen Stiel, während die Hybride oft nur eine, meist zwei bis drei Kugeln aufweist. Alle Platanen sind leicht erkennbar an ihrer abschälenden Rinde, die den weissgelben, glatten Stamm in Flecken freigibt.

Zürgelbaum

Ein häufiger Baum in unseren Anlagen ist der *Zürgelbaum* (Celtis occidentalis); er gehört zu den Ulmengewächsen. Seine Blätter sind tatsächlich, wie diejenigen der Ulmen, etwas unsymmetrisch. Die Früchte unterscheiden ihn aber von den Ulmen; es sind kleine, beerenartige, grünliche bis orangebraune Steinfrüchte, während die Ulmen flache, geflügelte Samen ausbilden. Celtis occidentalis, der abendländische Zürgelbaum, stammt aus dem Osten Amerikas und hat sich seit 1660 sehr gut im nördlichen Europa angepasst. Der südliche Zürgelbaum mit längeren Blättern, deren Spitzen drehen, und längeren Fruchtstielen, der ‹micocoulier de Provence› (Celtis australis), ist im Mittelmeergebiet bis Südwestasien heimisch. Basels stattlichster Zürgelbaum steht im Solitudepark, weitere Gruppen finden sich in der St. Alban-Anlage, am Aeschengraben, in der Elisabethen-Anlage, beim Waisenhaus, auf dem Pfälzlein bei St. Leonhard und andernorts.

Türkische Hasel

Etwa gleichzeitig mit der Rosskastanie kam die *Türkische Haselnuss* (Corylus colurna) nach Europa. In Wien ist dieser Baum eine besonders gepflegte Erinnerung an die bedrohliche Nähe des einstigen Türkenreiches Suleimans des Prächtigen. Diese Hasel ist im Gegensatz zu unserem einheimischen Corylus avellana ein stattlicher Baum. Die Blätter beider Arten sind ähnlich, nur sind die Früchte der Türkischen Hasel in einem wirren Knäuel von zerfransten Kelchblättern etwas grösser. Das schönste Exemplar steht in der Elisabethen-Anlage, eine

Zedern

Gruppe befindet sich im Schützenmattpark an der Brennerstrasse, eine ganze Allee an der Wanderstrasse zwischen Wielandplatz und Morgartenring.

Die Gattung der *Zedern* ist nur in der Alten Welt heimisch und durch vier Arten vertreten, wovon drei an den Mittelmeerküsten und die vierte im westlichen Himalaja. Sie sind der Inbegriff des orientalischen Baumes aus biblischen Ländern, wo sie als Symbol der Kraft und der Fruchtbarkeit gelten. Das kostbare, duftende Zedernholz, das für die Tempelbauten verwendet wurde, stammte allerdings nicht von den berühmten Libanonzedern, sondern eher von der *Zypresse* (Cupressus sempervirens). 1646 wurde die erste *Libanon-Zeder* (Cedrus libani) in England gepflanzt. Die Zapfen reifen erst im zweiten Jahr und zerfallen dann in Schuppen noch am Baum. Ein solcher steht im botanischen Garten der Universität, ein weiterer im Zoologischen Garten bei der Okapi-Anlage und ein dritter neben dem Solituderestaurant. Die *Atlas-Zeder* (Cedrus atlantica) kam erst 1839 nach Europa. Sie wird meist in der blauen Varietät ‹Glauca› gepflanzt, wie übrigens auch in Basel, zum Beispiel vor dem Bernoullianum, aber auch in einigen Parkanlagen (Margarethenpark, Theodorsgraben-Anlage und anderswo). Die dritte Mittelmeerart ist die *Zypern-Zeder* (Cedrus brevifolia), deren Nadeln sehr kurz sind. Sie gedeiht nur in mildem Klima, ist ziemlich unscheinbar und deshalb als Parkbaum nicht gefragt. Die *Himalaja-Zeder* (Cedrus deodara) unterscheidet sich von den anderen Zedern durch ihre auffallend schönen, langen Nadelbüschel. Sie liebt wärmere Regionen, ist in unseren öffentlichen Anlagen nicht vorhanden, wird aber neuerdings in Privatgärten angepflanzt.

Eine in Basel häufig (zum Beispiel in der Theodorsgraben-Anlage und im Solitude-Park) vorkommende asiatische Kiefer soll wegen ihrer Schönheit noch genannt werden. Es ist die elegante *Himalaja-Tränenkiefer* (Pinus wallichiana), auch Bhutan- oder Nepalkiefer. Sie ist sofort erkennbar an ihren langen, bläulichgrünen, fünfnadeligen Wedeln und den prächtigen 20 bis 30 cm langen hängenden Zapfen. Die Kiefer ist nach dem dänischen Arzt und Botaniker Nathaniel Wallich (1786–1854) benannt, der in Indien für die englische Ostindienkompanie tätig war.

Die Wälder Nordamerikas mit ihrem Holzreichtum lockten die Europäer, die ihre eigenen Wälder übernutzt hatten. Das Eintreffen des ersten Mammutbäumchens in Europa im Jahre 1853 brachte das Ende der Zedernmode.

Der *Mammutbaum, Riesensequoie* (Sequoiadendron giganteum), auch Wellingtonia genannt, ist in der Sierra Nevada in Kalifor-

Polizeiposten Aeschen, St. Jakobs-Strasse 6, ehemaliges Pförtnerhaus des zweiten botanischen Gartens, 2. Hälfte 19. Jahrhundert.

Beim Totentanz lag einst der Garten des Predigerklosters, seit Ende des 17. Jahrhunderts ‹Medizinischer Garten›, das heisst erster öffentlicher botanischer Garten in Basel bis ins 19. Jahrhundert.

Mauerflora am Rheinbord: Zimbelkraut *(Cymbalaria muralis)* links und das aus Peru stammende Knopfkraut *(Galinsoga parviflora)*.

Hagebutten am Schaffhauserrheinweg.

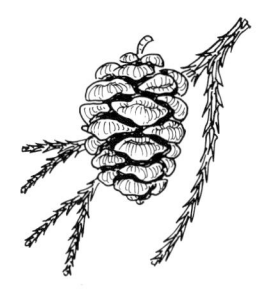

Oben: Zapfen der Tränenkiefer
(*Pinus wallichiana*).
Mitte: Zweig und Zapfen des
Mammutbaumes.
Unten: Zweig und Zäpfchen der
Küstensequoie.

nien beheimatet. Er ist ein Urweltbaum, der vor den Eiszeiten in Europa von Italien bis Spitzbergen vorgekommen war. Der Mammutbaum ist winterhart, im Gegensatz zu der oft mit ihm verwechselten Küstensequoie. Die *Küstensequoie* (Sequoia sempervirens), das Redwood, wird höher, ist aber schlanker im Wuchs, weil sie geschlossene Wälder an der Küste Nordkaliforniens bildet, wohin sie einst von den Eiszeiten verdrängt worden war. Beide Arten erreichen ein Alter von über dreitausend Jahren und gehören zu den höchsten Bäumen der Welt. In Basel stehen etliche recht schöne Exemplare von Sequoiadendron (zum Beispiel St. Johanns-Schanze, Kannenfeldpark, botanischer Universitätsgarten, einige auch in privaten Gärten) und sogar eine Sequoia sempervirens in der Rosentalanlage, nahe der runden Begräbniskapelle. Offenbar muss sie immer wieder vom Frost beschädigt worden sein; sie hat mehrfach wieder ausgetrieben und zeigt deshalb nicht den erwarteten imponierenden Wuchs.

Zwei weitere Verwandte, die ebenfalls zur Familie der Taxodien gehören, sind Sumpfzypresse und Metasequoia.

Die *Sumpfzypresse* (Taxodium distichum) war im Tertiär in der Alten und der Neuen Welt von der Arktik her über den nördlichen Kontinent verbreitet. Bei uns konnte sich die Sumpfzypresse nicht vor dem anrückenden Eis retten, in Nordamerika war es ihr jedoch möglich, in die eisfreien Gegenden von Delaware, Texas, Mississippi bis Missouri auszuweichen. Sie wurde Mitte des 17. Jahrhunderts vermutlich durch John Tradescant II. wieder in England eingeführt. Die Tradescants waren die Hofgärtner von Charles I. von England. John Tradescant, Vater, hatte Russland, Spanien und Nordafrika bereist und viele fremde Gewächse mitgebracht. John, der Sohn, hatte Virginia an der amerikanischen Atlantikküste besucht, dort die Robinie, den Tulpenbaum, den Virginischen Wacholder und die Sumpfzypresse vorgefunden und nach England ‹zurück›gebracht. Mit den Tradescants begann der Austausch zwischen England und den Siedlern in Nordamerika. Im Basler botanischen Garten der Universität steht ein sehr schönes Exemplar der Sumpfzypresse am Fischteich, das die für diesen Baum typischen Atemwurzeln zeigt. Sie entstehen, wenn die Bäume am Wasser wachsen und ihre Wurzeln längere Zeit überflutet sind. Mit diesen knieförmigen Höckern ist es ihnen möglich, aus der Luft genügend Sauerstoff aufzunehmen. In den Langen Erlen und im Zolli stehen weitere Taxodien an den Weihern. Im Herbst färben sie sich gelb bis rotgold und lassen dann ihre Blätter fallen.

Die *Metasequoia* (Metasequoia glyptostroboides) hat eine fes-

Zypressen

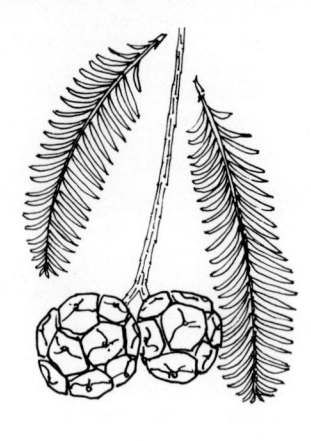

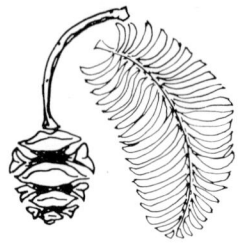

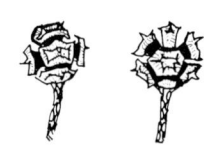

Von oben nach unten: Blatt und Zapfen der Sumpfzypresse.
Urwelt-Mammutbaum oder ‹Wassertanne› *(Metasequoia)*.

Fruchtzäpfchen der Lawson-Scheinzypresse.
Zäpfchen der Nootka-Scheinzypresse.

Scheinzypressen

selnde Geschichte. Fossile Überreste von Sequoienarten fanden Wissenschafter in Nordamerika, in Sachalin, in der Mandschurei und in Japan. 1941 entdeckte ein japanischer Forscher Überreste, die vom Sequoia-Habitus abwichen, und nannte sie Metasequoia. Vier Jahre nach dieser neuen Benennung entdeckte ein Botaniker in der Gegend von Szetschuan und Hupeh lebende Bäume dieser Art. Die Bauern der Gegend fütterten das Vieh mit ihren weichen Blättern. Samen dieses neu entdeckten ‹lebenden Fossils› keimten, und innerhalb eines Jahres wurden in Europa (1948) an vielen Orten Metasequoien gepflanzt. In Basel wächst eine hübsche Gruppe am Anfang der Zolli-Promenade auf der Höhe des Vivariums, eine weitere befindet sich auf dem Bruderholz zwischen der Tituskirche und dem Wasserturm.

Aus den zahlreichen Vertretern der Zypressenfamilie (Cupressaceae) wollen wir nur die am besten erkennbaren herausgreifen. Die aus dem östlichen Mittelmeerraum stammende *echte Zypresse* (Cupressus sempervirens) vermag in unserem Basler Klima gerade noch zu gedeihen. Wie alle Zypressengewächse trägt sie keine Nadeln, sondern kleine, gegenständige, enganliegende Schuppenblättchen. Am besten erkennt man sie an den Früchten, die wie nussgrosse, kleine Fussbälle aussehen. Eine kleine Gruppe relativ junger Bäume steht in der Rabatte des Spalengrabens.

Unserem Klima viel besser angepasst sind die Scheinzypressen, weil sie aus Nordamerika stammen. Die *Lawson-Scheinzypresse* (Chamaecyparis lawsoniana) ist nach ihrem Edinburger Züchter und Verbreiter, Lawson, so benannt. Sie kommt aus den reichen Wäldern der Westhänge Kaliforniens und Oregons. Charakteristisch sind ihr stets überhängender Spitzentrieb und ihre männlichen, an den Zweigenden sitzenden Blüten, die wie kleine rote Wanzen aussehen. Die weiblichen Blüten sind stahlblau, aus ihnen entstehen ebenfalls fussballartig-rundliche Fruchtzäpfchen, die aber kaum einen Zentimeter gross werden. Imposante Gruppen der Lawson-Scheinzypresse stehen zu beiden Seiten der Pauluskirche. Auch im Kannenfeldpark sind sie reichlich vertreten.

Die seltener anzutreffende *Nootka-Scheinzypresse* (Chamaecyparis nootkatensis), meist kleiner und ebenfalls winterhart, stammt aus Nordoregon und kommt bis Alaska vor. Sie unterscheidet sich von der vorher besprochenen durch ihre zahlreichen, ebenfalls endständig hängenden, aber gelben männlichen Blüten, die schon im Winter erscheinen. Die mehr grauen weiblichen Blüten entwickeln erst innert zweier Jahre ähnliche kugelige Zäpfchen, die kleine Dornen tragen. Ein prächtiges Exem-

Oben: Amerikanische Thuja
(*Thuja occidentalis*), Zäpfchen.
Unten links: dreiteiliges Zäpfchen
der Weihrauchzeder.
Unten rechts: fleischiges Zäpfchen
der chinesischen Thuja.

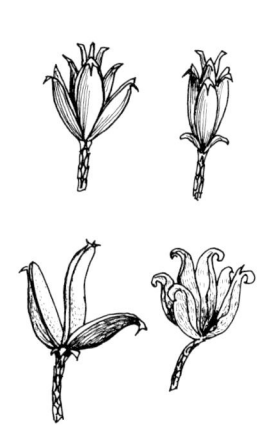

Lebensbäume

Eiben

plar steht im Solitude-Park am Zufahrtsweg zum Restaurant; gleich zwei finden sich auf der Grünfläche neben dem Polizeiposten St. Jakobs-Strasse, ein weiteres in der St. Alban-Anlage. Märchenhaft schön präsentiert sich die hängende Variante ‹Pendula›, von welcher wir im Kannenfeldpark ein schönes Exemplar besitzen (Seite Flugplatzstrasse).

Von den sogenannten Lebensbäumen, die in unserem Sprachgebrauch eher Thuja heissen, seien hier nur zwei Arten genannt, eine amerikanische und eine asiatische. Die *Gewöhnliche Thuja* (Thuja occidentalis) war die erste Baumspezies, die im 16. Jahrhundert von Amerika nach Europa gelangte. Sie stammt aus den östlichen Vereinigten Staaten, das heisst aus den Wäldern von Carolina bis Kanada. Ihre Zweiglein sind meist fächerförmig waagrecht angeordnet und haben eine hellere Unterseite, die Zäpfchen sind hellbraun, sehr klein und zahlreich, zuerst aufrecht sitzend, beim Reifen dann in sechs bis acht Schuppen aufspringend und eher hängend. Sie ist bei uns ziemlich verbreitet und wird häufig für Hecken verwendet. Die *Chinesische Thuja* (Thuja orientalis) unterscheidet sich von ihrer amerikanischen Verwandten durch feinere, beidseitig gleichfarbene Zweiglein, die sie gern senkrecht stellt. Ihre Zäpfchen sind deutlich grösser, dickfleischig und im unreifen Zustand bläulichgrün mit stark abgebogenen Enden der Schuppen. Als ehemaliger Gottesacker weist der Kannenfeldpark auch von dieser Art schöne Exemplare auf.

Die *Weihrauchzeder* (Calocedrus decurrens) stammt ebenfalls aus Oregon und Kalifornien. Sie ist einer der schönsten und imposantesten säulenartig wachsenden Bäume aus der Neuen Welt, zudem sehr resistent und winterhart und wächst auch in unserem Klima zu einem prächtigen Baum heran, wie die Beispiele im Rosenfeldpark, in der Theodorsgraben-Anlage, an der Engelgasse und im botanischen Garten der Universität zeigen (sie ist dort mit den älteren Namen Libocedrus und Heyderia angeschrieben, aber ihrer Grösse wegen nicht zu übersehen).

Unter den Seltenheiten in Basel wollen wir die *Kalifornische Nusseibe* (Torreya californica) nicht vergessen. In den Bergwäldern Kaliforniens wurde sie 1851 entdeckt und gelangte Ende des 19. Jahrhunderts nach Mitteleuropa. Von der gewöhnlichen Eibe unserer Breiten unterscheidet sie sich durch ihre viel längeren (bis sechs Zentimeter) und spitzen Nadeln und die grossen, nussähnlichen Früchte, welche innert zweier Jahre zur Reife gelangen und dann purpurne Streifen aufweisen. Auch von dieser in Europa seltenen Baumart besitzt Basel ein stattliches Exemplar in der Rosentalanlage bei der Tramhaltestelle, ein jüngeres im Zolli neben dem Restaurant.

Blatt des Amberbaumes.

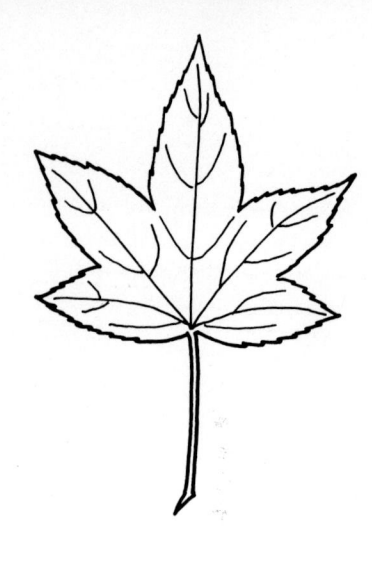

Ebenso selten ist die *Chinesische Kopfeibe* (Cephalotaxus fortuni); ihre Nadeln können noch länger (bis neun Zentimeter) sein und stehen in zwei Reihen flach vom Zweig ab. Ihre Früchte sehen wie kleine Pflaumen aus. Der Baum stammt aus dem südöstlichen Himalaja und Zentralchina und wurde dort 1848 entdeckt. Er wächst sehr langsam und ist in unserem Klima wohl an der Grenze seiner Existenzmöglichkeit; in sehr kalten Wintern frieren seine oberirdischen Teile meist ab. Die wohl besten Exemplare stehen im Schützenmattpark und in der Theodorsgraben-Anlage. Eine eigenartige Familie sind die Hamamelidazeen, die Zaubernussgewächse. Zu ihnen gehört der *Amberbaum* (Liquidambar styraciflua) aus Nordamerika (es gibt auch chinesische und japanische Arten); er ist dem Ahorn mit seinen fünflappigen, stark eingeschnittenen, glänzend dunkelgrünen Blättern sehr ähnlich. Die Blüten sind unauffällig, die Früchte kleine stachelige Kugeln an langen Stielen. Der Baum wird nicht sehr hoch, frei stehend aber bildet er eine währschafte Krone aus. In Europa hat er sozusagen keine Schädlinge. Als sicheres Merkmal zur Unterscheidung von Ahornarten dient die stets wechselständige Anordnung der Blätter an den Zweigen. Wegen seiner prächtig roten Herbstfärbung ist er als Parkbaum sehr geschätzt. Der Amberbaum liefert das in Amerika als ‹sweet gum› bekannte Harz, das in der Kaugummi-Industrie benötigt wird (Liquid-ambra = flüssiger Styraxbalsam). Ein sehr schönes Exemplar steht in der Wiese hinter dem Musikpavillon der Schützenmatte.

Zaubernüsse

Zaubernuss oder *Hexenhasel* (Hamamelis virginiana) heisst ein Verwandter, der um 1736 ebenfalls aus Nordamerika zu uns gelangt ist. Den Namen Zaubernuss erhielt der Strauch, weil seine Nüsse (die bei uns nicht reifen) in seiner Heimat plötzlich aufspringen und die Samen dabei weit wegschleudern. Zur Winterszeit erfreut er uns mit seinen gelben, wie kleine Spinnchen aussehenden Blüten, die schon bald nach dem Laubfall im Herbst in Erscheinung treten und oft bis zur Weihnachtszeit und später ausharren. Aus Blättern und Rinde wird übrigens die bekannte Hamamelissalbe gewonnen, welche bei Krampfadern, Frostbeulen und Verletzungen Linderung verschafft. Es gibt auch asiatische Hamamelisarten, doch ist der virginische bei uns am häufigsten anzutreffen (zum Beispiel am Petersplatz neben dem Gittertor zum botanischen Garten oder vor der Villa im Margarethenpark).

Die *Blasenesche* (Koelreuteria paniculata) trägt bei den Engländern den viel poetischeren Namen ‹Pride of India›, ist aber nicht etwa in Indien, sondern in China beheimatet. Sie ist verwandt mit den Rosskastanien, was höchstens an ihren ähnli-

Blatt und Frucht des Schnurbaumes.

Schnurbaum

chen Blütenrispen zum Ausdruck kommt. Aus ihren gelben Blüten entwickelt sie aufgeblasene Kapseln, die lange nach dem Blätterfall noch immer als dürre Rasseln am Baume hängen. Ihren botanischen Namen bekam sie zu Ehren Joseph Gottlieb Koelreuters (Professor für Botanik in Karlsruhe, 1733–1806), der die Beteiligung von Insekten am Befruchtungsvorgang der Pflanzen entdeckt hatte. Aufgefunden wurde die Blasenesche vom Jesuitenpater Pierre d'Incarville, der um 1700 nach Peking kam und neben seiner Missionarstätigkeit auch Botanik betrieb. Er sandte seine Ausbeute stets an den Jardin du Roi nach Paris. Etwa 1760 wurde die Blasenesche allgemein bekannt und fand in Europa dann rasche Verbreitung. Sie ist ein sehr dekorativer und winterharter Baum, in Basel recht häufig in Gärten und Anlagen anzutreffen.

D'Incarville soll auch die wundervollen und stattlichen Bäume geschickt haben, welche die Engländer, diesmal berechtigterweise, ‹Pagoda Tree› und ‹Tree of Heaven› benannt haben. Der Pagodenbaum heisst bei uns leider nur *Schnurbaum* (Sophora japonica); er ist in China und Korea beheimatet und nicht in Japan, wie der Name vermuten lässt. Sein Name ‹Sophora› wird aus dem arabischen ‹sofera› (= Schmuckbaum) hergeleitet. Die Sophora gehört in die Familie der Schmetterlingsblütler. In warmen Sommern, wenn alle ihre Verwandten schon verblüht sind, entzückt sie uns durch ihre gelblichen, abstehenden Blütenrispen. Der Baum muss allerdings dreissig Jahre alt werden, ehe er Blüten produziert. Er ähnelt stark der Robinie, hat aber feinere, unpaarige Blattfiedern. Eine riesige Sophora steht in der St. Alban-Anlage auf der Höhe der Einmündung Hardstrasse, weitere auf der St. Johanns-Schanze und dem St. Johanns-Platz, in der Theodorsgraben-Anlage, an der Pilgerstrasse und an der Wanderstrasse. Eine Sophora (vor dem Vogelhaus) war einst auch der Schlafbaum der Pfauen im Zoologischen Garten. Leider ist sie durch Sturm und Eisregen in den letzten Jahren derart beschädigt worden, dass sie nur noch ein kümmerliches Dasein fristet. Häufig sieht man auch die Zuchtform ‹Pendula›.

Heute schon recht verbreitet ist in Basel der ‹Tree of Heaven›, bei uns als *Götterbaum* (Ailanthus altissima) bekannt, der sich durch einen glatten, grauen Stamm und riesige Blattwedel (etwa sechzig Zentimeter lang mit etwa dreissig Fiederblättern) auszeichnet. Er wird zwar kaum höher als sechsundzwanzig Meter, wirkt aber sehr erhaben, weil seine Krone erst hoch oben beginnt. Seine Blütenrispen sind ziemlich unscheinbar, und seine Früchte erinnern an diejenigen der Esche. Im neuen botanischen Garten Brüglingen steht ein alter, imposanter

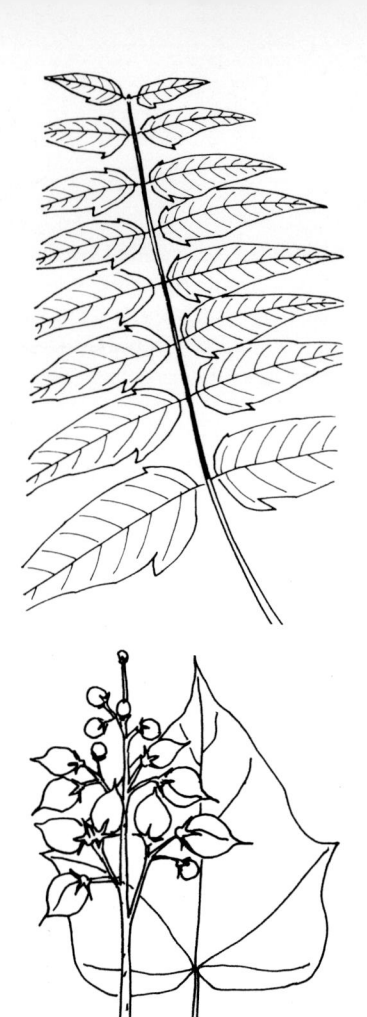

Oben: Blatt des Götterbaumes.
Unten: Blatt und Fruchtstand der Paulownie.

Ailanthus, den man mit moderner Baumchirurgie vor dem Verfall retten konnte. Andere alte Prachtsexemplare finden wir in der Elisabethen-Anlage und in der St. Alban-Anlage neben der Paulowniagruppe sowie Ecke Müllheimerstrasse/Bläsiring. Offenbar scheint ihm das Basler Klima so zu behagen, dass er sich neuerdings ganz ungöttlich zu vermehren beginnt und allenthalben in der Stadt anzutreffen ist, so auch am Rheinbord (oberer Schaffhauserrheinweg).

Die *Paulownia* (Paulownia tomentosa), auch Kaiser-Paulownie oder bei unseren nördlichen Nachbarn ‹Blauglockenbaum› genannt, stammt aus China. Benannt ist sie allerdings zu Ehren der Anna Paulowna, Tochter des Zaren Paul I. von Russland. 1838 brachte sie der Arzt und Naturforscher Franz von Siebold aus Ostasien nach Holland. Ihre dem Fingerhut (sie ist mit diesem verwandt) ähnlichen Blüten öffnen sich im Mai: sie sind hell-lila, hängen an einem aufrechten, traubenartigen Blütenstand und verströmen einen zarten Duft. Die grossen Blätter entwickeln sich erst nach der Blüte. Der Baum hat sehr dicke Äste auf elefantenfüssigem Stamm, doch leider sehr brüchiges Holz. Stürme und Frost setzen ihm deshalb zu, doch schlägt er immer wieder neu aus. Basel besitzt viele Paulownien, die an ihren auffällig grossen Blättern und ihren Fruchtkapseln leicht zu erkennen sind. Ein schöner Anblick des Zusammenspiels von Architektur und Baum ist zu jeder Jahreszeit die Paulownie im Hof des Hauses ‹Zum Schöneck›, St. Alban-Vorstadt 49/51. Ein Beispiel von Kampf mit den Unbilden der Witterung ist die alte eindrucksvolle Paulownia in der St. Alban-Anlage auf der Höhe der Engelgasse-Einmündung. Sie ist umgeben von jungen Bäumen, die noch rank und schlank emporwachsen, darunter auch eine Catalpa. Eine ausgesprochen schöne alte Paulownia steht ferner im Zolli beim Zebragehege. Es lassen sich noch viele andere in Basel entdecken, zum Beispiel am Wasgenring, wobei man den Unterschied zum sehr ähnlichen *Trompetenbaum* (Catalpa bignonioides) oder ‹Indian-Bean-Tree› sehen muss. Denn Trompetenbäume gedeihen in Basel erfreulicherweise ebenfalls überall. Sie sind jedoch Amerikaner. Ihre weissen Blüten mit gelben Schlundflecken erscheinen erst im Sommer, wenn sie bereits Blätter tragen. Nach der Blüte entwickelt die Catalpa bis zu vierzig Zentimeter lange ‹Bohnen›, die von weitem sichtbar und für den Baum sehr charakteristisch sind. Die Art ist 1726 in den südöstlichen Vereinigten Staaten entdeckt und bald danach in England eingeführt worden. Eine ganze Allee findet sich in der Pruntruterstrasse. Die viel seltenere, aus China stammende Catalpa ovata ist in der St. Alban-Anlage ebenfalls vertreten.

Blatt und Fruchtschoten des Trompetenbaums.

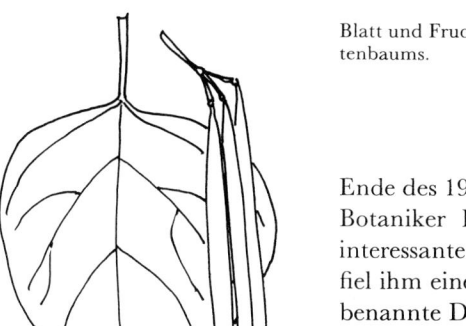

Taubenbaum

Ginkgo

Ende des 19. Jahrhunderts machte der französische Zoologe und Botaniker Pater Armand David (1826–1900) in China drei interessante Entdeckungen. Im kaiserlichen Tierpark zu Peking fiel ihm eine bis dahin unbekannte Hirschart auf: der nach ihm benannte Davidshirsch, im Gebirge Westchinas stiess er auf den Grossen Panda oder Bambusbären sowie auf den *Taubenbaum* (Davidia involucrata), gelegentlich auch Taschentuchbaum genannt. Der Baum sieht einer Linde ähnlich, doch hängt er zur Blütezeit voller weisser, flatternder ‹Tauben› für die poetisch Veranlagten und ‹Taschentücher› für die Prosaischen. In Wirklichkeit sind es zwei grosse, dünne, ungleich lange Hochblätter, welche den kugeligen, leuchtend dunkelroten Blütenkopf einrahmen. Im Winter bleiben noch lange nach dem Blätterfall die grünen Kugeln der Nüsse an langen Stielen hängen. Erst 1897 gelang es dem französischen Baumzüchter und Sammler Maurice de Vilmorin, Samen aus China zu erhalten. Daraus geriet ein einziger Baum, der nach zwanzig Jahren erstmals zum Blühen kam. – So viel Geduld und Liebe ist in den Baumschulen vonnöten, und wie schnell haben Vandalen einen Baum mutwillig zerstört! Diese seltene Baumart ist auch in Basel vertreten. Der wohl älteste steht im botanischen Garten der Universität; er blüht etwa Mai/Juni.

Der bekannteste Urweltbaum ist der *Ginkgo* (Ginkgo biloba), mit dem eigentlich jedes korrekte Buch über Bäume beginnt, denn er kommt schon im Mesozoikum vor, in Gesellschaft mit Baum- und Palmenfarnen und den ersten Nadelbäumen (Koniferen). Solche Wälder bedeckten Europa bis Spitzbergen, Amerika bis hinauf nach Alaska und China bis zur Mandschurei und Korea. 200 Millionen Jahre hielt sich der Baum unverändert trotz Entstehung von Gebirgen, Klimaveränderungen mit Eiszeiten, Kommen und Vergehen von riesigen Urwelttieren; offensichtlich genügt die damals erreichte Evolutionsstufe auch noch den heutigen Ansprüchen des Lebens. Die Verwandtschaft des Ginkgo mit den geschichtlich etwas jüngeren Nadelhölzern erkennt man an seinen Blättern. Im Prinzip stellen diese ein Büschel von Nadeln dar, die aber nicht voneinander getrennt sind, mit Ausnahme eines tiefen Spaltes in der Mitte, wodurch zwei Blattlappen entstehen (bi-loba). Der eigentümliche Name Ginkgo ist die japanische Form des chinesischen Ausdruckes ‹Yin-kuo›, ‹Gin-kyo›, ‹Kin-ko›, was Silberaprikose bedeutet. Der Baum stammt aus den chinesischen Provinzen Tschekiang und Szetschuan. Er wurde als heiliger Baum verehrt und bei den Tempeln gepflanzt und verbreitete sich bis Korea und Japan. Unter diesen Tempelbäumen soll es einige geben, die über tausend Jahre alt sind. So ist es nicht erstaunlich, dass ein

Oben: Blatt und Fruchtstand des amerikanischen Tulpenbaums.
Unten: Blatt des chinesischen Tulpenbaums.

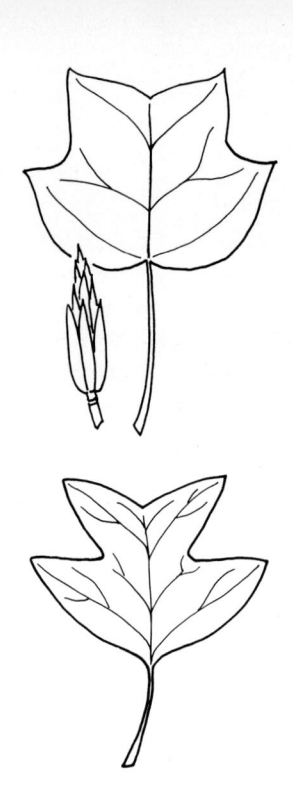

Tulpenbaum

deutscher Schiffsarzt der holländischen Ostindienkompanie, Engelbert Kämpfer, der als erster diese Bäume sah, sie in seinem Reisebericht von 1690 sehr beeindruckt erwähnte, doch war es ihm nicht möglich, Blätter oder Früchte des Ginkgo als Beleg zu erhalten. Erst 1730 kam ein Exemplar nach Utrecht. Der botanische Garten in Kew (London) kaufte 1754 dieses Bäumlein, das heute noch dort zu bestaunen ist. Ein weiteres Exemplar erhielt dann 1795 der botanische Garten von Montpellier. Allmählich wurde er wegen seiner eigenartigen Wuchs- und Blattform zu einem beliebten Baum in europäischen Parkanlagen, auch wegen seiner prachtvollen goldgelben Herbstfärbung. Der Baum ist zweihäusig; die männlichen Exemplare werden dort vorgezogen, wo die im Herbst fallenden, nach Buttersäure riechenden Früchte lästig sind. Die weiblichen Bäume jedoch imponieren durch ihren überreichen Behang von gelben ‹Silberaprikosen›. Zwei sehr schöne Bäume, ein Männchen und ein Weibchen, stehen in der Theodorsgraben-Anlage, weitere Exemplare in den botanischen Gärten von Basel und Brüglingen; inmitten der Stadt sind junge Bäumchen am Rümelinsplatz gepflanzt worden. Eine ganze Allee führt auf dem Bruderholz zur Batterie.

John II. Tradescant brachte um 1650 von seinen Virginiareisen den *Tulpenbaum* (Liriodendron tulipifera) nach London. In England wurde er zuerst als Populus alba virginiana Tradescantii klassiert. Bald wurde aber klar, dass er zur Familie der Magnoliengewächse gehört; so entstand der wissenschaftliche Kompromissname aus griechisch ‹leirion› (= Lilie), ‹dendron› (= Baum) sowie, weil seine Blüten eher Tulpenform aufweisen, aus lateinisch ‹tulipifera› (= tulpentragend). Mit seinen über fünfzig Metern Höhe ist er einer der grössten Laubbäume Amerikas; bei uns jedoch wächst er kaum so hoch. Für einen nördlichen Baum sind seine Blüten und Blätter auffallend gross. Wie der Ginkgo lässt sich auch der Tulpenbaum sofort an seinen eigenartig geformten Blättern erkennen. Die grünlichgelben Blüten sitzen leider recht hoch am Baum, weshalb sie schwierig zu sehen und daher ziemlich unbekannt sind. Wild wächst er an den grossen Seen im Ohiotal und bis hinunter nach Mexiko. In China ist eine andere Art beheimatet und noch wild anzutreffen: Liriodendron chinense, dessen Blätter stärker eingebuchtet sind. Er ist bei uns seit 1900 bekannt und deshalb noch eher selten. Basels wohl ältester und grösster Tulpenbaum steht im Margarethenpark im Wäldchen zwischen der Villa und dem Parkeingang am Aufstieg zur Margarethenkirche. Auch sonst kann noch manches Exemplar entdeckt werden (Schützenmattpark, Zoologischer Garten usw.).

Steinerne Blumengöttin Flora, um 1590, auf dem Brunnen im Hof der Musik-Akademie, Leonhardsstrasse 4–6.

Oben links: Lorbeer im Preiswerk-Wappen. Hauszeichen Spalenberg 2.

Oben rechts: Allianzwappen Krug-Wettstein von 1678 mit Klee und Granatäpfeln. Spalenberg 12, am Treppenturm im Hof.

Unten links: Wappen im Hof des Lützelhofs, Spalenvorstadt 11, von 1574. Rechts das Wappen des Abtes Johann Klaiber: Eichenzweig auf Dreiberg.

Unten rechts: Sandsteiner Lorbeerkranz am Haus Spalenvorstadt 45 vom Ende des 18. Jahrhunderts.

222

Magnolien	Ein Verwandter des Tulpenbaums ist die *Gurkenmagnolie* (Magnolia acuminata), ebenfalls aus Nordamerika stammend, von welcher wir ein sehenswertes Exemplar in Riehen im Park neben dem Gemeindehaus besitzen. Die Blüten sind unscheinbar grünlich, doch ist die Baumgestalt für eine Magnolie aussergewöhnlich imposant.
	Aus der grossen Zahl der übrigen Magnolien wollen wir nur noch zwei herausgreifen: die *Grossblütige Magnolie* (Magnolia grandiflora) und die Hybride *Soulange-Magnolie* (Magnolia × soulangeana). Die grossblütige ist ein immergrüner Baum, der an geschützten Lagen bis zu zehn Meter hoch wird. Die weissen, grossen Blüten entwickeln sich vereinzelt am Baum; sie duften stark und blühen vom Sommer bis zum Herbst. Ihre Heimat sind die Wälder des südöstlichen Nordamerika, in denen sie bis dreimal so hoch werden kann. Entdeckt wurde sie von dem schon früher erwähnten Amerikaner John Bartram. Ihren Namen erhielt die Familie von dem französischen Botaniker Pierre Magnol (1638–1715), Direktor des berühmten botanischen Gartens der Universität Montpellier. – Die Soulange-Magnolie entstand vor etwa hundertfünfzig Jahren in den Pariser Gärtnereien von Soulange-Bodin und ist als prachtvoll blühender, strauchartiger Baum überall auf grosse Beliebtheit gestossen. Ihre innen weissen, aussen rot überlaufenen, wohlriechenden Blüten erscheinen früh im Jahr, meist vor der Laubentfaltung. Prächtige Exemplare zieren den Rasen vor der Paulus-kirche.
Baumschulen	Zur Aufzucht von Bäumen aus fremden Kontinenten erwiesen sich Boden und Klima von England und Schottland als besonders günstig. Dazu kam die Leidenschaft der feudalen Landbesitzer, sich grossartige Parklandschaften anzulegen. Diese botanische Leidenschaft finanzierten sie durch angegliederte Baumschulen. So sind die Engländer noch heute führend in der Belieferung des europäischen Kontinents mit fremdländischen Bäumen.
	Auf diesem Gebiet waren aber auch die Franzosen recht aktiv. Ludwig XVI. war ein grosser Baumliebhaber; 1785 schickte er André Michaux nach Amerika, der in zehnjähriger Forschungsarbeit die Oststaaten von Kanada bis Florida durchstreifte. Ausser dem Amberbaum (Liquidambar) hat er in dieser Zeit viele Magnolien- und Rhododendronarten, Nadelhölzer, Hickorybäume (Carya), Ahorn- und Eichenarten, darunter die Roteiche (Quercus rubra), von der eine ganze Allee vom Eglisee nach Riehen führt, entdeckt. Er hat in Amerika zwei Baumschulen angelegt, um der laufend steigenden Nachfrage genügen zu können.
	Auch in Basel war zu Beginn des 19. Jahrhunderts das Interesse an solchen Bäumen rege. Besondere Nachfrage herrschte bei uns natürlich zu der Zeit, als die Ringanlagen und der Zoologische Garten entstanden und mancher private Park nach englischer Manier umgestaltet wurde. So können wir heute in der Stadt

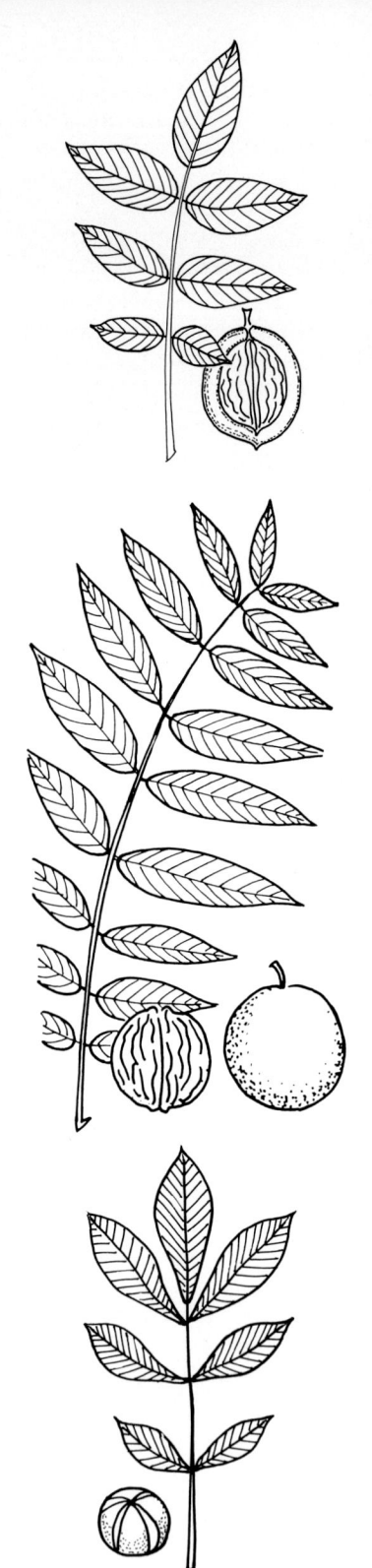

Oben: Blatt und Frucht der Walnuss.
Mitte: Blatt und Frucht der Schwarznuss.
Unten: Hickory-Nuss, Blatt und Frucht.

und ihrer Umgebung eine respektable Zahl fremdartiger Baumarten aus fast allen Kontinenten bewundern.

Eine eindrückliche Nussbaumkollektion präsentiert der Margarethenpark. Neben der einheimischen *Walnuss* (Juglans regia) finden wir mehrere amerikanische Arten, zum Beispiel die bei uns am häufigsten vertretene nordamerikanische *Schwarznuss* (Juglans nigra). Sie unterscheidet sich von der echten Walnuss durch ihren dunkeln schwarzbraunen Stamm, durch ihre wechselständig gefiederten, viel längeren Blätter und durch die runde Nuss. Die Nüsse sind nicht so schmackhaft, dafür wirkt der Baum stattlicher. Sein Holz ist sehr begehrt für Möbel- und Holzbau; aus ihm wurden in vergangenen Zeiten auch die Ladestöcke für Kanonen hergestellt.

Ein anderer Amerikaner ist der *Hickory-Nussbaum* (Carya laciniosa). Er wird auch als ‹Königsnuss› bezeichnet; seine Nusskerne sind essbar, die Rinde des Stammes neigt zum Abschälen. Der Baum stammt aus dem mittleren Nordamerika. Etwas nördlicher und bis in die Gegend von Quebec ist die zweite Art zu Hause: die *Bitternuss* (Carya cordiformis), deren Früchte ungeniessbar sind. In Europa stiess das Hickoryholz vor allem wegen der Skifabrikation auf grosses Interesse, doch gehört auch dies bereits der Vergangenheit an.

Der aufmerksame Zollibesucher wird am Weiher beim Vivarium von einer *Kaukasischen Flügelnuss* (Pterocarya fraxinifolia) begrüsst. Ihre Heimat ist der Kaukasus bis Nordpersien. Sie kam um 1780 nach Europa. Wenn man diesen schönen Baum mit seiner breiten Krone und den vielen hängenden Ketten voller geflügelter Nüsschen einmal kennt, trifft man ihn recht häufig in Basels Parkanlagen an. Alle diese Bäume sind aber sicher erst im 20. Jahrhundert bei uns gepflanzt worden, da sie noch relativ jung aussehen. Griechisch ‹Pteron› bedeutet Flügel. Schöne Exemplare stehen im Zolli, an der Promenade beim Felix Platter-Spital und in mehreren Anlagen.

Die Erbsen und Bohnen haben in ihrer Familie riesige Bäume. Ihre Verwandtschaft ist deutlich erkennbar an den wohlriechenden Schmetterlingsblüten und den gefiederten Blättern. Die Riesenfamilie der Leguminosen ist über die ganze Welt verbreitet; von Natur aus allerdings wären Baumformen nicht bei uns vorhanden. Ihre Blütenpracht fiel den Botanikern bald einmal auf, und so wurde die *Robinie* (Robinia pseudacacia), auch ‹Falsche Akazie›, englisch ‹Locust Tree› genannt, als einer der ersten nordamerikanischen Bäume in Europa aus Samen gezüchtet. Man vermutet, dass die Tradescants Samen an die Robins geschickt haben, welche unter Henri IV. königliche Gärtner in Paris waren. Dem Sohn Vespasien Robin gelang die

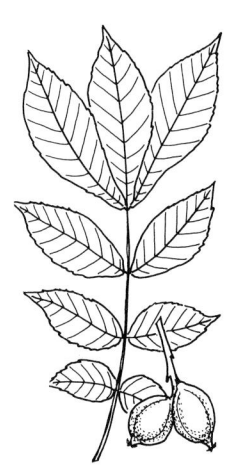

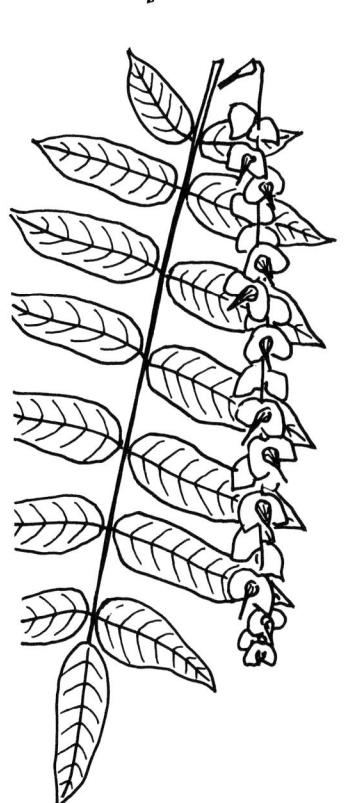

Oben: Bitternuss, Blatt und Frucht.
Unten: Flügelnuss, Blatt mit Früchten.

Aufzucht. Die Robinien wurden ihnen zu Ehren so benannt (1630). Neben den unscheinbar blühenden einheimischen Bäumen müssen die Robinien mit ihren weissen duftenden Blütenkaskaden eine Sensation gewesen sein. Alte Robinien sind wundervolle Bäume, wenn sie ungeschnitten stehen gelassen werden. Ihr Holz ist am Baum leider brüchig, jedoch in Form geschnittener und getrockneter Schwellen, Pfähle und Stecken ausserordentlich haltbar. In französischen Weinbergen verfertigte man aus Robinienholz Rebstecken und stellte fest, dass sie etwa fünfzig Jahre lang brauchbar waren. Die Blüten dienten sogar zum Gelbfärben, und wer gerade Vieh in der Nähe hielt, konnte es ‹getrost die Blätter fressen lassen›, wie es in Rebaus Naturgeschichte steht. Aus den vornehmen Gärten brachen die Robinien bald einmal aus und verbreiteten sich, freudig Samen streuend, über ganz Mittel- und Südeuropa.

Eine andere falsche Akazie ist der Christusdorn oder die *Gleditschie* (Gleditsia triacanthos), der amerikanische ‹Honey Locust›. Sie ist der grösste Vertreter der Leguminosen. Ihre Blätter sind oft doppelt gefiedert, und ihre Fruchthülsen, bis fünfundvierzig Zentimeter lang und mehr oder weniger gedreht, bleiben noch im Winter am Baum hängen. Fürchterliche verzweigte Dornen treten direkt aus dem Stamm und den Ästen hervor, während die Robinie nur an den Blattansätzen ein Paar kurzer Dornen aufweist. In den Anlagen trifft man auch oft auf die dornlos gezüchtete Varietät ‹Inermis› (unbewehrt). Der Name Gleditsia ehrt den deutschen Botaniker Johann Gottlieb Gleditsch (1714–1786), Direktor des Botanischen Gartens Berlin. Seit 1700 wird sie in Europa kultiviert, vor allem wegen ihrer imponierenden Wuchsform; die Blüten sind eher unbedeutend. Ein prächtiges Exemplar der Varietät ‹Inermis› steht in der Theodorsgraben-Anlage nahe beim Rheinbord; eine kapitale Gleditschie besitzt der Horburgpark am Fussballplatz.

Ein hübscher, noch wenig bekannter Baum ist das amerikanische *Gelbholz* (Cladrastis lutea). Seine Verwandtschaft mit der Robinie ist leicht ersichtlich aus den sehr ähnlichen, weissen, aber etwas grösseren Blüten, die Anfang Sommer durch ihren Duft auffallen. Der Baum wird höchstens zehn Meter hoch; er stammt aus dem östlichen Nordamerika, speziell aus dem Alleghanies-Gebirge, und wird seit 1820 in Europa gezüchtet. Seine Name verrät, dass er einst als Farbholz den Färbern diente. In Basel findet man ihn an unerwarteten Stellen – wohl eines der ältesten Exemplare steht vor dem Bernoullianum, Seite Schanzenstrasse, andere an der oberen Pilgerstrasse, an der Ecke Birmannsgasse/Socinstrasse, in der St. Alban-Anlage, im

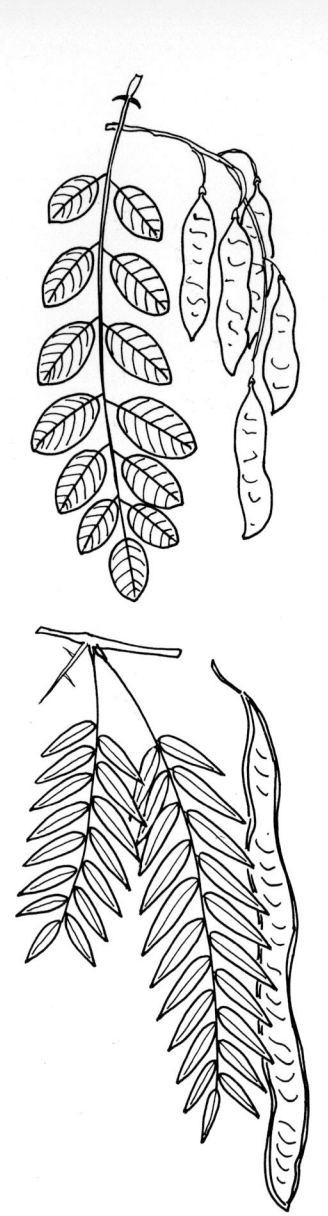

Oben: Robinie, Blatt und Früchte.
Unten: Gleditschie, Blatt und Frucht.

Schützenmattpark gegenüber dem Altersheim, in der Anlage vor dem Gotthelfschulhaus sowie in der Wanderstrasse-Allee zusammen mit Robinien und Gleditschien, um nur einige zu nennen.

Der *Geweihbaum* (Gymnocladus dioicus), der amerikanische ‹Kentucky Coffee Tree›, ist in Nordamerika heimisch. Wir wissen nicht, ob dieser appetitanregende Name der Amerikaner auf seine Geniessbarkeit verweist; die Franzosen nennen ihn eher despektierlich ‹Chicot du Canada›. Den Botaniker begeistern die wunderschönen, doppelt gefiederten, bis neunzig Zentimeter langen Blätter. Die Blüten anderseits sind unscheinbar, die Früchte gleichen grossen, flachen Bohnen mit mehreren Samen, die ebenfalls über den Winter am Baum hängenbleiben. Die schönsten und wahrscheinlich ältesten Geweihbäume in Basel befinden sich im Zoologischen Garten zwischen Zebragehege und dem Affenfelsen, neben dem Strassburgerdenkmal und an der Ecke Engelgasse/Lange Gasse.

Alle diese Bäume sind winterhart, während die echten Akazien frostempfindlich sind und unsere Breiten nicht ertragen. So hat man in Basel nur an der Fasnacht mit *Akazien* zu tun, wenn die ‹Mimosen› geworfen werden (Acacia dealbata, Familie der Mimosazeen), oder dann im Gewächshaus des botanischen Universitätsgartens, wo sie überwintern und schüchtern blühen.

Zu den Leguminosen im weiteren Sinn (sie sind heute in drei Familien aufgeteilt: Fabazeen, Mimosazeen, Caesalpiniazeen) gehört auch der in Südeuropa und Westasien beheimatete *Judasbaum* (Cercis siliquastrum); lateinisch ‹siliqua› = Schote von Hülsenfrüchten. Einzig die Franzosen nennen diesen Baum korrekt ‹Arbre de Judée›. Aus dem ‹Baum aus Judäa› wurde im Deutschen fälschlicherweise der Baum des Judas, an welchem sich dieser erhängt haben soll. Die Legende ist begreiflich, der Baum hat etwas Eigenartiges an sich, indem die blutstropfenähnlichen Blütenbüschel direkt aus dem Stamm und den Ästen herausquellen. Die Blätter erscheinen erst nach der Blüte und haben einen fast kreisrunden, leicht nierenförmigen Umriss; sie sind unterseits etwas bläulich-silbrig überlaufen und könnten der Form nach für die Silberlinge des Judas gehalten werden. Aus den Blüten entwickeln sich die langen, dünnen und ganz flachen Schoten, welche im Sommer purpurn, dann braun werdend, bis weit in den Winter hinein hängenbleiben. Judasbaum und Gleditschie sind heute der Familie der Caesalpiniazeen zugeteilt.

Zum Abschluss dieses langen Kapitels über ‹Lusthaine› und Anlagen möchten wir auch noch kurz auf die vielen fremden Eichen und Ahorne hinweisen, die bis in die jüngste Zeit aus

Oben: Judasbaum, Blatt und
Früchte.
Unten: Geweihbaum, Blatt und
Frucht.

Amerika und aus Asien zu uns gekommen sind. Ihre Beschreibung im einzelnen würde hier zu weit führen; viel besser ist es, auf einem Spaziergang im Kannenfeldpark oder in der Elisabethen-Anlage die neuen Eichen- und Ahornbestände zu besichtigen. Weil die Bäume noch sehr jung sind, kann man die Früchte (sofern vorhanden) und die Blätter bequem ohne Feldstecher miteinander vergleichen.

Botanische Kuriositäten

Skurrile Verwendung der Kokosnuss: Narrenkopf-Becher mit silbervergoldeter Fassung, wohl Basler Arbeit aus der 2. Hälfte des 16. Jahrhunderts, im Historischen Museum.

Die Sammelfreudigkeit war kennzeichnend für den Renaissancemenschen. Alles fand seine Anteilnahme: die Antike, die Kunst und die Wissenschaften. Gelehrte und Fürsten legten Sammlungen von naturkundlichen und kunsthistorischen Objekten an. In diesen ‹Naturalienkabinetten› fanden auch Kuriositäten ihren Platz. Manche Sammlungen entwickelten sich, je nach der Neigung ihres Urhebers, zu wahren Abnormitäten- und Wunderkammern.

Den Gelehrten dienten die Sammlungen in erster Linie zu Unterrichtszwecken. Die Basler Museen verdanken grosse Teile ihrer Bestände solchen Privatsammlungen, die der Öffentlichkeit grosszügig vermacht wurden und oft den Grundstock zu weiterer Sammel- und wissenschaftlicher Tätigkeit bildeten.

Unser ‹Kuriositätenkabinett› bietet weniger Schaustücke als vielmehr in Vergessenheit geratene Eigentümlichkeiten, in bunter Folge gemischt.

Die *Esparsette* (Onobrychis saxatilis) wird in Frankreich ‹Sainfoin› und in deutschen Landen ‹Heilig Heu› genannt.

Den *Ysop* (Hyssopus officinalis) nahmen die Baselbieter Bäuerinnen, vielleicht auch die Basler Stadtfrauen, in Form eines Zweigleins im Gesangbuch auf den Kirchgang mit; er sollte sie mit seinem scharfen, aromatischen Geruch vor dem ‹Kirchenschlaf› bewahren.

Mit *Muskatnüssen* (Myristica fragrans) und den Kapseln der

Oben: Wassernuss *(Trapa natans)* mit Früchten.
Unten: *Staehelina dubia.*

Wassernuss (Trapa natans) fertigten die ‹Paternosterer› einst Rosenkränze an.

Johannes der Täufer soll sich von den Früchten des *Johannisbrotbaums* (Ceratonia siliqua) ernährt haben. Dieser, der ‹caroubier› der Franzosen, wächst im Mittelmeergebiet und wurde als Vieh- und in Notzeiten auch als Menschennahrung kultiviert. Die sehr harten Samen, auf arabisch ‹karat› genannt, dienten ihres konstanten Gewichts wegen den Juwelieren und den Apothekern als Gewichtseinheit beim Abwägen.

Der *Tragant* (Astragalus verus) aus Anatolien, Armenien und Persien scheidet eine gallertige Substanz aus, die an der Luft zu Gummi erhärtet. Der Tragantgummi, französisch ‹adragante›, ist der Klebstoff der Zuckerbäcker für figürlichen Zierat. Die ‹Tragantfigürlein› aus Tragantgummi, mit pflanzlichen Farbstoffen bemalt, wurden für die Kinder hergestellt. Eine entzückende Sammlung ist in einer der Kinderstuben des Kirschgartenmuseums zu sehen.

Für die Fischer war die grossblumige *Königskerze* (Verbascum densiflorum) eine interessante Pflanze. Die Samen derselben, ins Wasser geworfen, sollen die Fische betäuben.

Eine ‹Barometerblume› ist die *Silberdistel* (Carlina acaulis); rollt sie ihre Blütenblätter ein, so ist Regen zu erwarten.

Die Kanoniere gedenken am 4. Dezember ihrer Patronin, der heiligen Barbara, mit Kanonendonner. Für ihre Ladestöcke verwendeten sie das harte Holz des *Geissblatts* (Lonicera xylosteum); das zu Kohle verbrannte Holz des *Faulbaumes* (Frangula alnus) wurde zur Herstellung von Schiesspulver gebraucht.

Auch die Hausfrauen beachten den Barbaratag und stellen an diesem Datum geschnittene *Kirschen*zweige in Wasser, damit diese an Weihnachten blühen.

Das Kohlenfeuer des Herdes konnten sie ein Jahr lang am Brennen erhalten dank dem ‹Feuerbaum›, wie der *Wacholder* (Juniperus communis) im Volk genannt wurde. Sie deckten das glühende Kohlenfeuer stets mit Wacholderasche.

‹Groob wie Boonestrau› sagte man einst in Basel, was an die Zeiten der *Ackerbohne* und ihres groben ‹Strohs› erinnert, das nach dem Abdorren übrigblieb. Heute meist: ‹Dumm wie Boonestrau.›

Dem beschaulichen Pfeifenraucher vergangener Zeiten dienten die geraden Schosse des *Pfeifenstrauchs* (Philadelphus coronarius) als Pfeifenrohre.

Der Basler Feriengast auf der Iberischen Halbinsel kann unvermutet die *Staehelina dubia* antreffen, ein Asterngewächs, das von Linné nach dem Basler Botaniker Benedikt Staehelin (1695–1750) benannt worden ist.

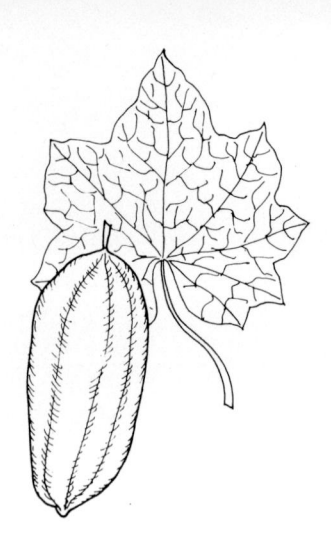

Oben: Schwammgurke, Blatt mit Frucht.
Unten: Spritzgurke oder Vexiergurke (*Ecballium elaterium*).

«Wer sich grün macht, den fressen die Ziegen.» (Deutsches Sprichwort, 1846)

«Der *blaue Steinklee* (Trigonella caerulea) aus Nordafrika wird in der Schweiz speziell angebaut, um dem sog. grünen Schabziegerkäse Farbe und Geruch zu erteilen.» (H. Rebau: Naturgeschichte. Stuttgart 1866.)

Einst hing in den Basler Badstuben nicht nur der Badeschwamm, der zoologischen Ursprungs ist, sondern auch etwas Botanisches, mit dem man sich rieb und wusch: die Luffa. Man erstand sie gleich wie den Schwamm im Korbladen. Die Luffa ist eine *Schwammgurke* (Luffa cylindrica), spanisch ‹esponja vegetal›, beheimatet in Südostasien, kultiviert in Indien und auf der ganzen Welt als Schwammersatz gebraucht. Ist die Gurke einmal verfault, hinterlässt sie ein elastisches, faseriges Gebilde, das heute höchstens noch dem Modellbauer bekannt ist, der aus ihm die Bäumchen herstellt. Alt Stadtgärtner Richard Arioli brachte eigens Samen aus Spanien mit, um in der Stadtgärtnerei Luffa für solche Modellbäumchen züchten zu können. Sie dienten dann, zu einer Zeit, als Luffa im Korbladen bereits nicht mehr erhältlich war, zur Herstellung von Grünanlagenmodellen.

Im Historischen Museum befindet sich ein Narrenkopfbecher aus *Kokosnuss* (Cocos nucifera) mit silberner Fassung, eine Basler Arbeit aus der Mitte des 16. Jahrhunderts. Zum Trinken gehört Musik, daher passt die Drehleier aus der Musikhistorischen Sammlung gut zum Narrenkopfbecher. Ihr Hersteller wendete besondere Sorgfalt an ihren Resonanzkasten, den er mit einem dreifarbenen Zierbord aus Elfenbein, *Ebenholz* (Diospyros ebenum) und *Veilchenwurzelholz* umgab.

Nach Spiel und Trank erging man sich im 16. und im 17. Jahrhundert im ‹Vexiergarten›, der ein speziell eingerichteter Teil in fürstlichen Gärten war, um die Gäste zu ‹vexieren›, das heisst mit allerlei Überraschungen zu traktieren, die oft in grobe Spässe ausarteten, zur Belustigung der Unbetroffenen und auf Kosten des Opfers. Da gab es ‹Vexiernelken› und ‹Vexiergurken›. Bei den Nelken schob man *Brennesselblättchen* zwischen die Blütenblätter, liess den Gast an der Nelke riechen, worauf er sich an der Nase brannte. Die *Vexiergurke* (Ecballium elaterium) löst sich elastisch vom Stiel und spritzt dem Betrachter einen Saft mit den Samen ins Gesicht. Die Kletten, deren Früchte sich an den Besucher hängten, wie Arctium lappa, waren ebenfalls beliebt, desgleichen die ganzen Pflanzen von Lappula deflexa, die wie Schwänze anhängen.

Die Sporen des *Bärlapps* (Lycopodium clavatum) bilden ein feines, gelbliches Pulver, in welchem die Apotheker die Pillen

Wilder Cucumer. Cucumis sylvestris.

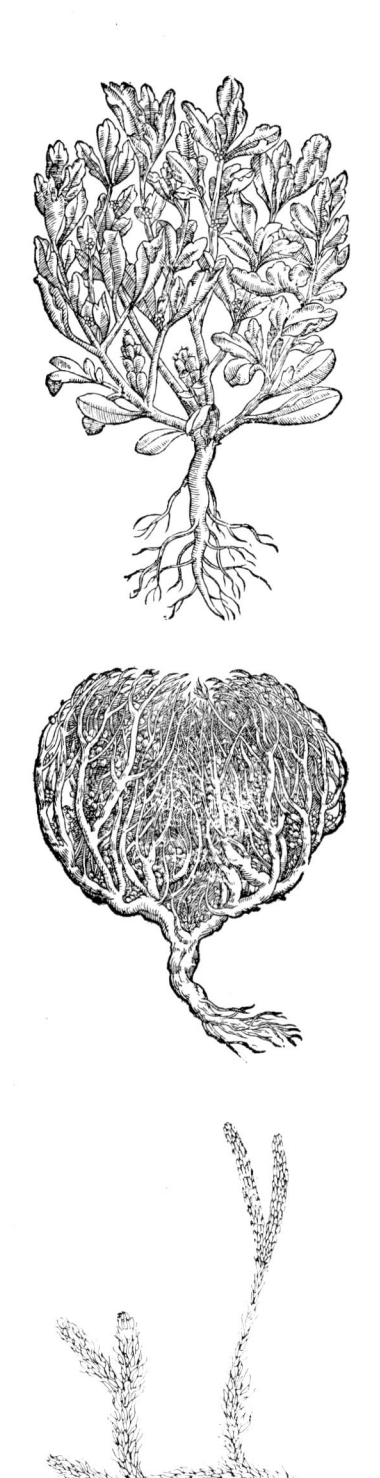

Oben: Rose von Jericho, offen und geschlossen (Kaspar Bauhin).
Unten: Keulen-Bärlapp.

drehten. Es ist so hochgradig brennbar, dass es auch auf Theaterbühnen zur Nachahmung des Blitzes angezündet, deshalb Blitzpulver oder Hexenpulver genannt wurde.

Der *Diptam* (Dictamnus albus) verströmt ein ätherisches Öl. Goethe machte immer wieder den bekannten Versuch in seinem Garten, mit seiner Lupe den gesammelten Sonnenstrahl auf die Pflanze zu richten; bei genügender Hitze entflammte das ätherische Öl in Form von Stichflammen. Deshalb hielt man den Diptam für den feurigen Busch der Bibel[20].

Die *Rose von Jericho* (Anastatica hierochuntica) ist ein Kreuzblütler; sie soll bei Jericho vorkommen. In der Trockenzeit rollt sie sich völlig ein und lässt sich vom Wind als Kugel über den Sandboden blasen. Bei Regen öffnet sie sich wieder, schlägt Wurzeln, ergrünt und blüht nach kurzer Zeit. Die Jerusalempilger brachten sie als Symbol der Auferstehung von ihren Reisen zurück. Sie wird heute noch jeweilen an der Basler Herbstmesse auf dem Petersplatz zum Kauf angeboten.

«Wann man Wasser, darinn *Wermuth* gesotten oder geweychet ist, in die Dinten geusst, so zerfressen die Mäus die Buchstaben nit.» (Leonhard Fuchs, 1543.)

Hexenringe nennt der Volksmund die auf Wiesen erscheinenden *Pilz*kreise; sie entstehen durch Absterben der älteren, zentralen Partien und durch Weiterwachsen der Pilzfäden im Boden nach aussen, wo wieder neue Pilze entstehen.

Hexenbesen nennt man die meistens durch Virusinfektionen oder parasitische Pilze entstehenden Wucherungen, die besenartig aus Ästen von Tannen, Nussbäumen, Birken, Erlen, Weissbuchen und Kirschbäumen hervorwachsen.

Eine spektakuläre Besonderheit sind schliesslich die Hänge- und Trauerformen von Bäumen. Solche Veränderungen des Erscheinungsbildes müssen durch Mutationen bedingt sein. Sie kommen vor bei: Buche, Esche, Ulme, Sophora und Weide. Die berühmte Trauerweide, unter welcher die Juden während ihrer Gefangenschaft in Babylon trauerten, war in Wirklichkeit eine Pappelart, die Euphratpappel. Obwohl die *Trauerweide* (Salix babylonica) ihren irrtümlich erhaltenen Namen weiter behält, stammt sie in Wirklichkeit aus China und gelangte erst Anfang des 18. Jahrhunderts nach Europa. Die Geschichte ihrer Reise möchten wir gerne glauben, weil sie so hübsch ist: Ein leider unbekannter Mensch mit Gefühl entdeckte eine noch lebende Weidenrute, welche ein Paket aus China zusammenhielt. Er ging hin und pflanzte diese Rute, aus welcher dann die erste Trauerweide aus europäischem Boden wachsen sollte[1].

Salomonssiegel.

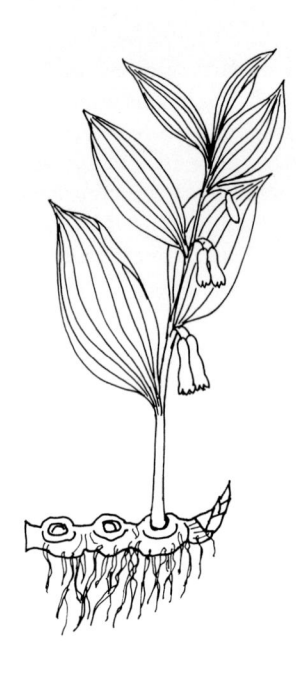

Zauberpflanzen

In den Märchen und im Volksaberglauben haben Pflanzen geheime Kräfte. Sie können Mauern spalten, Tore, Kästchen und Herzen öffnen, feindlichen Zauber bannen und gegen Gift feien[32].

Das *Salomonssiegel* (Polygonatum odoratum) hat Wurzelrhizome, die wie Siegel aussehen. Streut man diese ins Haus, so bannen sie Schlangen und anderes giftiges Getier.

Immergrün (Vinca minor) auf dem Leib getragen, schützt vor dem Teufel.

Die *Raute* (Ruta graveolens) bannt böse Mächte. In Basel wurde sie bei Leichenbegängnissen vom Sigristen auf das Bahrtuch als ‹Totenrute› geheftet. Der Brauch hat sich seit den Pestzeiten bis ins ausgehende 18. Jahrhundert erhalten.

Die *Gundelrebe* (Glechoma hederacea), eine Heilpflanze gegen Brand- und Stichwunden, wurde am Gründonnerstag dem Gründonnerstagsgemüse beigemischt und gegessen.

Das *Schöllkraut* (Chelidonium majus) nannten die Alchemisten ‹coeli donum› (= Himmelsgabe); griechisch ‹chelidon› = Schwalbe. Das Kraut blüht, wenn die Schwalben kommen, und welkt, wenn sie gehen, daher auch der Name ‹Schwalbenwurz›. Es soll die Macht haben, Mauern zu sprengen.

Das *Johanniskraut* (Hypericum perforatum), das sogenannte Hartheu, hat die Eigenschaft, dass beim Zerreiben der Blüte rote Farbe austritt, das Blut Johannes des Täufers. Man tanzte zur Sonnwende um die Johannisfeuer und liess Sträusse von Johanniskraut gegen böse Mächte weihen.

Der *Waldmeister* (Galium odoratum, früher Asperula odorata) schützt ebenfalls vor bösen Geistern (und vor Motten).

Die *Stachelbeere* (Ribes uva-crispa) hält Zauberei vom Haus fern, wenn man ihre Zweige vor die Eingangstüre und auf die Fenstersimse legt.

Die *Meerzwiebel* (Urginea maritima), getrocknet an den Türpfosten gehängt, hindert die Gespenster am Eintreten.

Die Samen der *Pfingstrose* (Paeonia officinalis), in einem Säckchen den Kindern um den Hals gehängt, bewahrt diese vor bösen Feen.

Die *Siegwurz* (Allium victorialis), deren Zwiebel von einem Fasergeflecht eingeschlossen ist, hielt man wegen dieses Panzers und ihrer schwertähnlichen Blätter für einen magischen Schutz gegen Hieb- und Stichwaffen. Die Kriegsleute trugen sie als Amulett.

Die auf Bäumen schmarotzende *Mistel* (Viscum album) wurde als besonders geheimnisvolle Pflanze verehrt, weil sie im Winter grün bleibt, wenn die Blätter der Bäume fallen. Die Priester der Kelten, die Druiden, schnitten sie mit goldenen Sicheln vom Baum.

Wegwarte *(Cichorium intybus)*.

Feld-Weegwarte. Cichorium sylvestre.

Den *Haselbusch* (Corylus avellana) findet man häufig in den Märchen, wo er von Zwergen oder Feen bewohnt wird. Die Wünschelruten der Wassersucher sind meist zweigeteilte Hasel- oder Weidenzweige.

Der *Wacholder* oder Reckholder (Juniperus communis) erscheint in den Märchen als ‹Kranawittbaum› oder ‹Machandelboom›, auch Krammetbaum, wie die Drossel Krammetsvogel heisst, weil sie seine Beeren frisst.

Um den *Alraun* (Mandragora officinarum) zu gewinnen, musste man einen schwarzen oder schwarz-weiss gefleckten Hund an die Pflanze binden, so dass er sie ausriss. Beim Herausfahren aus der Erde schrie die Wurzel, und der Hund starb dabei. Die Wurzel erinnert an eine menschliche Gestalt; sie soll ihrem glücklichen Besitzer grosse Macht und Reichtum bringen. Die Alraune wurden in Kästchen verwahrt und vom Vater auf den Sohn vererbt. Wegen ihrer Kostbarkeit wurden die Alraunwurzeln teuer gehandelt und gaben oft Anlass zu Fälschungen.

Ein Liebeszauberkraut war der *Erdrauch* (Fumaria officinalis), auch ‹Bräutigamskraut›, ‹Frikrut›, ‹Brutkrut› genannt. Im Schuh versteckt oder als Sträusslein getragen, verleiht es dem Träger die Fähigkeit, seine Zukünftige zu erkennen.

Die *Wegwarte* (Cichorium intybus) galt als Zauberkraut gegen Fesselung, Insektenstiche und Feuer; es musste aber eine weissblühende Pflanze sein, deren Wurzel am besten am Tag von Peter und Paul (29. Juni) um halb zwei Uhr nachmittags ausgegraben wurde.

In der Sicht des bedeutenden Scholastikers, des ‹Doctor universalis› Albertus Magnus (1193–1280) verlieh die *Salbei* (Salvia officinalis) den alten Göttern die Unsterblichkeit.

Der ‹Gart der Gesundheit› (Mainz 1485) verordnet den *Storchschnabel* (Geranium Robertianum), gemischt mit einem kleineren Quantum Poleiminze, (Mentha pulegium) gegen Traurigkeit.

Vereinfachend können wir zwei grosse Gruppen der magischen Wirkung unterscheiden. Die eine umfasst die Mittel zur Abwehr von bösen Geistern, zauberischen Einflüssen und Krankheiten (apotropäische Wirkung), die andere die Mittel zur Herbeiführung des Liebesverlangens bei sich selbst und andern sowie zur Förderung der Fruchtbarkeit (aphrodisische Wirkung).

Basler Liebeszauber von 1676

Für den aphrodisischen und gleichzeitig apotropäischen Bereich sei hier ein älteres ‹literarisches› Basler Beispiel aus dem Jahre 1676 angeführt. In ein Schäferromänchen, als Produktion für eine baselstädtische Hochzeit verfasst, ist eine landmundartliche Volksdichtung eingeschoben, eine Mischung zwischen Fasnachtslied und Liebeszauberspruch. (Erstmals abgedruckt und kommentiert in Rudolf Suter: Die baseldeutsche Dichtung vor J.P. Hebel. Vineta-Verlag, Basel 1949.) Sie hat folgenden Wortlaut:

Hinecht ist die Fasenacht/
   Mir ist dumme-dum wohl/
Jetz esse mer alle Chiechle znacht/
   Mir ist dumme dum wol/
   dumme dum ist mir wol/
So nemme d Meidli alle Maa/Mir ist ...
So müsse d Wyber Chnabe haa/
Und notte numme die chleine/
Die grosse findene kheine/
Wenn mir de Bach ufgienge/
Und chleine Hechtly fienge/
Mir näme de gröst by einem Bey/
Mir nemene uff/mir trugene hey/
Mir leitene wol uff de Tisch/
Mir schnittene wie Salme Fisch/
Mir thete dry *Lavander*/
Ich wil mit mym Büele go Chander/
Mir thetenem dry au *Costetz*/
Ich wil mit mym Büele go Lostorff/
Mir thetenem dry vil *Rossmary*/
My Büele das hat cholte chny/
Mir thetenem dry chruss *Cypress*/
Dass ich miess Büelis nit vergess/
Mir thetenem dry *Hertzegleich*/
My Büele ist under den äugle bleich/
Mir thetenem dry grün *Äpfelschnitz*/
My Büele hats Mul vergebes gspitzt/
Mir thetenem dry vil *Meyeron*/
Ih sech mis Büele nohe cho.

Der Sinn ist, infolge ‹Zersingens›, wie dies der Volkskundler nennt, im einzelnen dunkel geworden. Doch wird immerhin deutlich, dass mit den Ingredienzen ein Liebeszauber und die Abwehr des Bösen bewirkt werden sollen. *Lavendel* (Lavandula angustifolia) besitzt magische Kraft gegen Verhexung und Krämpfe; *Kostets* oder *Dost* (Origanum vulgare) hält Böses fern und wird von der Volksmedizin zur Herstellung von Mitteln gegen Frauenkrankheiten verwendet; *Rosmarin* (Rosmarinus officinalis) gehört zum Hochzeitskult und zum Liebeszauber, stärkt überdies das Gedächtnis; *Zypress* oder Zypressenkraut, auch Stabwurz oder Eberreis genannt (Artemisia abrotanum) dient ebenfalls dem Liebeszauber; *Herzegleich* oder *Polei* (Mentha pulegium) «erwärmet» nach Theodor Zwinger «die Geburts-Glieder, macht sie fruchtbar»; *Apfelschnitze* stärken wiederum das Gedächtnis; nebstdem sind Apfel und Apfelbaum uralte Fruchtbarkeitssymbole; gelegentlich kommen Apfelkerne als

Bestandteile des Liebestranks vor; *Majoran* (Majorana hortensis) endlich hilft wieder gegen bösen Zauber.

Dass auch im gehobenen Basler Bürgertum des ausgehenden 18. Jahrhunderts das Magische oder doch die Beschäftigung mit demselben durchaus salonfähig war, beweist der vertraute Umgang des hochkultivierten Bandfabrikanten und Mäzens Jakob Sarasin-Battier (1742–1802) vom Weissen Haus am Rheinsprung mit dem legenden- und zum Teil skandalumwitterten Grafen Alessandro Cagliostro (1743–1795), der in Strassburg Sarasins unheilbar kranke Gattin auf wunderbare Weise gesund gemacht hat. Die Überlieferung berichtet, dass Cagliostro, vom mystisch angehauchten Johann Kaspar Lavater (1741–1801) befragt, worin seine Macht – also auch seine Heilkraft – liege, antwortete: «in verbis, in herbis, in lapidibus», das heisst in Worten, in Kräutern und in Steinen. Mit den Kräutern meinte er zweifellos solche mit heilender und vor allem magischer Wirkung.

Brauchtum mit Beziehung zu Pflanzenmagie und Pflanzensymbolik lebt bis in die Gegenwart weiter, ohne dass es den Trägern mehr bewusst ist. Wenn der Wilde Mann mit seinem bewurzelten Tännchen – Lebensbaum –, bekrönt und gegürtet mit grünem Laub und Äpfeln – Fruchtbarkeitssymbole – am Kleinbasler Fest des Vogel Gryff den Rhein – Wasser = Lebens-, Geburts- und Fruchtbarkeitssymbol – herunterfährt, gelegentlich sein Bäumchen auch in Brunnen tunkt und die Zuschauer bespritzt, so handelt es sich ohne Zweifel um einen alten Fruchtbarkeitszauber und beim Wilden Mann um einen Vegetationsdämon, der später heraldische Funktionen übernommen hat wie seine ‹Kollegen›, der Greif und der Leu.

Ebensowenig ist dem Fasnachtsteilnehmer bewusst, dass das Räppli- oder Konfettiwerfen seinen Ursprung im Fruchtbarkeit herbeschwörenden Werfen von Getreidekörnern hat, wie es in gewissen Gegenden noch an Hochzeiten geübt wird. Maibaum, Weihnachtsbaum – ursprünglich ohne Lichter – und wohl auch der Freiheitsbaum gehören ebenfalls in den Bereich der Fruchtbarkeitsmagie.

Cagliostro in Basel

Wilder Mann

Fasnacht

Pflanzen als Symbol- und Gleichnisträger

Die alten Naturreligionen standen in engster Beziehung zum kosmischen Geschehen und zu den Naturerscheinungen. Gottheiten und göttliches Walten personifizierten sich in der Natur; man denke an den brennenden Dornbusch, aus dem der alttestamentliche Gott spricht, an die Sonnen- und Mondgottheiten in allen Kulturen, an die altgriechische Vorstellung von Baum- und Quellnymphen – die Pflanze als beseeltes Lebewesen, wie sie sich bis heute im Märchen erhalten hat –, an den personifizierten Donner im germanischen Gott Donar/Thor. Mit solchen Zusammenhängen hat sich in grossartiger Weise auch ein Basler befasst, nämlich Johann Jakob Bachofen (1815–1887), in seinen Schriften über Gräbersymbolik, Mutterrecht und Urreligion. Einen breiten Raum nimmt bei ihm die Natursymbolik ein. Er schreibt: «Wo immer der Mensch über das Problem seines Ursprungs nachdachte, fand er in der Betrachtung der Sumpfvegetation eine Offenbarung, der er mit kindlicher Naivität ganz sich überliess.» Die Naturerscheinungen sind also nicht nur Gottheiten oder Manifestationen derselben, sie sind auch Symbole, das heisst Sinnbilder sowohl für das göttliche Sein als auch für die menschliche Existenz.

J.J. Bachofen

So trägt nach Bachofen der Mohn den Todesgedanken in sich; die Lilie aber ist ein Sinnbild für die Lichtgeburt. Die Liliensymbolik war eine der widerstandsfähigsten und fruchtbarsten; aus den Lichtreligionen Innerasiens stammend (so Bachofen), wurde sie vom abendländischen Christentum adaptiert und gelangte, im wörtlichen Sinn, zu schönster Blüte in der spätmittelalterlichen Sakralmalerei, meist in der Ausprägung der aus China stammenden *Madonnenlilie* (Lilium candidum). Wir treffen sie beispielsweise an auf dem Verkündigungsbild eines Konstanzer Meisters um 1490 im Basler Kunstmuseum.

Bibel

Im Alten und im Neuen Testament, die die geistig-geistliche Grundlage des abendländischen Mittelalters bilden, spielt die Pflanze eine recht untergeordnete, wenn auch nicht ganz unwesentliche Rolle. Der Baum der Erkenntnis (1. Mose 2:9) erinnert an die in manchen Kulturen anzutreffende Vorstellung des Lebensbaumes, ist also mythisch zu verstehen, wie zum Beispiel auch die altgermanische Weltesche. Zur Hauptsache erscheint die Pflanze in der Bibel als Metapher oder als Gleichnis. In den Psalmen werden die Menschen häufig mit dem Gras verglichen, das grünt und verdorrt, womit die kurze Dauer und Hinfälligkeit des menschlichen Daseins verdeutlicht werden soll. Der Weinberg als Bild für das Reich Gottes ist aus den Gleichnissen Jesu bekannt (etwa Matthäus 20:1–16), desgleichen der Baum mit den guten und schlechten Früchten (Matthäus 7:16–19). Eine sehr schöne und wenig geläufige Pflanzenparabel für eine

Königswahl findet sich in Richter 9:8ff., wo die Bäume einen Dornbusch zum König wählen, weil weder der Feigen- noch der Ölbaum noch ein anderer Baum sich zur Verfügung stellt.

Vorchristliche Vorstellungen

Im ganzen ist aber anzunehmen, dass die Pflanzensymbolik in der abendländischen Sakralliteratur und Sakralkunst zum grösseren Teil auf vorchristliche, archaische oder sogar archetypische Vorstellungen zurückgeht. So könnten die Rohrkolben (Typha latifolia) auf den Christophorusbildern des Konrad Witz um 1435 und in der Sakristei der Peterskirche um 1500 oder an der holzgeschnitzten ‹Misericordia› am Chorgestühl des Münsters durchaus mit der von Bachofen untersuchten Bedeutung der Sumpfvegetation als Abbild des chthonischen Lebensprinzips zusammenhängen. Oberflächlich betrachtet, charakterisieren sie einfach die Wasserlandschaft. Wir führen im folgenden einige der wichtigsten Symbolpflanzen auf, die zunächst in heidnischer Zeit und später – dank der so häufig beobachteten Adaption – in christlicher Zeit von grosser Bedeutung waren.

Einzelne Symbolbedeutungen

Als Zeichen der Treue galten die immergrünen Pflanzen, die von den nordischen Völkern besonders stark beachtet worden waren. Der christliche Glaube bemächtigte sich dieser heidnischen Symbole für Unsterblichkeit, Treue und Liebe.

Immergrün (Vinca minor): diese immergrüne Pflanze mit dem jungfräulichen Blau ihrer Blüten gilt als Sinnbild der Treue, der Beständigkeit und der Jungfräulichkeit. Sie wird auch Wintergrün oder Sin(n)grün genannt. Häufig bildet das Immergrün den Hintergrund auf Wirkteppichen, die Treue und zugleich den Waldboden darstellend.

Sempervirens, das heisst immergrün, ist auch der *Buchsbaum* (Buxus sempervirens), dessen Zweige, wie diejenigen der gleichfalls immergrünen Stechpalme, in den mitteleuropäischen Ländern als Palmenersatz am Palmsonntag dienen. Der Buchs, ein uralter Zauberbaum, wird in den Kräuterbüchern manchmal dargestellt mit einem fliehenden Teufel (s. S. 246) rechts, einem krähenden Hahn links des Stamms sowie einer Kröte im Wurzelwerk.

Efeu (Hedera helix) war bei den Griechen schon wegen seiner immergrünen Ranken ein Sinnbild der Unvergänglichkeit, der ewigen Jugend. Efeuranken und Efeukränze entdeckt man immer wieder auf den griechischen Vasen, gut erkennbar gemalt (Beispiele im Antikenmuseum). Die christliche Kirche übernahm das Efeublatt als Treuesymbol und Zeichen ewiger Liebe. Zusammen mit der *Eiche,* deren Holz nicht fault, was diese zum Sinnbild der Unsterblichkeit macht, ziert es die Kapitelle in der Predigerkirche. Ein ‹Treuebaum› war der *Holunder* (Sambucus nigra), althochdeutsch Holuntar, Holar genannt, was soviel wie hohler Baum bedeutet; sein Mark lässt sich leicht aus den Zweigen herausdrücken. Auf einem ‹Minneteppich› im Historischen Museum steht eine Jungfrau neben dem Holderbusch und spricht: «Ich impfe hie in holder trûwe.» Der Jüngling, auf der andern Seite des Baums stehend, erwidert: «Ich hof es sûlle ûch nit berûwen.»

Fruchtbarkeit	Der *Feigenbaum* (Ficus carica) ist Symbol des Volks Israel. Er versinnbildlicht die Fruchtbarkeit. Im Paradies ist er einer der vier Eckbäume.
	Auch der *Granatapfel* (Punica granatum) ist ein Fruchtbarkeitssymbol, was sehr verständlich ist beim Anblick der unzähligen Kerne, die aus der geschlitzten Frucht hervorquellen. Der Granatbaum wird vielfach als der Apfelbaum des Paradieses angesehen. Als Symbol der geistigen Fruchtbarkeit wurde offenbar der Granatapfel gewählt, um das Szepter der Basler Universität zu schmücken. Die jüdischen Priester des Alten Bundes hatten Granatäpfel am Rocksaum hängen; später ersetzten gestickte oder gewobene Granatäpfel auf dem Stoff die echten. Im Altertum und bis ins Mittelalter hat sich das Granatapfelmuster in kostbaren Stoffen erhalten. Hebräisch wird der Granatapfel ‹Rimon› genannt; er schmückt die Thorarollen in Form einer silbergetriebenen, durchbrochenen, mit Glöckchen behangenen Kugel.
Reinigung	Der *Ysop* (Hyssopus officinalis) wurde im jüdischen Tempel als Sprengwedel zur Reinigung und Entsühnung benutzt, weshalb er als Symbol der Sühne gilt.
Christentum	Der *Weinstock* (Vitis vinifera) soll in der christlichen Tradition von Noah an den Hängen des Bergs Ararat gepflanzt worden sein. Für die Juden bedeutet der Weinstock den Stamm Davids, aus welchem dann Christus hervorging (die Wurzel Jesse); so wurde die Weinranke mit der Traube ein christliches Symbol. Christus wird oft als Weingärtner dargestellt.
	Mit seiner einzelnen, weissen, gen Himmel geöffneten Blüte ist der *Aronstab* (Arum) Symbol für Maria. Sein Name zeigt an, dass Maria als Verwandte der Elisabeth aus der Sippe Aarons stammt.
	Die *Akelei* (Aquilegia vulgaris) ist die Pflanze der Frigga, Freya, der Gemahlin Wotans und Mutter Baldurs. Sie ist die Beschützerin des häuslichen Herds. Die Christen übertrugen diese Funktion kurzerhand auf Maria. Die hängenden Blüten, die Tauben ähneln, werden zum Symbol des Heiligen Geistes. Das mittelalterliche ‹anguelie›, französisch ‹ancolie›, wurde mit dem griechischen Lehnwort ‹Melancholie› in Verbindung gebracht; die hängenden Blüten wurden somit auch ein Zeichen für Traurigkeit und Trauer.
	Das *Veilchen* (Viola odorata), der frühlingbringenden Göttin Proserpina geweiht, ging ebenfalls an Maria über als Sinnbild der Demut, aber auch der Hoffnung.
	Neben der weissen Lilie findet man auf Marienbildern häufig die blaue *Schwertlilie* (Iris germanica). Griechisch ‹iris› heisst Regenbogen – der Regenbogen versinnbildlicht den Bund Gottes mit den Menschen. Auch auf Abbildungen der Taufe im Jordan kommen Schwertlilien vor; sie symbolisieren übrigens auch die Königswürde. Selbst das schlichte *Maiglöckchen* (Convallaria majalis) kann zum Mariensymbol werden[31].
	Die *Nelke* (Dianthus), einst die Blume des Zeus, leitet ihren

Die heilige Dorothea mit ihrem Attribut, dem Blumenkörbchen. Wandmalerei von 1510/15 in der Peterskirche.

Blumen- und Fruchtemotive auf Wandmalereien des ausgehenden 16. Jahrhunderts im Thomas Platter-Haus, Gundeldingerstrasse 280.

Meisterkranz der Zunft zu Hausgenossen, 1663 von Goldschmied Christoph I. Beck geschaffen.

Namen her von griechisch ‹dios› = göttlich und ‹anthos› = Blume, also Götterblume. Sie ist Sinnbild der Liebe und wird ebenfalls der Maria beigegeben.

Die Dreifaltigkeit (Trinität) wird durch verschiedene dreiblättrige oder dreifarbene Pflanzen symbolisiert: den *weissen Klee* (Trifolium repens), den schon die Kelten als heilige Pflanze betrachteten, die *Erdbeere* (Fragaria vesca), die *Engelwurz* (Angelica archangelica) wegen ihres dreiteiligen Blättersystems und das *Stiefmütterchen,* Pensée (Viola tricolor), als dreifarbige Blume. Maria wird oft in einer Wiese von Erdbeeren, Klee und Veilchen sitzend dargestellt. – Alle diese Pflanzen sind ausserdem auch Heilpflanzen.

Der *Apfel* (Malus domestica) ist das Symbol des Sündenfalls. Das Christkind hält oft den Apfel in der Hand und nimmt somit die Sünde der Menschen auf sich. Die heilige Dorothea trägt als Attribut ein Körblein, gefüllt mit Äpfeln und Rosen. Lateinisch bedeutet ‹malus› nicht nur Apfel, sondern auch ‹böse›. Der in Mitteleuropa vorkommende Apfelbaum steht anstelle des Granat- oder Feigenbaums als Baum der Erkenntnis im Paradies.

Die *Rose* (Rosa) war der Venus und dem Liebeszauber geweiht. Deshalb wurde sie im christlichen Mythos sofort auf Maria umgemünzt. Der Sage nach soll die Rose ursprünglich weiss gewesen sein, jedoch vom Blut der Venus, welche sich an ihren Dornen verletzte, die rote Farbe erhalten haben. Von der Venus ging die Rose, wie gesagt, auf Maria über als königliches Zeichen und als Symbol der Liebe, aber auch des Geheimnisses, der Verschwiegenheit. So findet man sie als Schlußstein in Gotteshäusern oder Kreuzgängen, in den Beichtstühlen oder auch in Ratssälen, selbst an den Decken alter Gaststuben; ‹sub rosa› (= unter der Rose) durfte das Gehörte und Gesprochene nicht weitererzählt werden.

Mariensymbolik bei Konrad von Würzburg

Eine geradezu wuchernde Pflanzensymbolik begegnet uns in einem literarischen Werk des Basler Hochmittelalters, nämlich in Konrad von Würzburgs Goldener Schmiede, einem mittelhochdeutschen, kunstvoll gereimten, überschwenglichen Marienpreis, der zwischen 1275 und 1277 entstanden ist. Maria wird ununterbrochen angeredet und angerufen und immer wieder mit den verschiedensten Pflanzen verglichen, die für die damaligen Menschen wertvoll oder sinnträchtig waren. Wir zitieren ein paar Partien in unserer Sprache:

«Du bist erhöht wie in Zion die Zypresse und die Zeder im Libanon ... Dein Name ist so hoch wie die Palmzweige in Cadiz ... Du bist ein lebendiges Paradies mit vielen edeln Blumen ... Dein süsser Duft geht über alle Kardamom-Gewürze ... du Myrrhengefäss und edle Weihrauchbüchse ... Im Paradies brichst du vom Zweig die glänzenden Himmelsrosen ... du Pfingstrose ohne Dorn ... du blühende Osterglocke ... Fenchel und Pfefferminze, Salbei und Gartenraute sind deinem Gewand nicht zu vergleichen ... Du bist eine Gewürznelke und

Auferstehungssymbolik – Ährenhalme wachsen aus Totenkopf – auf dem Barockepitaph von 1749 für Abraham Legrand im Münsterkreuzgang.

eine Muskatblüte ... du blühender Lilienstengel ... du Veilchenbusch im März ... du Blut des Mandelbaums ... du Myrtenbaum aus dem Paradies, mit Früchten geziert ... du Zuckerstaude, in der der Saft aller Süssigkeit liegt ...»
Es verdient besondere Beachtung, dass also bereits im 13. Jahrhundert exotische Pflanzen bzw. Gewürze, wie Muskat, Kardamom, Gewürznelke, Zuckerstaude (=Zuckerrohr), in unseren Breiten bekannt waren.

Grabtafel-Symbolik

Am zähesten behauptet hat sich die religiöse Symbolik der Pflanze auch nach der Reformation im engen Bereich der Epitaphien (Grabtafeln). Neben Blumen- und – oft stilisiertem – Rankenwerk stossen wir immer wieder auf Bündel von Kornähren, die aus den Öffnungen eines Totenschädels hervorwachsen, den Beginn eines neuen Lebens aus dem Tod, also die Auferstehung verheissend. Diese Vorstellung beruht zweifellos auf Johannes 24:12: «Wenn das Weizenkorn nicht in die Erde fällt und erstirbt, bleibt es allein; wenn es aber erstirbt, trägt es viel Frucht.» Beispiele für diese Epitaphiensymbolik sind einige Grabtafeln an der Wand des Münsterkreuzgangs der Rittergasse entlang.

Die Pflanze in der bildenden Kunst

Sakralskulptur

Zur Ornamentik in der Baukunst dienten vielfach die Pflanzen als Vorbild. Bekanntlich war das Akanthusblatt das Muster zum Schmuck der korinthischen Säulenkapitelle. Weniger bekannt dürfte die unscheinbare Blüte der Raute sein, die die Steinmetzen der Gotik zu den Formen der Kreuzblumen anregte. Das Kleeblatt erscheint häufig im Masswerk neben dem sogenannten Fischblasenmotiv. Die spezifisch gotischen Krabbenverzierungen entwickelten sich aus dem Akanthus, aber gewiss auch aus den vielen wunderschönen Blattrosetten von bei uns heimischen Kompositen (Korbblütler), etwa von Löwenzahn, und von Kruziferen (Kreuzblütler), etwa vom Hirtentäschlein. – Das Münster ist voll von steingewordener Botanik.

Die Säkularisierung des Lebens an der Schwelle vom Mittelalter zur Neuzeit bewirkte in verstärktem Masse den Einzug der Kunst auch in die profanen Bereiche. Sie wies dann selten mehr auf Jenseitiges hin, sondern diente vor allem der Stärkung des diesseitigen Lebensgefühls. Mit dem Erstarken des städtischen Bürgertums hielt sie Einzug in die Häuser der wohlhabenden Bürger, häufig als Dekorationsmalerei; und hier kommen vornehmlich Pflanzenmotive zur Anwendung, wiederum im weiten Spielraum zwischen ornamentaler Stilisierung und naturalistischer Darstellungsweise. Zahllos sind die Basler Wand- und Deckenmalereifunde allein in den letzten zwei Jahrzehnten. Als besonders schöne Beispiele nennen wir die Früchte- und Blumengirlanden im Thomas-Platter-Haus (Gundeldingerstrasse 280) aus dem 16. Jahrhundert und den viel älteren Blumenplafond im Zerkindenhof (Nadelberg 10) aus dem Anfang des 14. Jahrhunderts sowie die prunkvolle Decke im Saal des im St. Alban-Tal wieder aufgebauten Goldenen Sternen aus der Aeschenvorstadt. (Zur Basler Wandmalerei vgl. Ernst Murbach: Die mittelalterliche Wandmalerei von Basel und Umgebung im Überblick. Basler Neujahrsblatt 1969.)

Wand- und Deckenmalereien

Brunnen

Pflanzen und Früchte sind ferner als Dekorationselemente an vielen Säulenbrunnen vom Mittelalter bis in die Neuzeit zu finden. Neben dem schon erwähnten Urbanbrunnen verdienen in dieser Hinsicht Beachtung unter andern der Spalenbrunnen aus der zweiten Hälfte des 16. Jahrhunderts in der Spalenvorstadt, der Webernbrunnen in der Steinenvorstadt von 1672, sodann die reizenden Standbilder der Blumengöttin Flora auf der Säule des Brunnens im Hof der Musik-Akademie (Leonhardsstrasse 4) um 1590 und der Fruchtbarkeitsgöttin Ceres auf dem Stock des Brunnens im Zerkindenhof (Nadelberg 10) aus dem 17. Jahrhundert, beide aus dem allegoriefreudigen Geist des Späthumanismus und Frühbarocks geschaffen.

Holz und Schmiedeeisen

Wir finden sie an schmiedeeisernen Gitterportalen als kunstvoll verschlungene Ranken, an Fenster- und Oberlichtgittern, holzgeschnitzt an Treppenpfosten und Haustüren, zum Beispiel an den Rosettentüren, die in Basel vom 16. bis zum 19. Jahrhundert sehr beliebt waren, als Stukkaturen an Decken und Wänden. – Es würde zu weit führen, wollten wir auch noch auf die mit Pflanzen- bzw. Blumenmotiven geschmückten Gebrauchsgegenstände, wie Geschirr, Gläser, Möbel, Öfen usw., eingehen. Ein Besuch allein des Kirschgartenmuseums (Elisabethenstrasse 27) verschafft uns hier eine Überfülle von Anschauung.

Tafelmalerei

In der Malerei bis auf unsere Tage erscheint die Pflanze selbstverständlich immer wieder, zum Teil als Hauptinhalt einer Darstellung, zum Teil als dekoratives Beiwerk, zum Teil als Element einer ganzen Landschaft. Die reichen Bestände des Kunstmuseums vermitteln hiervon einen umfassenden Eindruck. Nur weniges sei herausgegriffen: Zu den reinen Blumenstücken gehören der aus deutscher Schule stammende ungemein feine Strauss in hohem Fussglas aus der ersten Hälfte des 17. Jahrhunderts und ein eigenartiges Blumenstilleben mit zentraler Landschaftsvedute von Johann Rudolf Byss (1660–1738). Von Hans Bock d. Ä. (um 1550–1624) finden wir ein Bildnis des Arztes Theodor Zwinger (1533–1588); der Porträtierte stützt eine Hand auf einen von einem schütteren Lorbeerzweig bekränzten Totenschädel – man ist an das häufige Epitaphienmotiv erinnert. Der gleiche Maler hat auch jenes schon erwähnte Bildnis von Felix Platter geschaffen, das die botanische Liebhaberei des Stadtarztes andeutet: auf dem Fussboden steht ein Orangenbäumchen mit Früchten, auf dem Tisch liegen ein Granatapfel, eine Zitrone und ein Zweig mit Tollkirschen. Im Kunstmuseum hängt ferner, von einem niederländischen Meister im Jahr 1679 gemalt, ein ausdrucksvolles Brustbild der Künstlerin Maria Sibylla Merian (1647–1717), die so vortrefflich die tropische Pflanzen- und Insektenwelt Surinams festgehalten hat; das Bild zeigt merkwürdigerweise keinerlei botanisches Beiwerk.

Ganze Gärten stellen uns vor Augen Vincent van Gogh mit ‹Le jardin de Daubigny› von 1890 und Cuno Amiet mit einem Bauerngarten von 1904. Als phantastische Vergrösserung von Zimmerpflanzen erscheint uns die üppige und zugleich unheimliche Tropenvegetation in Henri Roussaus ‹Forêt vierge au soleil couchant› von 1910. Höchst eindrücklich ist auch des Basler Malers Walter Kurt Wiemken Gemälde ‹Alte Frau im Gewächshaus› von 1936, das uns Kälte und letzte Einsamkeit empfinden lässt. Schliesslich ist die Pflanze aus dem Werk manches zeitgenössischen Basler Künstlers nicht wegzudenken. Stellvertretend für viele seien die Namen Otto Abt, Andreas Barth, Martin A. Christ und Niklaus Stoecklin erwähnt.

Die Pflanzen in der Heraldik

Heraldische Motive aus der Pflanzenwelt.
Von oben nach unten:
Lilienstab (zum Beispiel im Ramsteiner Wappen); Rose (Iselin u. a.); ‹Ausreisser›; Zweige des Bernoulli-Wappens; Tannen des ‹sprechenden› Tanner-Wappens.

In der Heraldik erscheinen als älteste Pflanzendarstellungen die Lilie und die Rose. Beide sind streng stilisiert. Die heraldische Lilie geht eindeutig auf die Schwertlilie zurück. Die halbe Lilie, etwa an der Spitze eines Zepters oder als Kronenzacke, nennt man ‹Gleve›. Lilienstäbe figurieren in den Wappen derer von Ramstein.

Die Rose ist eine fünfblättrige Heckenrose oder eine zehnblättrige, deren Vorbild die ‹Rose de Provins› sein soll. Im allgemeinen ist sie rot, silbern oder goldfarben, stets aber mit sichtbaren Staubfäden und Kelchzipfeln dargestellt, häufig nur als Blüte, seltener gestielt.

Das Kleeblatt wird meist mit drei kreisrunden Blättern verwendet, oft als Kreuzenden (Mauritiuskreuz).

Granatäpfel sind stets aufgesprungen und zeigen die roten Kerne.

Bäume werden symmetrisch gezeichnet, mit wenig Ästen und Blättern, oft mit sichtbaren Wurzeln, was man ‹ausgerissen› nennt. Wachsen sie auf dem Boden, dann häufig auf dem sogenannten Dreiberg. Am beliebtesten sind Linden, Eichen, Oliven- oder Lorbeerbäume. Auch Äste oder nur Blätter kommen in den Wappen vor. (Bernoulli: Lorbeerzweige; Preiswerk: Lorbeerblätter.)

‹Sprechende Wappen› ergeben sich, wenn der Name aus dem Wappenbild ersichtlich ist, zum Beispiel enthält das Wappen des Abtes Peter Tanner von Lützel (am Lützelhof) drei Tannen.

Die Kränze

Schon im Altertum bekränzte man sich an Festen. Zu einem Festmahl trugen die Gäste Blumenkränze auf dem Haupt. Zum Händewaschen bekamen sie wohlriechende Blütenblätter ins Wasser gestreut. Bei Wettspielen erhielten die Sieger als Geschenk Blumenkränze. Die Griechen zeichneten die Sieger mit dem Lorbeerkranz aus, dem Lorbeer des Gottes Apollo. Die Bezeichnung ‹Baccalauréat› der Franzosen kommt von lateinisch ‹bacca› (= Beere) und ‹laurea› = Lorbeer; nur Lorbeerzweige, die Beeren trugen, wurden für Auszeichnungen ausgesucht. Der Lorbeer des Apoll (Laurus nobilis) hat sich bis zum heutigen Tag behauptet – man denke an die Kränze der Schützen, der Schwinger und der Turner.

Ein weiteres Beispiel für Auszeichnung und Auserwählung sind die ‹Meisterkränze› der Zünfte. Einst bekamen die neu gewählten Zunftmeister frische Blumenkränze aus Nelken und Rosmarin aufgesetzt. Seit der zweiten Hälfte des 16. Jahrhunderts sind aus den Kränzen eigentliche Kronen geworden, kunstvolle Goldschmiedarbeiten, welche unverwelkbare Blumenranken mit den Zunftemblemen vereinen. Eine weitere Sitte, aus dem Altertum stammend, war, verdienstvolle Tote mit Kränzen auf dem Kopf zu begraben. Mit der Zeit wurden die Kränze grösser und auf das Grab gelegt, wie beispielsweise bei den Römern.

Im Mittelalter trug man bei Festen Kränze aus Rosenranken. Die Rose löste geradezu den Lorbeer ab.

Der Kranz konnte auch magische Wirkung üben: Trug man einen Kranz aus *Gundelrebe* (Glechoma hederacea), *Tausendguldenkraut* (Centaurium erythraea) und *Liebstöckel* (Levisticum officinale), so erkannte man die Hexen (Hoch- und Spätmittelalter).

Literaturverzeichnis

Bücher, auf die sich die Nummern im Text beziehen

1. Hugh Jonson: Das grosse Buch der Bäume. Hallwag, Bern, Stuttgart 1975.
2. Duden: Grosses Lexikon. Bibliographisches Institut, Mannheim 1964.
3. Elias Landolt: Unsere Alpenflora. Verlag Schweizer Alpenclub, Zollikon, Zürich 1964.
4. Albert Hauser: Wald und Feld in der alten Schweiz. Artemis, Zürich, München 1972.
5. Visages de l'Aunis et de la Saintonge. Horizons de France, Paris 1952.
6. Marthe de Fels: L'Amour des Epices. Librairie Hachette, Paris 1968.
7. Walter Raunig: Orienthandel im Altertum. Führer zur Spezialausstellung 1968. Völkerkunde-Museum, Basel 1968.
8. Luce Boulnois: La Route de la Soie. Arthaud, Paris 1963.
9. Marguerite Duval: La Planète des Fleurs. Robert Laffont, Paris 1977.
10. Albert Bettex: Welten der Entdecker. Buchclub Ex Libris, Zürich 1960.
11. Björn Landström: The Quest for India. Allen & Unwin International Book Production, Stockholm 1956.
12. Laurens van der Post: The Hunter and the Whale. Penguin Books Ltd., London 1967.
13. Alice Coats: L'Art des Fleurs. Editions du Chêne, Paris 1973.
14. A. t'Serstevens: Le Devisement du Monde, livre de Marco Polo. Albin Michel, Paris 1955.
15. Paul Koelner: Zitate aus der Stadtbeschreibung des Aeneas Silvius. In: Anno dazumal u. a. Benno Schwabe, Basel 1935.
16. Siegfried Streicher: Basel, Geist und Antlitz einer Stadt. Cratander, Basel 1937.
17. Heinz Brücher: Tropische Nutzpflanzen. Springer, Berlin, Heidelberg, New York 1977.
18. Gustav Burckhardt: Basler Heimatkunde. Benno Schwabe, Basel 1927.
19. Albert Hauser: Bauernregeln, Schweizerische Sammlung. Artemis, Zürich, München 1937.
20. Georg Balzer: Goethe als Gartenfreund. Bruckmann, München 1966.
21. Paul Koelner: Die Safranzunft. Benno Schwabe, Basel 1935.
22. Traugott Geering: Handel und Industrie der Stadt Basel. Felix Schneider, Basel 1886.
23. J.A. Häfliger: Das Apothekenwesen von Basel. Basler Zeitschrift für Geschichte und Altertumskunde, Band 37. Basel 1938.
24. Hermann Christ: C. Bauhin, Catalogus plantarum circa Basileam. Basler Zeitschrift für Geschichte und Altertumskunde, Band 12. Basel 1913.
25. Bernard Roy: Une Capitale de l'Indiennage, Nantes. Editions du Musée de Salorges, Nantes 1948.
26. Oleg Polunin, Anthony Huxley: Blumen am Mittelmeer. BLV Verlagsgesellschaft, München, Bern, Wien 1974.
27. Otto Spiess: Tagebücher der Grafen Teleki. Birkhäuser, Basel 1936.
28. H. Zoller, M. Steinmann, K. Schmid: Conradi Gesneri Historia Plantarum, Faksimileausgabe. Urs Graf Verlag, Dietikon, Zürich 1973.
29. Albert Hauser: Bauerngärten der Schweiz. Artemis, Zürich, München 1976.
30. Daniel Bruckner: Merkwürdigkeiten der Landschaft Basel. Emanuel Thurneysen, Basel 1752ff.
31. Lottlisa Behling: Die Pflanze in der mittelalterlichen Tafelmalerei. Hermann Bohlans Nachfolger, Weimar 1957.
32. Handwörterbuch des deutschen Aberglaubens. Walter de Gruyter, Berlin, Leipzig 1927–1942.

Weitere Literatur zum gesamten Themenkreis

F. J. Anderson: An Illustrated History of the Herbals. Columbia University Press, New York 1977.
W. Blunt: The Art of Botanical Illustration. Collins, London, Glasgow 1971.
W. Boeck: Alte Gartenkunst. Stackmann, Leipzig 1939.
H. Christ: Zur Geschichte des alten Bauerngartens der Basler Landschaft. Basel 1916.
A. R. Clapham, B. E. Nicholson: The Oxford Book of Trees. Oxford University Press, Oxford 1975.
Department of Resources and Development (Canada): Native Trees of Canada. Cloutier, Ottawa 1950.
J. Duché: Vom Tauschhandel zur Weltwirtschaft. International Library, Wien, Esslingen, Stuttgart 1969.
H. Fischer: Mittelalterliche Pflanzenkunde. Münchner Drucke, München 1929.
H. Genaust: Ethymologisches Wörterbuch der botanischen Pflanzennamen. Birkhäuser, Basel, Stuttgart 1976.
J. Gilmour: British Botanists. Collins, London 1944.
D. Guthrie: Die Entwicklung der Heilkunde. Büchergilde Gutenberg, Zürich 1952.
H. Harant, D. Jarry: Le Naturaliste dans le Midi de la France. Niestlé et Delachaux, Neuchâtel, Paris 1967.
H. E. Jacob: Sage und Siegeszug des Kaffees. Rowohlt, Berlin 1934.
F. G. Jünger: Gärten im Abend- und Morgenland. Bechtle, München, Esslingen 1960.
V. Lötscher: Felix Platter und seine Familie. Helbing und Lichtenhahn, Basel 1975.
M. Lutz: Neue Merkwürdigkeiten der Landschaft Basel. Basel 1805.
M. Lutz: Chronik von Basel oder die Hauptmomente der Basler Geschichte. Basel 1809.

R. Picard, J. P. Kerneis, Y. Bruneau: Les Compagnies des Indes. Arthaud (France) 1966.
W. Rauh: Unsre Parkbäume. Winter, Heidelberg 1955.
W. Rauh: Unsere Ziersträucher. Winter, Heidelberg 1957.
H. Rebau: Naturgeschichte für Schule und Haus. Thienemann, Stuttgart 1866.
L. Reinhardt: Kulturgeschichte der Nutzpflanzen. München 1911.
H. R. Schwabe u. a.: Schaffendes Basel. Birkhäuser, Basel 1957.
W. R. Staehelin: Kunsthistorischer Führer der Schweiz, Basel. Froben, Basel 1935.
C. Sterne, Aglaia von Enderes: Unsere Pflanzenwelt. Büchergilde Gutenberg, Frankfurt am Main 1961.
F. A. Stocker: Basler Stadtbilder. Georg, Basel 1890.
W. T. Streuber: Geschichte der Stadt Basel, historisch-topographisch. Lips und Spalinger, Basel 1853.
R. Suter: Basel und das Erdbeben von 1356. Basel 1956.
G. M. Taylor: British Herbs and Vegetables. Collins, London 1947.
M. Wackernagel: Sammlung berühmter Kunststätten, Band 57: Basel. E. A. Seemann, Leipzig 1912.
O. Warburg: Kulturpflanzen der Weltwirtschaft. Amsterdam 1908.
A. Zerlik: Pater Xaver E. Fridelli, Chinamissionar und Kartograph. Österreichischer Landesverlag, Linz 1962.

Die Zahlen bezeichnen die Seiten, auf denen das Stichwort vorkommt. Die **fett** gedruckten weisen auf die Abbildungen hin, die *kursiv* gedruckten auf die Stelle, wo ein Stichwortgegenstand ausführlicher behandelt wird.

Namen- und Sachregister

A

Abelie 168
Abies pinsapo Boiss. 190
Acacia dealbata Link. 226
Acacia nilotica (L.) Willd. ex Del. 42
Acacia senegal Willd. 42
Acer campestre L. 207
Acer macrophyllum Pursh 97
Acer platanoides L. 207
Acer pseudoplatanus L. 207
Achard, F. K. 89
Ackererbse 91
Aconitum napellus L. 23, 110
Adonis vernalis L. 122
Aeneas Silvius 55, 58, 68
Aesculus Baumannii 207
Aesculus × carnea Hayne 208
Aesculus flava Soland. **191**, 208
Aesculus hippocastanum L. 138, 208
Aesculus indica Hook. 209
Aesculus parviflora Walt. 208
Aesculus pavia L. 208
Agapanthus africanus (L.) Hoffmgg. 175
Agave americana L. 170, 189
Agave sisalana Perr. 143
Agrimonia eupatoria L. 23
Agrostemma githago L. 56
Ahorn 207
Ailanthus altissima Swingle 217
Akelei 84, 122, 238
Albertus Magnus 26, 78, 100, 197, 233
Alcea rosea L. 163
Alexander der Grosse 36, **37**, 179
Algenforschung 190
Alliaria petiolata (M. B.) Cavara & Grande 121
Allium ascalonicum L. 18, 92
Allium cepa L. 14, 18, 92
Allium oleraceum L. 79
Allium porrum L. 18, 92
Allium sativum L. 18, 119, 121
Allium schœnoprasum L. 18, 79
Allium victorialis L. 17, 232
Alnus glutinosa (L.) Gaertn. 137, 207
Alnus incana (L.) Mœnch 207
Aloeholz 30
Aloe vera L. 170
Alraun 109f., **109**, *233*
Althaea officinalis L. 18, 20, 120
Amaranthus blitoides S. Watson 81, **82**
Amaryllis belladonna L. 176
Amberbaum 216, **216**, 224
Amerikanische Bohne 91

Ampelopsis 165
Ananas sativus (Ldl.) Schult. 41, 99
Anastatica hierochuntica L. 231
Anethum graveolens L. 18
Angelica archangelica L. 17, 82
Angelica silvestris L. 17, **19**
Angelika 82
Anis 17, 111
Antennaria dioica (L.) Gaertn. 120
Anthriscus cerefolium (L.) Hoffm. 18
Antoniter 22
Antoniusfeuer 22f., 109, 110
Apfel *68*, 234, 241
Apium graveolens L. 18, 79
Apotheker 87, 88, 116f.
Apothekerbezeichnungen **118**
Aprikose **69**, 69f.
Aquilegia vulgaris L. 84, 122, 238
Arachis hypogaea L. 105
Araucaria heterophylla (Salisb.) Franco 176
Arctium lappa L. 18, 111
Arctostaphylos uva-ursi (L.) Spreng 122
Arenga pinnata Merr. 99
Aristolochia clematitis L. 22
Aristoteles 37
Armoracia rusticana G., M. & Sch. 73
Aronstab 17, 122, 238
Artemisia abrotanum L. 17, 235
Artemisia absinthium L. 21, 24, 115
Artischocke 74
Arum italicum Mill. 17
Arum maculatum L. s. str. 17, 122
Asarum europaeum L. 18
Asparagus officinalis L. 81
Asparagus sprengeri Regel 176
Aspidistra elatior Blume 176
Aster paniculatus Lam. 170
Astragalus verus Olivier 229
Astrantia major L. 84
Atriplex hortensis L. 18, 22, 80
Atropa belladonna L. 118
Aubergine 100
Aurikel 159, **160**
Aussatz 23, 109
Avena sativa L. 55
Avicenna 37, 112, 113, 115

B

Bachofen, Johann Jakob 236f.
Baldrian 122
Balsamine 84
Bambus 35
Banane 41, 42, 99, 145

Bandgras 84
Banks, Joseph 176, 203
Bärlapp 230, **231**
Bärentraube 122
Bärenwurzel 17
Bartram, John 97, 223
Basilikum 82
Basler Konzil 41, **43**, 67, 88, 90
Bauernregeln 60, *76*
Bauhin, Hieronymus 183
Bauhin, Jean 146, 182
Bauhin, Johann 108, *182*, 185, 200, 208
Bauhin, Johann Kaspar 183, 185
Bauhin, Kaspar 55, 102, 106, 108, 129, *182*, **183**, 197, 199f., 201
Baumschule 204, 223f.
Baumwolle 143f.
Bdellium 29
Begonie 169
Beifuss 115
Benediktenkraut 80
Benediktiner 20
Benzoeharz 31
Bergamotte 180
Bernoulli, Daniel 190
Bernoullia helvetica **12**
Berufskraut 170
Besenginster 141
Beta vulgaris L. 18, 56, **57**, 73, 89, 133
Betonica officinalis L. 24
Bettonie 24
Betula pendula Roth 122
Betula pubescens Ehrh. 12 R
Bibernelle 17, **18**, 24, 122
Bilsenkraut 22, 118
Bingelkraut 81
Birne *68*, **79**
Bisameibisch 109
Bisamrose 155
Bitternuss 224, **225**
Bittersüsser Nachtschatten 119
Blasenesche 216f.
Blasenkirsche 163
Blumenkohl 92
Blumenrohr 189
Blutbuche 207
Bock, Hans d. Ä. 244
Bock, Hieronymus 106
Boehmeria nivea Gaud. 141
Bohne 77, *91*, 229
Bohnenkraut 18, 21
Bonpland, Aimé 203
Borago officinalis L. 80
Borassus flabellifer L. 99
Borretsch 80
Boswellia carteri Birdwood 29, 109
Botanischer Garten *188ff.*, **194**, **211**
Bougainville, Louis Antoine de 168, 203
Bougainvillea spectabilis Willd. 203
Brassica oleracea L. 15, **15**, 80, 92

Brassica rapa L. 18
Braun, Samuel *97f.*
Breitwegerich 23
Broussonetia papyrifera (L.) Vent. **52**, 94, 144
Bruckner, Daniel 58, 164
Brunfels, Otto 199
Brunnen **34**, 68, **86**, **104**, 243
Brunnenkresse 18
Brustwurz 17
Bryonia dioica Jacq. 111
Buche 207
Büchel, Emanuel 159
Buchs 65, 90, 207, 237
Buchweizen 55, *92f.*, **93**
Buddleja variabilis L. 168
Buschnägeli 77
Buttenmost siehe Hundsrose
Buxus sempervirens L. 207, 237

C

Cagliostro, Alessandro 235
Calamus rotang L. 142
Calamus scipionum Lour. 41
Calendula officinalis L. 84
Callistephus hortense Cass. 168
Calocedrus decurrens Florin 215
Camellia japonica L. 131
Camellia sinensis (L.) Kun. 131
Campanula medium L. 163
Campanula rapunculus L. 73
Candolle, A. P. de 187
Canna indica L. 189
Cannabis sativa L. 83, 140
Capitulare de villis *15ff.*, 135
Capparis spinosa L. 74, 175
Capsicum annuum L. 101f.
Cardaminopsis arenosa (L.) Hayek 184, **184**
Carfiol 92
Caritasbrunnen **104**
Carlina acaulis L. 15, 74, 229
Carludovica palmata Ruiz & Pav. 142
Carpinus betulus L. 138, 166, 207
Carthamus tinctorius L. 136
Carum carvi L. 17, 82
Carya cordiformis K. Koch 224
Carya laciniosa Loud. 224
Castanea sativa Mill. 19, 75, 111
Catalan 184
Catalpa **191**, 218f., **219**
Catalpa bignonioides Walt. 219
Cayenne (Pfeffer) 102
Cedrat-Zitrone 118
Cedrus atlantica Carr. 210
Cedrus brevifolia Henry 210
Cedrus deodara Don ex Loud. 210
Cedrus libani A. Richard 210
Ceiba pentandra (L.) Gaertn. 143
Celtis australis L. 209
Celtis occidentalis L. 209, **209**

Centaurea cyanus L. 56
Centaurium erythraea Rafn. 246
Centaurium pulchellum (Sw.) Druce 18
Cephalotaxus fortuni Hook. 216
Ceratonia siliqua L. 229
Cercis siliquastrum L. 227
Ceresbrunnen **55**, 243
Cetraria islandica (L.) Ach. 120
Chaenomeles speciosa (Sweet) Nakai 168
Chamaecyparis lawsoniana Parl. 190, 214
Chamaecyparis nootkatensis Spach 214f.
Chenopodium bonus-henricus L. 81, **81**
Chili (Pfeffer) 102
Chinarindenbaum 110
Chinesischer Wilder Wein 165
Cholera 110
Christ, Hermann 102, 197
Christrose 84, 111f.
Chrysantheme 168
Chelidonium majus L. 232
Cicer arietinum L. 17, 18, 91
Cichorium endivia L. 18, 80
Cichorium intybus L. 233, **233**
Cicuta virosa L. 122
Cinchona officinalis Hook. f. 110
Cinnamomum camphora Sieb. 30, *48, 51*
Cinnamomum cassia Blume 30
Cinnamomum zeylanicum Breyne 30, **49**
Citrullus colocynthis (L.) Schrad. 83, 101
Citrullus lanatus (Thunb.) Matsum et Nakai 17, 101
Citrus aurantium L. 180
Citrus deliciosa Tenore 181
Citrus grandis (L.) Osbeck 180
Citrus limon L. 179
Citrus medica L. 179, **179**
Citrus × paradisi Macf. 181
Citrus reticulata Blanco 181
Cladrastis lutea K. Koch 225
Claret 60
Claviceps purpurea 22f.
Clematis 168
Clematis vitalba L. 111
Clivia miniata Regel 176
Clusius, Carolus 107, 118, 129, 161, 163, 183, 188
Cochlearia officinalis L. 110f.,**111**
Cocos nucifera L. 142
Coffea arabica L. 125
Colchicum autumnale L.
Collinson, Peter 97
Columella 91
Commerson, Philibert de 168, 203

Commiphora africana Endl. 29
Commiphora myrrha Engl. 29
Conium maculatum L. 121, **122**
Consolida regalis S. F. Gray 56
Convallaria majalis L. 111, 238
Convolvulus scammonia L. 113
Conyza canadensis (L.) Cronq. 170
Cook, James 180, 203, 204
Corchorus capsularis L. 141
Coriandrum sativum L. 18, *114*
Cornus mas L. 14, **14**
Corydalis cava (L.) Schweigg. & Koerte 111
Corylus avellana L. 19, 207, 233
Corylus colurna L. 209f.
Costus speciosus Sm. 30
Cotinus coggygria Scop. 163
Crocosmia × crocosmiflora (Lem.) N. E. Br. 176
Crocus sativus L. em. Hill. *51f.*, **52**, 136
Cucumis melo L. 17, 21, 100f., **101**
Cucumis sativus L. 17, 101
Cucurbita pepo L. 83
Cunningham, John 94
Cupressus sempervirens L. 210, *214*
Curcuma longa L. 53
Curry 53
Cydonia oblonga Mill. 19, *70*
Cymbalaria muralis G. M. Sch. **212**
Cynara scolymus L. 74
Cyperus papyrus L. 144
Cysat, Renward 70, 162, 189
Cytisus scoparius (L.) Lk. 141

D

Dahlia pinnata Cav. 169
Dahlie 158, 169
Dampier, William 53
Daphne laureola L. 122
Daphne mezereum L. 122
Darwin, Charles R. 203
Dattelpalme 99
Datura stramonium L. **103**, 118f.
Daucus carota L. 18, 72
David, Armand 219
Davidia involucrata Baill. 219
Delphinium grandiflorum L. 168
Deutsche Tamariske 122, 137
Deutzie 168
Dianthus barbatus L. 77
Dianthus caryophyllus L. 84, 158
Dianthus plumarius L. 163
Dicentra formosa Walp. 170
Dictamnus albus L. 22, 231
Digitalis lutea, Digitalis purpurea L. 118
Dill 18
Dinkel 55
Dioskorides 37, 109, 112, 114, **117**, 195, 199, 200

Diospyros ebenum Koen. 230
Dipsacus fullonum L. 18, 135, **135**, 141
Diptam 22, 231
Dolder, Haus zum hohen **33**
Dolichos lablab (L.) Med. 91
Dominikaner 22
Dorothea (Heilige) **239**, 241
Dost 119, 234
Douglas, David 97
Douglasie **95**, 97
Drake, Francis 107, 124
Dryopteris filix-mas (L.) Schott 119
‹Durmedill› 17

E

Ebenholz 32, 35, 230
Eberesche 16, 16
Eberreis 235
Ecballium elaterium (L.) Rich. f. 230
Echinops sphaerocephalus L. 92
Edelkastanie 75
Efeu 237
Ehrenpreis 23
Eibe 163, 207, 215f.
Eibisch 18, 120
Eiche 25, **33**, 66, 95, 138, 207, 222, 237
Eicher 55
Eierfrucht 100
Eisenhut 23, 110
Eisenkraut 23
Electuarium theriacale 109
Elettaria cardamomum Mat. 53
Elisabethen-Anlage **173**
Elsbeere 15, 19
Emmer 55
Endivie 18, *80*
Engelwurz 17, 22
Englischer Garten 206f.
Enzian 24
Epilepsie 23, 111
Eppich 79
Equisetum arvense L. 73
Equisetum hiemale L. 73
Eranthis hiemalis (L.) Salisb. 60
Erasmus von Rotterdam 146
Erbse 91
Erdbeere 241
Erdnuss 105
Erdrauch 233
Eriobotrya japonica (Thunb.) Lindl. 70
Erle 207
Erysimum cheiri (L.) Cr. 84
Erzengelwurz 17, 82
Esche 207
Eselsdistel 189
Esparsette 56, 228
Espartogras 141
Euonymus japonicus L. 165
Euphorbia lathyris L. 18, 81, **81**

F

Fagopyrum esculentum Moench. 55, *92f.*, **93**
Fagus silvatica L. 207
‹Fallendes Weh› 23, 111
Fallopia convolvulus (L.) A. Löve 23
Färberdistel 136
Färberröte 135, **137**
Färberscharte 136
Faulbaum 229
Feigenbaum 19, *70f.*, **71**, 238
Feigenkaktus 170
Feldkümmel 17
Fenchel 18, 79
Feuerbohne 105
Feuerbusch 168
Feuerlilie 84
Ficus carica L. 19, *70f.*, 238
Fieberstrauch 31
Fingerhut 118
Fingerkraut 23
Flachs 139, **140**
Flieder 162
Flora (Göttin) 150, **221**, 243
Foeniculum vulgare Mill. 18, 79
Föhre 25, 73
Forschungsschiffe 203f.
Forsythie 168
Fragaria vesca L. 241
Frangula alnus Mill. 229
Frauenherz 170
Frauenminze 17
Fraxinus excelsior L. 207
Freesia refracta Klatt. 176
Friedhof 206, **173**
‹Friesli› 163
Fritillaria imperialis L. **157**, 161
Fritillaria meleagris L. 162, **162**
Frühlingsschlüsselblume 122
Fuchs, Leonhard 56, 74, 79, 80, 91, 92, 100, 101, 102, 106, 110, 111, 114, 115, *199*, 200
Fuchsia 169
Futterwicke 14
Fumaria officinalis L. 233
Funkie 168

G

Galanthus nivalis L. 84
Galenus 37
Galeone 39f., **40**, 96
Galant siehe Ingwer
Galinsoga parviflora Cav. **212**
Galium mollugo L. s. str. 136
Galium odoratum (L.) Scop. 232
Galium verum L. 136
Gamanderehrenpreis 23
Gänsedistel 81
Gartenbohne 102, 189
Gartenkresse 81

Gartenkümmel 17
Gartennelke 84
Gartenzwiebel 92
Gazanie 176
Geiger-Huber, Max 190
Geissblatt 229
Gelbbeere 136
Gelbe Schwertlilie 138
Gelbholz 225f.
Gentiana cruciata L. 23
Gentiana lutea L. 24
Geranium 175
Geranium robertianum L. 24, **24**
Gerste 55
Gertrud (Heilige) **76**, 77, *87*
Gessner, Konrad 69, 77, 80, 81, 83, 108, 114, 118, 177, *184,* 189
Geum urbanum L. 80, 82
Geweihbaum 226, **227**
Gewürznelke 30, 32, 44, **46, 48**, *48*
Gewürzstampfe 89
Ghini, Luca 201
Gichtwurz 82
Ginkgo biloba L. **52**, 95, 219f.
Ginster 140f.
Gladiole 84
Gladiolus communis L. 84
Glechoma hederacea L. 23, 232, 246
Gleditschie 225, **226**
Gleditsia triacanthos L. 225
Glockenblume 163
Glyzinie 165, 168
Glycyrrhiza glabra L. 114f., **115**
Goldlack 84
Goldregen 165
Goldrute 170
Gossypium 143
Götterbaum 217f., **218**
Granatapfelbaum 119, 137, **222**, 238, 244, 245
Grapefruit 181
Grossblättriger Ahorn 97
Grosse Brennessel 139
Grosse Klette 111
Grosse Sterndolde 84
Grünewald, Mathias 23
Grynaeus, Simon 44
Guaiacum officinale L. 112
Guaiakbaum 112
Gummiarabikum 42
Gundelrebe 23, 232, 246
Gurke 17, 101
Guter Heinrich 81, **81**
Gymnocladus dioicus (L.) K. Koch 226

H

Hafer 55
Häfliger, Joseph 195, 197
Hagebuche 166
Hagebutten **212**
Hagenbach, Karl Friedr. 186, 189, 201

Hahnenfuss 23
Hainbuche 138
Halfagras 141
Haller, Albrecht von 201
Hamamelis virginiana L. 216
Hanf 83, 140
Hängebirke 122
Haselnuss 19, 207, 233
Haselwurz 18
Hausväter-Bücher 77, 107, 201
Hauswurz 17, **17**, 19, 84
Hawkins, John 107
Hedera helix L. 237
Heidenkorn 92, **93**
Heinrich der Seefahrer 27, 37f., 88
Heinrich von Neuenburg 87
Heinrich von Thun 67
Helianthus annuus L. 169, 189
Helianthus tuberosus L. 102
Helichrysum bracteatum (Vent.) Willd. 175
Heliotropium europaeum L. 17
Heliotrop 17
Helleborus foetidus L. 112
Helleborus niger L. 84, 111f.
Hemlockstanne 190
Herbarien *201,* **202**
Herbstzeitlose 119
Hexenbesen, -ring 231
Hibiscus abelmoschus L. 109
Hibiscus syriacus L. 162
Hibiskus 162
Hickory-Nussbaum 224, **224**
Hildegard von Bingen 21, 84, 110, 113
Hippokrates 37, 60
Hirschzunge 84
Hirse 55, **56**
Holunder 110, 207, 237
Holzapfelbaum 137
Hooker, Joseph 168, 203
Hopfen 56
Hordeum vulgare L. 55
Hortensie 166, 168
Hornklee 17
Hosta undulata 168
Huflattich 120
Humboldt, Alexander von 130, 158, 203
Humulus lupulus L. 56
Hundsrose 72, 111
Hutmacher, J. 77
Hutten, Ulrich von 112
Hyacinthus orientalis L. 161f.
Hyazinthe 161f.
Hydrangea hortensia Sieb 166, 168
Hyoscyamus niger L. 22, 118
Hypericum perforatum L. 113, 232
Hypokras 60
Hyssopus officinalis L. 21, 228, 238

I

Ilex aquifolium L. 207
Imbergässlein 88
Immergrün 232, 237
Impatiens balsamina L. 84
Incarville, Pierre d' 132, 168, 217
Indianernessel 169
Indiennage 148f.
Indigo 35, 41, 42, *136f.*, **138**
Indigofera tinctoria L. 137
Indigostrauch 137
Indische Bohne 91
Ingwer 32, 35, 44, *50f.*, **53**
Iris germanica L. 84, **121**, 135, 238
Iris pseudacorus L. 138
Isatis tinctoria L. 135, **136**
Isländisches Moos 120

J

Japanische Mispel 70
Jasminum nudiflorum Ldl. 168
‹Jerusalemli› 163, **163**
Johannisbeere 84
Johannisbrotbaum 229
Johanniskraut 113, 232
Judasbaum 226, **227**
Juglans nigra L. 224
Juglans regia L. 19, 93, 138, 224
Jungfernrebe 165
Juniperus communis L. 73, 109, 233
Juniperus sabina L. 18, 109
Jura 25, 26
Jussieu, Joseph de 110
Jute 141

K

Kabis 80
Kaffee 125ff., **125**
Kaiserkrone 157, **157**, 162
Kakao 41, **129**, *129ff.*
Kamelie 131, 168
Kampferbaum 30
Kämpfer, Engelbert 95, 168, 220
Kaperstrauch 74, 175
Kapokbaum 143
Kapuzinerkresse 169
Karawanenzug **127**
Kardamom 53
Kardendistel 18, 135, **135**, 141
Karl der Grosse 15, 135, 144
Karotte 18, 72
Karracke 39, **96**
Kartäuser 22
Kartoffel *106ff.*, **107**
‹Käslikrut› 120
Kastanie 19, 111, 207
Katzenminze 18, 82
Katzenpfötchen 120
Kaukasische Flügelnuss 224, **225**

Kefe 91
Kerbel 18
Kermesbeere 137
Kew Gardens 203, 220
Kicherbse 17, 18, 91
Kiefer 73
Kirsche 69
Kirschlorbeer 162
Klatschmohn 120
Kleiner roter Meyer 81, **82**
Klee **222**
Kleintausendguldenkraut 18
Klementine 181
Klette 18
Klostergarten 20
Knoblauch 18, 119, 121
Knoblauchhederich 121
Knopfkraut **212**
Knöterich 23
Koelreuter, Joseph Gottlieb 217
Koelreuteria paniculata 216
Kohl 14, **14**, 18, 80
Kohlrabi 18
Kokospalme 142, **228**, 230
Koloquinte 83, 101, 189
Kölsch 136
Kolumbus, Christoph 106
König, Emanuel 107, 128, 162, 200
Königskerze 22, **103**, 119, 229
Konrad von Würzburg 241f.
Konzil siehe Basler Konzil
Kopfeibe 216
Koriander 18, *114*
Kornblume 56
Kornelkirsche 14, **14**
Kornhaus 77
Kornrade 56
Kostwurz 30
Krapp 18, 135, **137**
Krauseminze 18, 81
Kräuterbücher 195ff., **196**, **198**
Kresse 18
Kreuzdorn 113, 136
Kreuzenzian 23
Kreuzwolfsmilch 81, **81**
Kreuzzüge 27, 37
Krieche 69
Kübelpflanzen 178
Kubilai Khan 32, 94
Kugeldistel 92
Kümmel 82
Künzle, Johann 123
Kürbis 17, 83
Kurkumawurzel 53
Küstensequoie 213, **213**

L

Lablab niger Med. 91
Labkraut 136
Labram, Johann David 12, 160
Laburnum anagyroides Med. 165

Lachenal, Werner de *186*, **186**, 188, 201
Lactuca sativa L. 17, 80
Läckerli siehe Leckerli
Lakritze 115
Lamium album L. 23
Lauch 18, 79f.
Lauchkraut 121
Laurus nobilis L. 19, 246
Lavandula angustifolia Mill. 22, 234
Lavendel 22, 234
Lebkuchen 87
Lebkücher 87, 88
Leckerli 87
Legusia speculum-veneris (L.) Chaix 56
Le Nôtre, André 157
Lens nigricans (MB.) Godr. 55, **91**
Lepidium sativum L. 18, 81
Lepra 23
Lerchensporn 111
Leucojum vernum L. 84
Levisticum officinale Koch. 21, 246
Levkoje 84
Liebeszauber 1676 233f.
Liebstöckel 21, 246
Liguster 166
Ligustrum vulgare L. 166
Lilie 17, 20, 83, 156
Lilium candidum L. 20, 84, 236
Lilium tigrinum Ker-Gawl. 168
Linde 63f., **64**, 207
Lindera benzoin Meissn. 31
Linné, Carl von 106, 129, 132
Linse 55, 91, **91**
Linum usitatissimum L. 139, **140**
Liquidambar styraciflua L. 216
Liriodendron tulipifera L. 220
Lobelius 125
Löffelkraut 110f., **111**
Lonicera xylosteum L. 229
Lonitzer, Adam 56, 102
Lorbeerbaum 19, 75, **222**, 246
Löwenzahn 73
Luffa cylindrica (L.) Roehl. 230
Lunaria annua L. 21
Lupine 22
Lupinus luteus L. 22
Lutz, Markus 188, 205
Luzerne 56
Lychnis chalcedonica L. 163, **163**
Lycopersicon esculentum Mill. 108
Lycopodium clavatum L. 230
Lygeum spartum Loefl. ex L. 141

M

Madonnenlilie 84, 236
Magnol, Pierre 223
Magnolia acuminata L. 223
Magnolia grandiflora L. 223
Magnolia × soulangeana **192**, 223

Magnolie 168f., **192**, 223
Magsamen 163
‹Maierysli›/Maiglöckchen 111, 238
Mais 42, 105, *106*, 189
Majoran 21, 82, 234
Majorana hortensis Moench. 21, 234
Malabathrum 31
Malakkarohr 41
Malaria 110
Malus domestica Borkh. *68*, 241
Malus silvestris Mill. 137
Malva neglecta Wallr. 18
Malva silvestris L. 18, 120
Malve 18, 20
Mammutbaum 190, **191**, 212f., **213**
Mandarine 181
Mandelbaum
Mandioka 99
Mandragora officinarum L. 109f., **109**, 233
Mangold 56
Manihot esculenta Cr. 99
Manilahanf 42, 143
Marco Polo siehe Polo
Marggraf, Sigismund 89
Märzenbecher 84
Mastixbaum 109
Matthiola incana (L.) R. Br. 84
Matthiolus, Peter Andreas 100, 161, *200*
Maulbeerbaum 19, 65, **70**, *72*, 119
Maurische Erbse 18
Mechel, Christian 178
Medicago sativa L. 56
Meerrettich 73
Meerzwiebel 17, 232
Meissner, Karl Friedrich 187
Meisterkranz **240**, 246
Melancholie 23
Melde 18, 22, 80
Melissa officinalis L. 22
Melisse 22
Melone 17, 21, 100f., **101**
Mentha crispata Schrad. 18
Mentha piperita L. 18, 82
Mentha pulegium L., 18, 233, 234
Mentha spicata L., emend. Harley 82
Menzies, Archibald 97
Mercurialis perennis L. 81
Merian, Matthäus 66, 177
Merian, Maria Sibylla 167, 244
Merianopteris angusta **12**
Mespilus germanica L. 14, 19, *70*
Metasequoia glyptostroboides Hu & Cheng 213
Metroxylon sagu Rottb. 35
Metzgerpalme 176
Meum athamanticum Jacq. 17
Michaux, André 223
Michelet, Jules 94
Mimose 226

Minze 18, 82
Mirabelle 70
Mispel 14, 19, *70*
Mistel 232
Mohn 18, 23, 56, *114*
Möhre 72
Mohrenhirse 92
Monarda didyma L. 169
Mondviole 21
Mons Yop, Haus 41, **42**
Montbretie 176
Montpellier 37
Moorbirke 122
Morus alba L. 19, *72*
Morus nigra L. 72, 119
Moosrose 155
Münster, Sebastian 44, 46, 77
Muralt, Johann von 185
Musa ‹paradisiaca› 145
Musa textilis Nee. 42, 143
Muscari racemosum (L.) Mill. 60
Mushaus 67, 77
Muskatellersalbei 19
Muskatnuss 32, 44, **45**, *45,* **46**, *48,* 228
Mutterkorn 22f., **22**
Myricaria germanica (L.) Desv. 122, 137
Myristica fragrans Houtt. **45**, 48, 228
Myrrhe 29, **29**

N

Nachtkerze 170
Narcissus poeticus L. 84
Narde 30, **30**
Nardostachys 30
Nasturtium officinale R. Br. 18
Nelke 158, 159, 238
Nelkenpfeffer 48
Nepeta cataria L. 18, 82
Nicotiana alata Lk. & Otto 169
Nicotiana × sanderae Hort. **103**
Nigella arvensis L. 17
Nussbaum 92
Nusseibe 216
Nüsslisalat 73

O

Oblaten 87
Ochs, Peter 52, 87, 188
Odermennig 23
Oenothera 170
Offenburg, Henman 117
Olea europaea L. 75
Oleander 178
Olibanum 29
Oliven 75
Öllinger 100
Onobrychis viciifolia Scop. 56, 228
Onopordum acanthium L. 189
Opuntia ficus-indica (L.) Mill. 170
Orange 180

Orangerie 157, **164**, 177ff.
Ornithogalum umbellatum L. 122
Osterluzei 22

P

Paeonia officinalis L. 23, 83, 111, 232
Paliurus spina-christi Mill. 113
Palmlilie 170, **170**
Pampelmuse 180
Panamapalme 142
Panicum miliaceum L. 55
Päonie 111
Papaver rhoeas L. 23, 56, 120
Papaver somniferum L. 18, *114,* 163
Papierbaum (Papiermaulbeerbaum) **52**, 94, 144
Papiermühlen 145
Pappel 207
Paprika 42, 102
Papyrus
Paradiesvogelblume 176
Parthenocissus quinquefolia (L.) Planchon 165
Parthenocissus tricuspidata Planchon 165
Passiflora 163, 170
Passionsblume 163, 170, **171**
Pastinaca sativa L. 18, 78, **78**
Pastinak 18, 78, **78**
Pavie **191**, 208f.
Paulownia tomentosa Stend. 218
Paulownie 218, **218**
Pelargonium zonale (L.) Ait. 175, **176**
Peperone 102
Perückenstrauch 163
Pest 15, 24, 109
Petersilie 18, *79*
Petroselinum crispum (Mill.) A.W. Hill 18, *79*
Petunie 169
Pfaffenhütchen 166
‹Pfafferöhrli› 73
Pfeffer 42, **44**, 44, *45,* 46
Pfefferminze 82
Pfeifenstrauch 162, 229
Pfingstrose 23, 83, 168, 232
Pfirsich 19, 42, *70*
Pfriemenginster 140
Phalaris arundinacea L. 84
Phaseolus coccineus L. 105
Phaseolus vulgaris L. 91, 102, 189
Philadelphus coronarius L. 162, 229
Phlox 170
Phyllitis scolopendrium (L.) Newm. 84
Physalis peruviana L. 163
Phytolacca americana L. 137
Pimenta dioica (L.) Merr. 48
Pimpinella anisum L. 17, 111
Pimpinella major (L.) Huds. 24, 122
Pimpinella saxifraga L. 24
Pinie 19
Pinus pinea L. 19

Pinus silvestris L. 73
Pinus strobus L. 97, **97**
Piper nigrum L. 42, **44**, *45*
Pinus wallichiana Jacks. 212, **213**
Pistacia Lentiscus L. 109
Pisum arvense L. 91
Pisum saccharatum hort. 91
Pisum sativum L. 91
Plantago lanceolata L. 23
Plantago major L. 23, 111
Plantago spec. 23
Platane 208f.
Platanus × hybrida Brot. 209
Platearius, Matthäus 116, **117**, 195
Platter, Felix 70, 162, 177, 189, *183, 193*, 201, 244
Plinius d. Ä. 37, 77, 91, 112, 114
Poleiminze 18, 233, 235
Plumier, Charles 170
Pollenanalyse 190
Polo, Marco *32f.*, 45, 94, 113, 131, 144
Polygonum aviculare L. 23
Polygonatum odoratum (Mill.) Druce 18, 232
Pomelo 180
Pomeranze 118, **172**, 177, 180
Poncirus trifoliata Raf. 181
Populus alba L. 145, 207
Populus nigra L. 207
Populus tremula L. 145
Porree 18, 92
Potentilla erecta (L.) Räuschel 17, 23
Predigerkloster 22
Primel 84
Primula auricula L. 159
Primula veris L. 122
Primula vulgaris Huds. 84
Prunus amygdalus L. 19
Prunus armeniaca L. 70
Prunus avium L. 69, 207
Prunus cerasifera Ehrh. 70
Prunus domestica L. 69
Prunus insititia L. 69
Prunus laurocerasus L. 162
Prunus persica (L.) Batsch 19, *70*
Prunus spinosa L. 69
Pseudotsuga menziesii (Mirb.) Franco 97
Pterocarpus santalinus L. 29
Pterocarya fraxinifolia Spach. 224f.
Ptolemäus 14
Punica granatum L. 119, 137, 238
Purgierwinde 113
Pyrus communis L. *68*

Q

Quercus petraea (Matt.) Liebl. 138, 207
Quercus robur L. **33**, 138, 207
Quercus rubra du Roi 223
Quitte 19, *70*

R

Rahne 56, **57**
Rainfarn 18, 21, 82
Ramie 141
Rande 73
Ranunculus bulbosus L. 23
Ranunculus ficaria L. 23, **23**, 111
Raphanus sativus L. 14, 18, 80
Raphia 142
Raphia pedunculata Beauv. 142
Rapünzeli 73
Rauwolf, Leonhard 127
Raute 17, 21, 109, **110**, 232
Rebbergflora 60
Rebbergtulpe 178
Rebe siehe Weinrebe
Rebgelände **62**
Rebhausbrunnen **34**
Rebhäuschen **60, 62**
Refugianten 74, 77
Reichenau 20
Rettich 14, 18, 80
Rhabarber 32, 113f.
Rhagor, Daniel 59, 201
Rhamnus catharticus L. 136
Rheum raponticum L./tataricum L./rhabarbarum L./undulatum L. 113f.
Rhododendron arboreum Sm./catawbiense Michx./maximum L. 169
Ribes rubrum L. 84
Ribes uva-crispa L. emend. Lam. 232
Ricinus communis L. 114
Riesensequoie 212f.
Ringelblume 84
Rittersporn 56, 168
Robinia pseudoacacia L. 224
Robinie 224f., **226**
Roggen 55
Rohrkolben 140, 237
Rohrzucker 88, 118
Rondelet, Guillaume 183
Rosa canina L. 72, 111
Rosa centifolia L. 84, 152
Rosa cinnamomea Herrm. 155
Rosa damascena Mill. 83, 152
Rosa foetida (Mill.) Herrm. 155
Rosa gallica L. 83, 152
Rosa indica L. 155
Rosa moschata Herrm. 155
Rose 17, 83f., 152ff., **152, 156**, 165, **174**, 241
Rose von Jericho 231, **231**
Rosettentüre **83**
Rosius-Kalender 77
Rosmarin 17, 21, 82, 115
Rosmarinus officinalis L. 17, 21, 115
Rosseppich 18
Rosskastanie 138, 208
Rotang 142

Rotangpalme 41
Rotklee 56
Roxburgh, William 141
Rübe 76
Rübenzucker 89
Rubia tinctorum L. 18, 135, **137**
Rudbeckie 170
Ruellius 106, 199
Runkelrübe 18, 56, 89
Ruppel, Berthold 197
Ruta graveolens L. 17, 21, 109, **110**, 232

S

Saccharum officinarum L. 133
Sadebaum 18, 109
Safran 41, *49f.*, **50**, 113, 136
Safranzunft 51
Sagopalme 32, 35
Sagres 37f.
Saintpaulia ionantha Wendl. 176
Salat 17, 80
Salbei 17, 20, 23, 233
Salix alba L. 137, 207
Salix babylonica L. 231
Salix caprea L. 207
Salix cinerea L. 207
Salomonsiegel 232, **232**
Salvia officinalis L. 17, 20, 23
Salvia sclarea L. 19, 233
Sambucus nigra L. 111, 207, 237
Samensammlung 190
Sandelholz 29
Sandgänsekresse 184, **184**
Sandgrube, Haus zur **154**, 159, **164**, 164, 206
Saponaria officinalis L. 21, **21**, 135
Sarasin, Karl 206
Satureja hortensis L. 18, 21
Saubohne 18, 91
Sauerkirsche 70
Sauerorange 180
Scabiosa atropurpurea L. 163
Schachbrettblume 162, **162**
Schachtelhalm 73, **73**
Schalotte 18, 92
Scharbockskraut 23, **23**, 111
Scharlachsalbei 19
Schattenfüssler siehe Skiapode
Scheinzypresse 190, 214f.
Schierling 121, **122**
Schiffbruch **98**
Schlangenwurz 17
Schmetterlingsstrauch 168
Schneeball 165
Schneeglöckchen 84
Schnittlauch 18, 79
Schnurbaum 217, **217**
Schoeffer, Peter 114, 197
Schöllkraut 232
Schoenoplectus lacustris (L.) Palla 140

Schwalbenwurz 111
Schwammgurke 230, **230**
Schwarzdorn 69
Schwarzer Nachtschatten 73f.
Schwarzerle 137
Schwarznuss 224, **224**
Schwarzer Tod siehe Pest
Schwarzwurzel 100, **100**
Schwertlilie 84, **121**, 238
Scorzonera hispanica L. 100, **100**
Secale cereale L. 55
Seegras 140
Seidelbast 122
Seidenstrasse 28
Seifenkraut 21, **21**, 135
Sellerie 18, 77
Sempervivum tectorum L. 15, 19, 84
Senf 18, 81, **81**
Sequoia sempervirens Endl. 213
Sequoiadendron giganteum Buchholz 190, **191**, 212f., **213**
Serratula tinctoria L. 136
Sesel 17
Seseli hippomarathrum Jacq. 17
Setaria italica (L.) PB. 55
Siebold, Philipp Franz von 95, 155, 168, 218
Siegwurz 17, 83, 232
Signaturenlehre 112f.
Silberdistel 15, 74, 229
Silberpappel 145
Silberweide 137, 207
Sinapis alba L. 17, 80, **80**
Sinapis arvensis L. 18
Sinopel 60
Sisalagave 143
Skabiose 163
Skiapode 36, **37**
Skorbut 109, 110f., 180
Solanum dulcamara L. 23, 119
Solanum melongena L. 100
Solanum nigrum L. emend. Mill. 74
Solanum tuberosum L. *106ff.*, **107**
Solidago canadensis L. 170
Solitude-Park **174**
Sommeraster 168
Sommerkürbis 82
Sonchus oleraceus L. 81
Sonnenblume 169, 189
Sophora japonica L. 217
Sorbus aria (L.) Crantz 207
Sorbus aucuparia L. 207
Sorbus torminalis (L.) Crantz 15, 19
Sorghum bicolor (L.) Moench 92
Spalenbrunnen **86**, 243
Spanisches Nüsslein 105
Spanischer Pfeffer 101f.
Spanische Tanne 190
Spargel 81
Sparmannia africana L. 176
Spartium junceum L. 140